内蒙古自治区土壤肥料工作站领导视察测土配方施肥马铃薯示范田

旱作农业固阳县春播现场会

测土配方施肥技术培训

测土配方施肥滴灌马铃薯示范田

测土配方施肥马铃薯试验田

测土配方施肥玉米全膜覆盖推广田

测土配方施肥玉米全膜覆盖种植

肥效试验试验田种植

测土配方推广标牌

马铃薯种薯处理

土样采集

土样处理

化验室土样养分检测

固阳县耕地与科学施肥

GUYANG XIAN GENGDI YU KEXUE SHIFEI

韩守忠　苏鹏东　主编

中国农业出版社
北　京

编　委　会

序　言

我国农业生产中使用化肥是从尿素和硫酸铵开始的，人们对化肥的认识也是从被动到主动，其变化源于化肥显著的增产作用，化肥也因此作为主要的生产资料被认可并广泛应用，在农业生产中发挥着重要作用。但是，随着化肥施用水平的增加，近些年土壤板结、地力下降、农作物品质下降等问题开始凸显。人们将这些问题都归结为施用化肥的原因，于是很长时间内人们都质疑化肥，不施用化肥的农产品成为最佳选择。实质上，化肥就是作物的营养餐，在施入土壤后一部分被作物吸收，另一部分存留在土壤中发生一系列变化，而种种问题的产生，究其原因是没有科学施肥。

国家也认识到了不科学施肥造成的问题，在全国范围内实施测土配方施肥国家资金补贴项目。固阳县通过大量的基础工作，完成了全县的耕地土壤养分检测、完全可以代表全县施肥水平的农户施肥调查以及肥料田间肥效试验，并通过农企合作研制配方肥，多措并举推动配方肥下地。此外，通过项目的实施，首次建立了耕地地力信息数据库，完成了全县的耕地地力评价，为合理用地提供了依据。

《固阳县耕地与科学施肥》是多年测土配方施肥技术成果的汇总，也是固阳县土肥技术人员多年辛勤劳动的结晶，是一部翔实介绍全县耕地土壤养分现状、主栽作物施肥现状以及存在问题、施肥指标体系、耕地地力等级的书籍，可为农业技术应用以及技术措施的推广提供基础性数据。

前言

化肥能够提供作物养分，保障作物正常生长，其生理作用以及增产增收效果通过近些年的试验示范已明确。近些年，随着高产高密品种的应用，加之生产上追求利润最大化，施肥现状中普遍存在过量施肥、偏施肥料、肥料施用不平衡等问题，由此造成的地力下降、增产受限、品质下降、面源污染等问题日渐突出。

2007 年，包头市固阳县实施测土配方施肥国家资金补贴项目，以 20 世纪 90 年代末期开展的第二次土壤普查技术成果为依据，结合固阳县农业生产现状，在全县范围内开展了土样采集、土样养分检测、田间肥效试验示范、配方肥的研制和生产以及农企合作推广配方肥等一系列工作。至 2012 年，共采集土样 7 703 个，平均每个样点代表 14.67hm^2，共获取 769 891 个有效检测数据，实地调查农户 7 705 户，明确了全县主栽作物的施肥方法以及存在的问题，针对这些问题，共完成田间肥效试验 91 个。通过数据分析，明确了全县耕地土壤养分现状，确定了玉米、水地马铃薯以及旱地马铃薯的施肥指标体系，并制定出适宜配方，确定了主栽作物的栽培模式。

测土配方施肥国家资金补贴项目的实施，为科学施肥提供了技术依据，不仅解决了现有农业生产中存在的不合理施肥问题，还改变了农民的传统施肥习惯，缓解了近些年由于施肥不合理造成的一系列问题，有利于固阳县实现控肥增效以及可持续农业发展。

苏鹏东

2016 年 3 月 18 日

前言

目 录

固阳县耕地成土母质类型图

固阳县耕地地力等级图

固阳县耕地地貌类型图

固阳县耕地耕层质地图

固阳县土地利用现状图

固阳县耕地积温分布图

固阳县耕地降水量分布图

固阳县耕地侵蚀程度图

固阳县耕地无霜期分布图

固阳县耕地取样点分布图

固阳县耕地有机质含量分级图

固阳县耕地有效磷含量分级图

固阳县耕地速效钾含量分级图

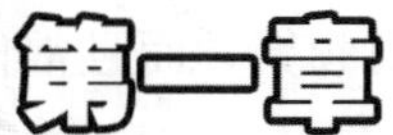

第一章 自然与农业生产概况

第一节 地理位置与行政区划

固阳县隶属内蒙古自治区包头市，位于包头市正北 52km，大青山北麓，属黄河上中游地区，地理坐标为东经 109°40′～110°41′、北纬 40°42′～41°28′58″。东与呼和浩特市武川县交界，南与包头市土默特右旗、九原区、石拐区毗邻，西同巴彦淖尔市乌拉特前旗接壤，北与包头市达尔罕茂明安联合旗相连，总面积 4 904km^2。

固阳县现辖乡镇共 6 个：怀朔镇、金山镇、西斗铺镇、下湿壕镇、兴顺西镇、银号镇，共 104 个行政村，986 个村组（图 1-1）。

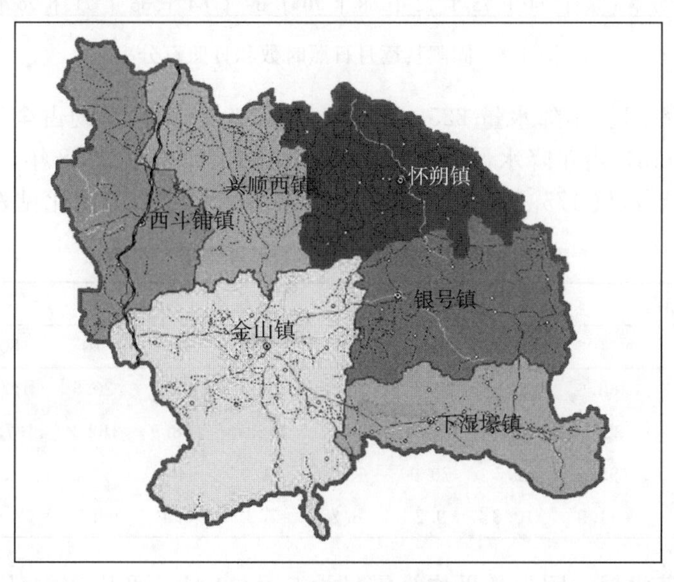

图 1-1 固阳县行政区划

第二节 自然条件及土地资源

一、气候与水文地质

（一）气候条件

固阳县属中温带大陆性气候，其气候特点是春季干旱而少雨，冬季严寒而漫长，夏

季则受太平洋副热带高压和东南季风影响，雨水集中，夏秋雷雨频繁，而且常伴有冰雹，秋季早寒，降水量也随之下降，农作物常受早霜的危害。

1. 温度 固阳县年平均气温 3.9℃，1 月气温最低，平均－15.4℃，极端低温－36.1℃（1967 年 12 月 3 日），7 月气温最高，平均 20.8℃，极端高温 36.6℃（1961 年 6 月 10 日），气温日较差较大，4 月气温日较差 16.3℃，7 月气温日较差 13.8℃。≥10℃积温多年平均值为 1 900～2 400℃。

2. 太阳辐射和日照时数 固阳县的太阳辐射资源丰富，年总量达到 604.4kJ/cm²，日照时数 3 130h，日照百分率为 71%，作物在生长期光照充足（图 1-2）。

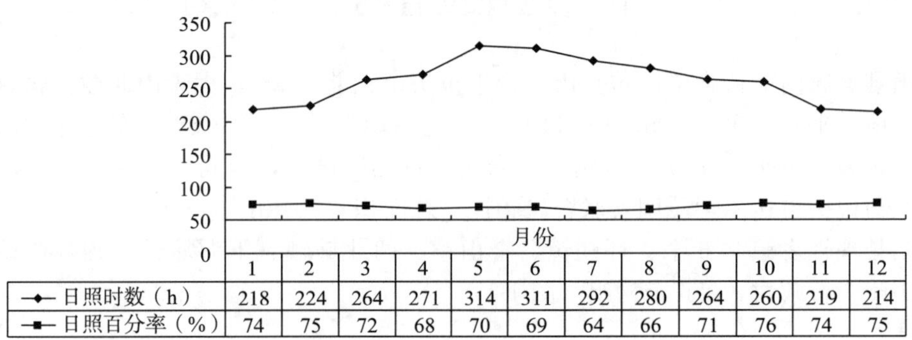

图 1-2 固阳县逐月日照时数和日照百分率

3. 降水量 固阳县年降水量 225～375mm，7～9 月降水量约占全年降水量的 65%。春季少，平均 34mm，占年降水量的 11%。降水最多的年份是 1958 年，达 534.6mm；最少的年份是 1987 年，仅 175.8mm。固阳县各季节降水量及季节变化见表 1-1。

表 1-1 固阳县各季节降水量及季节变化规律

季节	平均降水量 (mm)	保证率（%）									
		10	20	30	40	50	60	70	80	90	95
春季	33.3	68.6	50.5	38.8	30.3	27.9	25.7	20.5	18.5	8.9	6.9
夏季	202.3	387.4	276	253.4	205.7	192.7	168.9	162.2	137.3	123.8	84.6
秋季	50.5	95.0	82.5	70.9	68.1	64.0	54.9	37.2	25.2	16.2	14.8
冬季	6.9	11.9	10.8	9.2	8.2	7.2	5.4	4.7	2.6	1.3	0.7

4. 无霜期和蒸发量 固阳县平均终霜日为 5 月 30 日，平均初霜日为 9 月 17 日，平均无霜期 109d，80%保证率的无霜期为 98d。全年陆面蒸发量 190～290mm，水面蒸发量 2 200～2 500mm，每年降水和蒸发都非常集中。由于气候干燥，蒸发量比降水量大 7～8 倍，土壤形成过程中碳酸钙淀积，部分地区土壤形成钙积层。

（二）水文地质条件

1. 地表水 地表水主要为河川径流。全县有间歇性河流 7 条，即昆都仑河、乌苏图勒河、五当沟、美岱沟、水涧沟、艾不盖河及塔布河，前 5 条为黄河流域一级支流，流域面积 3 690km²，后两条属内陆水系，流域面积 1 280km²（表 1-2）。

全县分 5 个径流地带。多年平均径流深 7～37mm，自西北向东南递增，其分布规律基本由降水分布特点决定。各径流带多年平均径流量总量 8 576×10^4 m^3，地表水资源可利用量多年平均值为 6 012×10^4 m^3。

地表水开发利用水平低，地表径流除一部分下渗补充地下水外，其余大部分流出境外。地表水开发利用水平低的主要原因是缺乏拦蓄工程，不能很好蓄积和调节地表径流。地表水的化学成分，阳离子以 Ca^{2+} 为主，Na^+、K^+、Mg^{2+} 次之，阴离子以 HCO_3^- 为主，Cl^-、SO_4^{2-} 次之，属重碳酸钙质水，水的矿化度一般小于 500mg/L。

表 1-2 各河流流域面积和多年平均径流量

河流名称	流域面积		径流量		平均径流深（mm）
	数值（km^2）	占比（%）	数值（×10^4 m^3）	占比（%）	
昆都仑河	2 000	40.2	3 800	44.4	19
乌苏图勒河	760	15.3	680	7.9	9
五当沟	430	8.7	1 119	13.1	26
美岱沟	370	7.4	1 367	15.9	37
水涧沟	130	2.6	440	5.2	34
黄河流域小计	3 690	74.2	7 406	86.4	
塔布河	70	1.4	170	2.0	25
艾不盖河干流	740	14.9	670	7.8	9
艾不盖河支流	470	9.5	330	3.8	7
内陆河小计	1 280	25.8	1 170	13.6	
合计	4 970		8 576		

2. 地下水 固阳县处于半干旱气候带。山间河谷较发育，但多为干谷，除季节性洪水外，无较大的地表水体。中低山和丘陵面积很大，河谷洼地面积很小，小面积为中生界和新生界陆相沉积地层，地质构造相当复杂。地下水的形成与分布、补给与排泄直接受水文、气象、地貌、地层和地质构造等因素控制。大气降水是地下水的主要补给源。地貌、地层和地质构造是地下水形成分布的主要控制条件。

南部、中部、东部的中低山区长期处于上升状态，沟谷切割比较强烈，基岩裸露为地下水与地表水的天然分水岭，对地下水的储存不利。但是，由于基岩遭受长期风化和多次构造运动，节理裂隙比较发育，故能储存部分地下水。

固阳白灵淖中生代盆地，四周环山，是地下水形成的有利条件，但由于盆地本身地形起伏较大，从现代地貌形态看是丘陵区，已成为地表水的分水岭；盆地地层又是以泥岩为主的陆相沉积层，不利于地下水形成。虽然泥岩中夹有沙岩的透镜体，分布有承压水，局部有自流水，但水质水量都不能满足开发利用需求。

遍布全县的山间河谷、洼地，地势平坦，又有第四系松散堆积物，有利于大气降水和地表水的直接渗入，也为地下水的汇集、储存创造了有利条件。因此，河谷、洼地是全县地下水最丰富地段。

固阳县所处构造单元为内蒙古纬向构造带，构造线方向近于东西方向，基本上同纬度线平行。由于东西向构造线的控制，南北向分成几个不同的水文地质单元。山区为褶皱带和扭动构造带，基岩裸露形成裂隙潜水；山间盆地有利于形成承压水；河谷洼地孔隙潜水受断裂带的控制。公益民—下湿壕大断裂带有较厚的第四系松散物质堆积，分布有较丰富的孔隙水。公益民断层将昆都仑河分开，使昆都仑河东部地下水埋藏较浅，西部地下水埋藏较深。

地层、地貌、地质构造等因素对地下水水质也起控制作用。山区径流条件好，水质也好，一般为 HCO_3^- 型，矿化度小于 1g/L；盆地径流条件差，水质也差，一般为 SO_4^{2-} 及 Cl^- 型，矿化度略大于 1g/L；盆地内水化学在垂直方向变化很大，浅处水质较好，深处水质较差，浅层水一般矿化度小于 1g/L，深处承压水矿化度高达 8～10g/L。

总之，大气降水量是境内地下水的主要补给源，山区和丘陵区为河谷洼地的补给区，而河谷洼地为地下水的储存和排泄区。水质在水平与垂直方向随不同地貌地质单元而变化。固阳县各流域地下水补给量见表 1-3。

表 1-3　各流域地下水补给量

河流名称	流域面积（km^2）	平均降水量（mm）	渗入系数	年补给量（$\times10^4 m^3$）
昆都仑河	2 000	295	0.12	7 080
乌苏图勒河	760	225	0.10	1 710
五当沟	430	305	0.08	1 051
美岱沟	370	355	0.08	1 050
水涧沟	130	370	0.06	290
塔布河	70	335	0.11	260
艾不盖河	1 210	245	0.08	2 370
合计	4 970			13 811

二、土地资源概况

固阳县土地资源丰富，根据国土部门 2007 年土地利用现状调查资料、近几年土地变动资料、统计部门资料以及 2007 年以来的测土配方施肥耕地地力调查资料，全县总土地面积为 4 904km^2，其中农业用地随着退耕还林还草、旱作区休闲轮作等原因，目前耕地面积为 189 440hm^2，常年播种面积约 120 000hm^2，农业用地中有效灌溉面积 14 100hm^2，保灌面积 10 800hm^2，主要集中在金山镇、下湿壕镇、银号镇、西斗铺镇。固阳县土地利用结构如表 1-4 所示，书中以后章节全部是以 2009 年播种面积为基础进行各地力条件的统计分析。

表 1-4　固阳县土地利用结构分布面积

乡镇	土地面积（km^2）	耕地面积（hm^2）	2009 年播种面积（hm^2）
金山镇	1 245	33 806.7	18 519
下湿壕镇	626	16 526.7	14 600

（续）

乡镇	土地面积（km^2）	耕地面积（hm^2）	2009年播种面积（hm^2）
银号镇	664	23 940.0	15 931
怀朔镇	882	46 433.3	27 003
兴顺西镇	692	38 453.3	25 549
西斗铺镇	795	30 280.0	18 007
合计	4 904	189 440.0	119 609

第三节　耕地立地条件

一、地形地貌

由于气候和生物的作用，固阳县土壤从东南向西北呈有规律性的水平分布和垂直差异，总体情况是“四分丘陵五分山，剩余一分是滩川”。固阳县的地貌根据成因及形态，基本分为3个单元，即中低山区、丘陵区、堆积地形（表1-5）。

表1-5　固阳县不同地形地貌耕地面积

地貌类型	中低山区	丘陵区	堆积地形	合计
面积（hm^2）	41 447.4	74 107.9	4 054.2	119 609.5
占比（%）	34.6	62.0	3.4	100.0

（一）中低山区

中低山区面积共41 447.4hm^2，占全县总播种面积的34.6%，主要分布在固阳县南部大青山、春坤山，固阳县北部的中部山区以及西斗铺北部山区，呈东西方向延伸，由太谷界、元古界的变质岩及不同时期侵入的花岗岩组成，绝对高度一般为1 600～2 100m，相对高度200～500m。沟谷切割较深，土被不发育，阳坡大部基岩裸露。中低山阴坡及半阴半阳坡是疏林灌木草原植被，属落叶阔叶林，主要以白桦、山杨、蒙古栎为主，还有部分油松、侧柏及杜松。林下长着绣线菊、虎榛子、黄刺玫、山樱桃等中等灌木，其次有山菊花、芍药、地榆。发育的主要土壤是淋溶灰褐土和碳酸盐灰褐土，有较高肥力，适合林业生产。在春坤山的海拔2 000m山地平缓大梁上是山地草原植被，主要有羊草、凸脉薹草、委陵菜、裂叶蒿，并伴有中生杂草类。山地草甸植被主要形成草甸土。

（二）丘陵区

丘陵区面积共74 107.9hm^2，占全县总播种面积的62.0%，主要分布在中低山之间的固阳盆地和白灵淖盆地及北部红泥井一带，由白垩系高度下统的地层组成，丘陵一般为浑圆状，分布有不发育的小沟谷及冲沟，并为它们所切割，绝对高度一般为1 500～1 600m，丘陵顶部及丘坡为第四系坡积物所覆盖，为全县主要旱作农区。植被是干草原植被，杂草种类多，是本县地带性典型草原植被，常见植物群落为针茅、冷蒿、羊草、莎草、棘豆、早熟禾、铁杆蒿、小叶锦鸡儿，在薄层土壤有狼毒、百里香及三裂委陵菜，在这些植物与气候的影响下，丘陵区发育为固阳县地带性土壤——栗钙土。

（三）堆积地形

堆积地形面积共 4 054.2hm^2，占全县总播种面积的 3.4%，为洪积物的山间和丘间的河谷、洼地及山前洪积地形。洪积物河谷、洼地，主要分布在昆都仑河及较大的河流、河谷两侧，为河漫滩及不连续的一级阶地，昆都仑河北部有不连续的二级阶地，由第四系的沙砾石层所组成，其中发育有小冲沟，是全县农业发展区。植被是草甸植被，生长着中生或湿生植物，主要有薹草、鹅绒委陵菜、车前、蒲公英。在后山滩地分布有芨芨草、马兰、碱蓬等。在草甸植被和水分的影响下形成灰色草甸土、盐化草甸土。

二、成土母质

成土母质是形成土壤的物质基础，是地球表面的岩石经物理、化学、生物的种种风化作用之后而形成的一种疏松的质体。土壤便是在母质基础上经成土作用发育而来。母质又是植物矿质营养元素的主要来源，因此成土母质与土壤的形成发育、农业生产特性及土壤肥力有直接关系。全县共有 4 个成土母质类型：残坡积物母质、红土状物母质、黄土状物母质、冲洪积物母质（表 1-6）。

表 1-6　固阳县不同成土母质耕地面积

成土母质	残坡积物母质	冲洪积物母质	红土状物母质（泥质沙砾岩）	黄土状物母质	合计
面积（hm^2）	55 327.6	6 136.1	50 157.9	7 987.9	119 609.5
占比（%）	46.3	5.1	41.9	6.7	100.0

（一）残坡积物母质

残坡积物母质面积 55 327.6hm^2，占全县总播种面积的 46.3%，是由高处岩石风化物受水流冲刷和重力作用运至缓坡及坡麓上覆盖而形成。其特点：在整个土体中有砾石、粗沙、细沙，堆积厚度不均匀，层次不分明，坡积物与底层母岩没有发生学的联系。残坡积物母质分布在固阳县南部、中部、北部山区，灰褐土发育在岩基分化物和残坡积物上。

（二）冲洪积物母质

冲洪积物母质面积 6 136.1hm^2，占全县总播种面积的 5.1%，是由河水、洪水冲积而成，土层厚度一般可达 50～100cm，土壤较肥沃，主要分布在沟谷两岸及山前洪积扇、丘间洼地堆积地貌上。

（三）红土状物母质

红土状物母质又称泥质沙砾岩，面积 50 157.9hm^2，占全县总播种面积的 41.9%，是第三纪红土由白垩系杂色泥岩沙岩沙砾岩发育形成。红土状物母质层较厚，土壤腐殖质层较薄，质地较细，土质一般为轻壤—重壤。红土状物母质出现在栗钙土地带，主要分布在固阳县中部和北部丘陵区的栗钙土地带。

（四）黄土状物母质

黄土状物母质面积 7 987.9hm^2，占全县总播种面积的 6.7%，是第四纪晚期大陆沉积物，颜色淡黄色，质地均匀，以沙壤土为主，母质层深厚。黄土状物母质形成的土壤，

腐殖质层较薄，土壤剖面发育不完全，土体中有假菌丝状或斑块状石灰沉淀，土壤遇水湿塌性较强，沟蚀严重。主要分布于固阳县忽鸡沟低山丘陵地带。

三、地形部位

地形部位分为平地、丘间洼地、丘坡麓、丘坡面。不同的地形部位土壤类型不同，影响土壤的理化性质、耕作管理等。平地面积共 24 189.8hm^2，占全县总面积的 20.2%，主要分布在固阳县沟谷两岸及山前洪积扇，地势平坦，无侵蚀，土壤肥力较高，适合种植各种作物；丘间洼地面积共 6 367.4hm^2，占全县总播种面积的 5.3%，分布在丘陵区，成土母质为冲洪积物，受地形影响，部分丘间洼地在雨季易发生水蚀，土壤肥力较高；丘坡麓面积共 66 183.6hm^2，占全县总播种面积的 55.3%，分布在丘陵区，土壤肥力一般，易发生侵蚀；丘坡面面积共 22 868.7hm^2，占全县总播种面积的 19.1%，分布在丘陵区，土壤肥力较低，侵蚀严重（表 1-7）。

表 1-7　固阳县不同地形部位耕地面积

地形部位	平地	丘间洼地	丘坡麓	丘坡面	合计
面积（hm^2）	24 189.8	6 367.4	66 183.6	22 868.7	119 609.5
占比（%）	20.2	5.3	55.3	19.1	100.0

四、侵蚀程度

土壤侵蚀是指土壤在外力（水、风）作用下被破坏剥蚀、搬运和沉积的过程，是造成耕地土壤退化的重要因素之一。固阳县耕地土壤侵蚀主要是风蚀、雨蚀两种类型，主要发生在丘陵区丘坡面、丘坡麓和丘间洼地。近几年，随着退耕还林还草的实施，大于15°的坡面全部种植牧草。

不同土壤类型侵蚀程度不同。草甸土无侵蚀面积占 63.2%；灰褐土轻度侵蚀和中度侵蚀占比较大，分别为 41.7%、27.9%，强度侵蚀占 9.8%；栗钙土无侵蚀和轻度侵蚀面积占比较大，分别为 59.5%、23.2%。目前，固阳县耕地侵蚀程度以无侵蚀和轻度侵蚀为主，占比较大（表 1-8）。

表 1-8　固阳县不同土壤类型耕地的侵蚀程度

侵蚀程度		无侵蚀	轻度侵蚀	中度侵蚀	重度侵蚀
草甸土	面积（hm^2）	1 723.1	696.1	308.1	0.0
	占比（%）	63.2	25.5	11.3	0.0
灰褐土	面积（hm^2）	5 679.9	11 523.7	7 703.5	2 703.1
	占比（%）	20.6	41.7	27.9	9.8
栗钙土	面积（hm^2）	53 160.4	20 682.4	12 905.2	2 524.1
	占比（%）	59.5	23.2	14.5	2.8
合计	面积（hm^2）	60 563.3	32 902.2	20 916.7	5 227.2
	占比（%）	50.6	27.5	17.5	4.4

五、有效土层厚度

有效土层一方面富集了土壤主要的肥力，另一方面也是土壤根系的主要集中部分。固阳县耕地有效土层厚度分为20～40cm、≥40cm。20～40cm、≥40cm有效土层厚度耕地面积分别为40 428.4hm²、79 181.1hm²，分别占33.8%、66.2%。草甸土≥40cm有效土层厚度耕地面积大，占86.0%；灰褐土和栗钙土≥40cm有效土层厚度耕地面积均占60%以上（表1-9）。

表1-9 固阳县耕地不同有效土层厚度面积

有效土层厚度（cm）		20～40	≥40
草甸土	面积（hm²）	382.7	2 344.5
	占比（%）	14.0	86.0
灰褐土	面积（hm²）	10 062.3	17 547.9
	占比（%）	36.4	63.6
栗钙土	面积（hm²）	29 983.4	59 288.7
	占比（%）	33.6	66.4
合计	面积（hm²）	40 428.4	79 181.1
	占比（%）	33.8	66.2

第四节 农村经济与农业生产概况

一、农村经济概况

固阳县是一个以农业为主、农牧结合型的农牧业经济县，种植业为粮、经、饲三元结构，粮食作物占73.5%，经济作物占15.7%，饲草料作物占10.8%，基本形成“马铃薯为主，经济作物次之，小面积饲草”的农业生产格局。全县总人口21.6万人，常住人口17.44万人，其中农业人口16.4万人，农业常住人口12.9万人。

二、农业发展历史及现状

（一）农业发展历史

固阳县是一个具有悠久历史的地方，自新石器时代就有人类的活动。多年来，由于受自然条件的限制，固阳县农业生产一直以广种薄收、粗放经营为主，农作物品种少，基本以玉米、马铃薯、油菜等作物为主，作物单产较低。随着经济的发展，为实现高产而进行掠夺式生产经营，生产结构不合理、田间管理不科学、耕地保护滞后等使得农业生态失去平衡，农业一度处于单产不高、总产不稳、效益差、商品率低、农民收入低的状况。

1949年，固阳县粮食总产量为3 964.85万kg，农业总产值为1 002.7万元，牲畜14.3万头（只），水井700眼，可灌溉面积为767hm²。至1981年，进行第二次土壤普查，农业生产状况发生了巨大的变化，粮食总产量为 5 520 万 kg，较 1949 年增加了 39%；农业总产值为 2 864.6 万元，较 1949 年增加了 186%；牲畜 42.3 万头（只），较 1949 年增加了 196%；水井 1 700 眼，可灌溉面积为 14 600hm²，增加 18 倍。

以 10 年为一个时间段，固阳县 1950—2009 年粮食年均总产量见图 1-3。

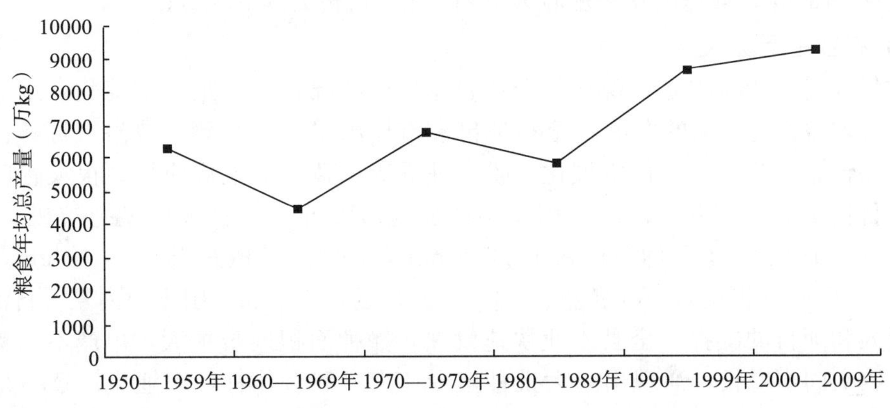

图 1-3 固阳县 1950—2009 年粮食年均总产量

1. 20 世纪 50 年代 1950—1959 年，自然条件好，雨水均匀，10 年中耕地面积、粮食产量均有较大的增加。至 1959 年，耕地面积 14.03 万 hm²，粮食总产量 6 278.25 万 kg，农业总产值 16 086 万元，年均产值 1 608.6 元，农民生活水平相应提高，人均收入 124 元，人均口粮达到 225kg 的水平。

2. 20 世纪 60 年代 1960—1969 年，由于降水量少，干旱年份多，生态失去平衡，产量、产值收入均大幅度下降。1960—1969 年粮食总产量 44 951.1 万 kg，年均总产量 4 495.1 万kg，比 1959 年减产 1 783.15 万 kg，下降 28.4%，每 667m² 产量平均 25.8kg，比 50 年代减产 19.8kg。10 年农民生活困难，社员分配总额 590.8 万元，人均分配收入 47.4 元，口粮人均 122.5kg，分别比 50 年代减少 76.6 元和 102.5kg。

3. 20 世纪 70 年代 1970—1979 年，随着气候的转好、生产条件的改变、机械化程度的提高，农业经济好于 20 世纪 50 年代、60 年代。10 年粮食总产量 67 600 万 kg，年均总产量 6 760 万 kg，比 50 年代总产量增加 7.7%，比 60 年代总产量增加 50.4%。农业总产值为 33 931 万元，年均产值为 3 393.1 万元，比 50 年代年均产值增加 110.9%，比 60 年代年均产值增加 132.9%。劳动纯收入 378 元，创造了历史最高水平。

4. 20 世纪 80 年代 1980—1989 年，由于联产承包责任制的普遍实施，这 10 年农村出现了一个生机勃勃、欣欣向荣的新局面。粮食总产量 58 700 万 kg，年均总产量 5 870 万 kg，每 667m² 产量平均 41.15kg，社员人均分配收入 422 元，口粮人均 353.825kg。

5. 20 世纪 90 年代 1990—1999 年，随着农机措施、良种措施、节水措施、栽培措施等技术的推广应用，粮食单产和总产量大幅度提高，尤其是马铃薯单产、马铃薯总产量直线上升。粮食总产量 85 852.5 万 kg，年均总产量 8 585.25 万 kg，每 667m² 产量平均 69.45kg，社员人均分配收入 1 584 元，口粮人均 517kg。

6. 21 世纪初 2000—2009 年，国家、内蒙古自治区及包头市对农业加大投入力度，各项农业技术措施广泛推广应用，固阳县节水面积逐年增加，马铃薯生产已经形成一定的规模。粮食总产量 92 200 万 kg，年均总产量 9 220 万 kg，每 667m^2产量平均 86.16kg，社员人均分配收入 5 765 元，口粮人均 555.755kg。

7. 2010—2012 年 粮食总产量 47 212 万 kg，年均总产量 15 737.5 万 kg，每 667m^2产量平均 92.165kg，社员人均分配收入 7 216 元，口粮人均 948.5kg。

（二）农业生产现状

自中华人民共和国成立到现在，全县农业生产状况发生了很大的变化，土地的利用水平和经济效益都有较大的发展，尤其是包头市提出“南菜北薯”战略目标，在固阳县大力发展马铃薯，节水、全程机械化、脱毒种薯等项技术的集成应用，很大程度提高了全县农业科技水平，规模化种植面积逐年增加。2012 年，全县大中型拖拉机 7 464 台、小型拖拉机 6 983 台，有效灌溉面积 1.41 万 hm^2，马铃薯种植面积 4.03 万 hm^2，马铃薯产量 10 735 万 kg（折粮），农民纯收入 8 137 元。近几年，随着国家、内蒙古自治区及地方政策投入和项目的支撑，全县农业快速发展，播种面积逐步扩大，单产不断提高，薯业人均纯收入同步增长，涌现出一大批种植专业大户和合作社，农业生产逐步呈现出产业化发展的格局。

（三）农业生产中存在的问题

1. 自然气候制约农业生产 固阳县地处中温带大陆地区，在一个冬夏季风环流的过渡带上，容易造成春旱、夏旱、秋涝。由于降水量少，地下水不丰富，耕地大多是旱作。森林覆盖率低，只有 1.67%，而且荒漠化比重大，再加上人为的无限制乱砍滥伐，植被破坏，土壤风蚀、沙化，水土流失严重，造成自然灾害交替发生，这些制约了农业生产的发展。

2. 广种薄收、耕作粗放 由于自然气候恶劣，旱作面积大，农业科技水平低，农业生产一直是粗放经营，广种薄收，靠扩大耕地面积来提高总产量。固阳县土壤肥力本来就不高，风蚀沙化严重，加上施肥不合理、粗放经营以及有机肥投入的减少，使得土壤越种越瘦，产量增加受限，最终形成恶性循环。

3. 农业管理措施滞后 由于一家一户的种植管理模式，加上丘陵地貌、旱作面积大，很多农业科技措施难以大面积推广应用，全县农业管理措施滞后，农业科技含量低。主要表现在有机肥投入逐年减少、偏施氮肥、磷钾肥不足、合理轮作措施跟不上、病虫害防治技术滞后、耕地养分入不敷出、土壤肥力衰退。

4. 产业化水平低，规模经营有限 目前固阳县的农牧业生产仍然是以户为生产单元，各自为政进行生产。由于产业化水平低，远不能引领农牧民在市场经济中形成规模化、集约化经营，提高抗御市场风险的能力，增加农业效益，因此制约着全县农牧业生产的整体推进和生产水平、生产效率的提高。

第二章

耕地土壤类型及性状

第一节 耕地土壤类型及分布

根据全国第二次土壤普查分类系统，经规范后，固阳县耕地土壤分为栗钙土、灰褐土、草甸土 3 个土类 9 个亚类 20 个土属 78 个土种。

栗钙土面积为 89 272.1hm²，占全县耕地面积的 74.6%，是固阳县耕地面积最大的土壤类型；灰褐土面积为 27 610.2hm²，占全县耕地面积的 23.1%；草甸土面积为 2 727.2hm²，仅占全县耕地面积的 2.3%（表 2-1）。

表 2-1 不同土壤类型的耕地面积

土类	栗钙土	灰褐土	草甸土	合计
面积（hm²）	89 272.1	27 610.2	2 727.2	119 609.5
占比（%）	74.6	23.1	2.3	100.0

一、栗钙土

栗钙土形成的气候条件是典型的大陆性气候，发育在温带半干旱气候干草原植被下，属于草原土壤类型之一，是具有栗色腐殖质层和钙积层的地带性土壤。栗钙土是固阳县耕地面积最大的土类，主要分布在固阳县古盆地上升后形成的丘陵与北部蒙古高原南缘的丘陵地带，占总播种面积的 74.6%。

栗钙土的母质类型较多，有黑云母花岗岩、二长花岗岩、钾长花岗岩、石英岩、变质沙岩、板岩、片岩等结晶岩类风化物，白垩纪杂色泥质沙岩沙砾岩，近代冲洪积物，黄土或黄土状物等。不同母质类型的栗钙土，理化性状差异也较大，各自形成不同的土属。

栗钙土植被总的特点是以草本植物为主，植株稀疏矮小，植被覆盖率与产草量低，直接影响土壤有机质的积累。典型干草原植被类型以灌木小叶锦鸡儿—克氏针茅、冷蒿；克氏针茅—百里香、杂类草；克氏针茅—茵陈蒿、糙隐子草；大针茅—羊草、冷蒿；百里香—冷蒿、丛生禾草；克氏针茅—星毛委陵菜、冰草等群落为主。植被覆盖率 10%～25%，主要草层高度 10～15cm，每 667m² 产草量 60～70kg。荒漠化草原植被类型以狭叶锦鸡儿—戈壁针茅、羊草、杂草类；小叶锦鸡儿—克氏针茅、冷蒿等群落为主，植被覆盖率 10%～20%，主要草层高度 8～10cm，每 667m² 产鲜草 40～50kg。

栗钙土含草甸栗钙土、淡栗钙土、栗钙土 3 个亚类，潮淤土、淡红黄土、淡栗淤土、黄灰土、红黄土、黄黑土、黄沙土、黄土、栗淤土 9 个土属，共 46 个土种（表 2-2）。

表 2-2　栗钙土不同土种的耕地面积

土　类	亚　类	土　属	土　　种	面积（hm²）
栗钙土	草甸栗钙土	潮淤土	潮淤土	755.6
	淡栗钙土	淡红黄土	薄层淡红黄土	493.1
			淡红黄土	1 885.6
			厚层淡红黄土	41.3
			砾质淡红黄土	429.3
		淡栗淤土	淡栗淤土	642.5
			厚层淡栗淤土	119.5
			砾质淡栗淤土	378.9
			沙壤质淡栗淤土	375.7
		黄灰土	薄层黄灰土	2 995.9
			厚层黄灰土	172.4
			黄灰土	1 285.7
			砾壤质黄灰土	771.5
			砾质厚层黄灰土	23.6
			砾质黄灰土	694.3
	栗钙土	红黄土	薄层红黄土	5 938.5
			薄层砾质侵蚀红黄土	545.2
			薄层侵蚀红黄土	903.9
			红黄土	20 154.2
			厚层红黄土	3 734.2
			厚层侵蚀红黄土	679.4
			砾质薄层红黄土	1 176.1
			砾质红黄土	4 247.4
			砾质厚层红黄土	429.9
			砾质侵蚀红黄土	107.8
			侵蚀红黄土	1 474.9
		黄黑土	薄层黄黑土	9 049.5
			厚层黄黑土	2 910.8
			黄黑土	6 434.3
			砾质薄层黄黑土	254.1
			砾质厚层黄黑土	44.0
			砾质黄黑土	1 140.1
			沙壤质黄黑土	1 242.0
		黄沙土	薄层黄沙土	1 213.0
			厚层黄沙土	896.4

（续）

土 类	亚 类	土 属	土 种	面积（hm^2）
栗钙土	栗钙土	黄沙土	黄沙土	2 743.1
			砾质黄沙土	337.4
		黄土	黄土	2 441.9
			轻度侵蚀黄土	353.7
			中度侵蚀黄土	107.3
		栗淤土	薄层栗淤土	477.7
			厚层栗淤土	5 223.7
			栗沙土	109.5
			栗淤土	2 426.7
			砾质栗淤土	1 018.6
			沙壤质栗淤土	391.6

（一）栗钙土成土过程

栗钙土主要成土过程包括腐殖质积累过程和碳酸钙（石灰）沉积过程。

1. 腐殖质积累过程 有机质在土壤中经过活动分解成腐殖质。土壤腐殖质的形成和积累过程是任何土壤形成和发育的基本过程。在干草原生物气候条件下，天然草被每667m^2产草量不足100kg，土壤有机质来源很少，土壤中不可能形成较多的腐殖质。同时由于气候干旱，土壤腐殖质的矿化程度较高，土壤腐殖质不易积累下来，所以栗钙土腐殖质积累的速度缓慢，数量较少。因此栗钙土具有颜色浅、腐殖质层薄、土壤质地粗略等特点。

2. 碳酸钙淀积过程 碳酸钙（石灰）淀积过程系指难溶性的碳酸盐类（主要是碳酸钙）在土壤中聚集的过程。土壤在风化过程中形成的钾、钠等碱土金属化合物，极易被水淋洗掉，不易在土壤中淀积下来，而较难溶的硅、铁、铝等氧化物盐类，在土壤中基本不移动。只有碳酸钙，遇水以后，以碳酸氢钙的形式随水淋溶到土壤的一定深度而聚集下来。在栗钙土区，碳酸钙大多淀积在心土层或底土层中，形成一个明显的发生层次——白色的钙积层。固阳县栗钙土的钙积层在土壤剖面的积聚特点是由上而下逐渐增多，在表土层和心土层多呈假菌丝状或斑块状出现，在底土层多呈结核状、斑块状或盘层状出现，当碳酸钙含量高达60%以上时，形成坚实的盘层状钙积层。

（二）栗钙土类型及属性

根据栗钙土成土条件、成土过程及形态特征与属性等差异性特点，固阳县栗钙土可分为栗钙土亚类、淡栗钙土亚类、草甸栗钙土亚类。

1. 栗钙土亚类 栗钙土亚类成土条件的特点：大青山以北地形为起伏较大的波状丘陵，海拔高度1 200～1 600m；大青山南麓地势较平坦，为准平原化丘陵，海拔高度1 200～1 300m。母质类型大部分为白垩纪以红色为主的杂色泥质沙岩沙砾岩，其次为结晶残坡积物和近代冲洪积物，少部分为松散沙岩沙砾岩和黄土或黄土状物。植被类型以草本植物为主，主要建群种有克氏针茅、短花针茅、冷蒿、羊草、冰草、百里香、狼毒、沙针棘豆、黏蒿、籽蒿、铁秆蒿、田旋花等。栗钙土亚类土壤剖面具有栗钙土土类的基本特征，即为A-B_{Ca}-C构型。栗钙土亚类以母质类型或者岩性作为划分土属的依据。该亚类共划分了5个土属，分别为黄黑土土属、黄沙土土属、红黄土土属、黄土土属、栗淤土土属。以下是栗钙土亚类主要土种及属性：

（1）厚层红黄土。属栗钙土亚类红黄土土属。在各乡镇均有分布，怀朔镇和兴顺西镇面积较大。厚层红黄土主要分布于固阳县的中部和北部丘陵地带的缓坡，地形起伏较小，厚层红黄土面积共3 734.2hm^2。厚层红黄土有机质含量为15.6g/kg，全氮含量为0.94 g/kg，有效磷含量为9.3mg/kg，速效钾含量为148mg/kg。剖面特征主要是腐殖质层较薄，石灰淀积部位较高，且钙积层较厚，适合麦类等浅根性作物生长，不适合深根性植物生长。剖面构型为A_1-AB-B_{Ca}-C层。

A_1层：0～18cm，棕红色，沙质壤土，团块状结构，稍紧，中量根系，润，弱石灰反应。

AB层：18～50cm，棕红色，沙质壤土，团块状结构，紧，少量根系，润，中度石灰反应，假菌丝状石灰淀积。

B_{Ca}层：50～100cm，灰黄色，黏壤土，块状结构，紧实，无根系，润，强石灰反应，斑块状石灰淀积。

C层：100～115cm，沙砾石。

（2）厚层黄黑土。属栗钙土亚类黄黑土土属。厚层黄黑土主要分布在怀朔镇、兴顺西镇和银号镇，位于固阳县丘陵地带缓坡下部，厚层黄黑土面积共2 910.8hm^2。厚层黄黑土有机质含量为19.7g/kg，全氮含量为1.19 g/kg，有效磷含量为14.0mg/kg，速效钾含量为163mg/kg。厚层黄黑土腐殖质层较厚，钙积层较薄，垦殖率较高。剖面构型为A_1-AB-B_{Ca}-C层。

A_1层：0～42cm，紫棕色，沙质壤土，团块状结构，稍紧，多量根系，润，弱石灰反应。

AB层：42～62cm，紫棕色，沙质壤土，团块状结构，紧，少量根系，润，弱石灰反应，假菌丝状石灰淀积。

B_{Ca}层：62～103cm，淡灰黄色，沙质壤土，块状结构，紧，无根系，润，强石灰反应，盘层状石灰淀积。

C层：103～130cm，灰黑色，砾石。

（3）厚层黄沙土。属栗钙土土类黄沙土土属，主要分布在金山镇，面积896.4hm^2。厚层黄沙土有机质含量为14.9g/kg，全氮含量为0.90 g/kg，有效磷含量为7.7mg/kg，速效钾含量为125mg/kg。厚层黄沙土腐殖质层较薄，钙积层较厚，土壤养分较低。剖面构型为A_1-AB-B_{Ca}-C层。

A_1层：0～21cm，浅灰黄色，沙质壤土，弱团块状结构，松，中量根系，润，弱石灰反应。

AB层：21～45cm，灰黄色，沙质壤土，团块状结构，紧，少量根系，润，中石灰反应，假菌丝状石灰淀积。

B_{Ca}层：45～80cm，黄白色，沙质黏壤土，紧，无根系，润，强石灰反应，盘层状石

灰淀积。

C 层：80～105cm，浅灰黄色，石砾。

（4）厚层栗淤土。属栗钙土亚类栗淤土土属，分布在丘陵区河流的一级、二级阶地上和冲洪积扇地带，地形平坦。厚层栗淤土面积共 5 223.7hm^2。厚层栗淤土有机质含量为 15.2g/kg，全氮含量为 0.92 g/kg，有效磷含量为 11.2mg/kg，速效钾含量为168mg/kg。厚层栗淤土土体较厚，土壤肥力较高。剖面构型为 A_1-AB-B_{Ca}-C 层。

A_1层：0～18cm，灰黄色，沙质黏壤土，团块状结构，稍紧，多量根系，湿，弱石灰反应。

AB 层：18～60cm，浅黄棕色，壤质沙土，团块状结构，稍紧，中量根系，湿，强石灰反应，假菌丝状石灰淀积。

B_{Ca}层：60～90cm，浅灰黄色，壤质沙土，块状结构，紧，无根系，湿，强石灰反应，斑块状石灰淀积。

C 层：90～130cm，黑灰色，沙砾石，强石灰反应。

2. 淡栗钙土亚类　淡栗钙土是栗钙土土类与棕钙土土类之间的过渡类型土壤。分布在波状丘陵地带，海拔高度 1 600～1 660m，相对高度小于 30m。在固阳县西北部的红泥井的北半部及以东与其相连接的兴顺西的一小部分均已经进入荒漠化草原地带，开始出现淡栗钙土。母质主要有 3 种类型，分别为结晶岩类、泥质岩类和冲洪积物。淡栗钙土的植被是荒漠化草原，植株矮小稀疏，由冷蒿、百里香、杂类草群落代替了干草原羊草、克氏针茅和杂类草群落。主要草本植物有阿尔泰狗娃花、麦瓶草、百里香、狼毒等。植被覆盖率低，总覆盖率 5%～10%，主要草层高度 10～20cm，每 667m^2 产鲜草 50～100kg。淡栗钙土根据成土母质及岩性可划分为黄灰土土属、淡红黄土土属、淡栗淤土土属 3 个土属。以下为该土类主要土种及属性：

（1）厚层淡红黄土。属淡栗钙土亚类淡红黄土土属。面积较小，仅 41.3hm^2，分布在西斗铺镇丘陵地带的缓坡中下部。厚层淡黄红土有机质含量为 19.8g/kg，全氮含量为 1.20g/kg，有效磷含量为 9.6mg/kg，速效钾含量为 167mg/kg。剖面构型为 A_1-AB-B_{Ca}-C 层。

A_1层：0～25cm，红棕色，沙质壤土，团块状结构，稍紧，中量根系，润，中度石灰反应。

AB 层：25～45cm，淡棕色，沙质壤土，团块状结构，紧，少量根系，润，强石灰反应，假菌块石灰淀积。

B_{Ca}层：45～80cm，红橙色，黏质壤土，块状结构，紧实，无根系，润，强石灰反应，盘层状石灰淀积。

C 层：80～110cm，棕红色，泥质沙砾岩。

（2）厚层淡栗淤土。属淡栗钙土亚类淡栗淤土土属。分布在红泥井，地形为一级阶地。厚层淡栗淤土面积共 119.5hm^2。有机质含量为 18.6g/kg，全氮含量为 1.15g/kg，有效磷含量为 9.3mg/kg，速效钾含量为 151mg/kg。剖面构型为 A_1-AB-B_{Ca}-C 层。

A_1层：0～20cm，棕色，沙质壤土，团块状结构，稍紧，中量根系，润，中度石灰反应。

AB层：20～42cm，淡灰黄色，沙质黏土，块状结构，紧，少量根系，润，强石灰反应，假菌块石灰淀积。

B_{Ca}层：42～62cm，紫棕色，沙质黏土，块状结构，紧，无根系，润，强石灰反应，斑块状石灰淀积。

C层：62～80cm，棕黄色，沙砾石，湿，强石灰反应。

3. 草甸栗钙土亚类 草甸栗钙土由灰色草甸土演变而来。主要分布在栗钙土区山前洪积扇地带，面积不大，呈零星分布。由于地域性的地下水下降，导致草甸化成土过程终止，后期成土过程中栗钙土成土过程占主导地位，已经进入地带性土壤。草甸栗钙土的形态特征既有草甸土特征又有栗钙土特征，具有明显的钙积层。草甸栗钙土腐殖质一般较厚，有机质含量高，土壤质地适中，为轻壤—中壤，结构良好，粒状结构。土属只有一个潮淤土，土属以下有一个土种，即潮淤土。

潮淤土：潮淤土属草甸栗钙土亚类潮淤土土属。位于大庙一带，面积共755.6hm^2。潮淤土有机质含量为16.3g/kg，全氮含量为1.00g/kg，有效磷含量为12.4mg/kg，速效钾含量为141mg/kg。剖面构型为A_1-A_2-A_3-B_{Ca}-C层。

A_1层：0～17cm，黄棕色，轻壤，粒状结构，松，润，中量细根，较强石灰反应。

A_2层：17～32cm，灰棕色，中壤，粒状结构，紧，润，少量细根，假菌块石灰淀积，强石灰反应。

A_3层：32～65cm，灰棕色，中壤，粒状结构，紧，润，微量细根，假菌块石灰淀积，强石灰反应。

B_{Ca}层：65～116cm，灰褐色，重壤，片状结构，紧，无根系，润，较强石灰反应，锈纹锈斑。

C层：母质层。

二、灰褐土

灰褐土又称灰褐色森林土，是发育在半湿润的森林灌丛草原植被下的半淋溶山地土壤。由于山地气候冷凉、空气湿润、植被生长茂盛，物理、化学、生物成土作用都比较强。

灰褐土的成土母质类型大部分为太古界不同时期造山运动侵入的结晶岩风化物，少部为白垩纪的泥质沙岩沙砾岩及第四纪黄土或黄土状物与冲洪积沙岩沙砾岩。

灰褐土植被大致可以分为两种类型，即海拔1 800～2 000m地段的山地森林灌丛草原和海拔1 600～1 800m的山地灌丛草原两大类型。由于森林植被的破坏，尚存的次生林面积也很少，大部分森林植被已经被灌丛草原或者干草原植被所更新。乔木种类树种有油松、杜松、云杉、侧柏、山杨、白桦等，多为小片或零星分布；灌木有黄刺玫、山樱桃、达乌里胡枝子、扁桃、山杏、绣线菊、狭叶锦鸡儿等；半灌木有铁秆蒿、裂叶蒿、万年青等；草本植被有凸脉薹草、白羊草、大叶糙苏、大针茅、克氏针茅、石生针茅、扁穗冰草、蒙古冰草、冷蒿、狗娃花、披针野黄花、黄芩、细叶葱、星毛委陵菜、知母、志远、寸草、田旋花等。

灰褐土含粗骨性灰褐土、淋溶灰褐土、生草灰褐土、碳酸盐灰褐土4个亚类，石质土、淋溶灰褐土、黑土、褐红土、褐黄土、褐淤土、灰褐土7个土属，共25个土种（表2-3）。

表 2-3 灰褐土不同土种的耕地面积

土 类	亚 类	土 属	土 种	面积（hm^2）
灰褐土	粗骨性灰褐土	石质土	石质土	2 980.9
	淋溶灰褐土	淋溶灰褐土	薄体淋溶灰褐土	25.6
			厚体淋溶灰褐土	32.5
			淋溶灰褐土	172.6
	生草灰褐土	黑土	薄体黑土	6.1
			黑土	63.4
			厚体黑土	136.9
	碳酸盐灰褐土	褐红土	轻度侵蚀褐红土	60.5
			中度侵蚀褐红土	71.9
			褐红土	144.7
			砾质褐红土	75.5
		褐黄土	褐红黄土	152.5
			褐黄土	2 043.8
			轻度侵蚀褐黄土	2 695.8
			中度侵蚀褐黄土	192.8
		褐淤土	薄体褐淤土	207.2
			褐淤土	1 026.9
			厚体褐淤土	1 276.8
			沙壤质褐淤土	139.4
		灰褐土	薄体灰褐土	6 053.6
			厚体灰褐土	5 819.7
			灰褐土	3 493.5
			侵蚀薄体灰褐土	341.0
			侵蚀厚体灰褐土	131.5
			侵蚀灰褐土	265.3

（一）灰褐土成土过程

灰褐土成土过程主要表现为腐殖质的积累、石灰的淋溶与淀积、土壤黏化等三个主要过程。

1. 腐殖质的积累 是灰褐土成土过程的基本特征。成土过程腐殖质大量积累，土壤颜色较黑，呈黑褐色，质地变黏，多为壤质土，腐殖质层深厚。

2. 石灰的淋溶与淀积 土壤淋溶作用较强，土体中可溶盐层次间过渡不明显；碳酸盐沉积的数量较少，多出现在剖面下部或母质层表面，呈粉末状或假菌丝状淀积，形成不明显的钙积层。

3. 土壤黏化 部分黏粒随水下移，土体下部有弱黏化现象。随着海拔的升高，垂直分布着碳酸盐灰褐土、淋溶灰褐土、生草灰褐土。灰褐土的形成主要是在森林草原生物气候下进行的。

（二）灰褐土亚类及属性

灰褐土根据海拔高度及相对高度、气候、植被等成土条件的差异，碳酸盐淋溶程度等成土条件和成土过程特点，划分为粗骨性灰褐土、淋溶灰褐土、生草灰褐土、碳酸盐灰褐土4个亚类。随着海拔高度的升高，由下向上分别为碳酸盐灰褐土、生草灰褐土、淋溶灰褐土、粗骨性灰褐土，再向上与灰色森林土相接，构成土壤垂直结构。

1. 淋溶灰褐土亚类 淋溶灰褐土是灰褐土亚类与灰色森林土之间的过渡类型土壤。淋溶灰褐土是灰褐土土类中最肥沃的土壤，养分状况类似灰色森林土。主要分布在海拔1 900～2 100m中山山地的阴坡、半阴坡。母质类型为各类结晶岩残坡积物，母质单一。植被条件较好，属于森林灌丛草原植被类型，乔木以山杨、白桦为主；灌木半灌木有山杏、绣线菊、达乌里胡枝子、裂叶蒿、万年青等；草本植被建群种有凸脉薹草、羊草、大叶糙苏、大针茅、冰草、知母、志远等，植被覆盖率达60%以上。淋溶灰褐土亚类只有一个土属，即淋溶灰褐土土属。土属以下按照土体厚度<30cm、30～60cm、≥60cm，划分为薄体淋溶灰褐土、淋溶灰褐土、厚体淋溶灰褐土3个土种。

（1）厚体淋溶灰褐土。属淋溶灰褐土亚类淋溶灰褐土土属。位于山地阴坡中山部，面积共32.5hm^2。植被为桦树、山樱桃、针茅、羊草等，覆盖率70%以上。有机质含量为22.7g/kg，全氮含量为1.37g/kg，有效磷含量为13.0mg/kg，速效钾含量为158mg/kg。

A_0层：0～7cm，暗灰棕色，沙质壤土，有粒状结构，松散，多量根系，干，无石灰反应。

A_1层：7～22cm，灰棕色，沙质壤土，粒状结构，稍紧，中量根系，润，无石灰反应。

A_2层：22～40cm，暗黄棕色，黏壤土，块状结构，紧，少量根系，润，无石灰反应。

B层：40～70cm，棕色，黏壤土，块状结构，紧，无根系，润，无石灰反应。

C层：70～75cm，青灰色，石砾，石块上有石灰淀积。

2. 生草灰褐土亚类 形成于浑圆形山地，地面平整圆滑呈馒头状，沟壑极少。海拔高度1 800～2 300m，相对高差700m以上，属于中山山地。分布在固阳县下湿壕与大庙交界地带的春坤山山地。由于地形较高，易受西北寒潮所控制，山高风大，气候冷凉，土壤含水量较高，经常处于湿润状态。土壤结冻期较长，11月上旬表土开始冻结，翌年7月中旬才彻底解冻，长达8个月以上。由于土壤冻融过程较长，地表到处形成直径1～2m的土丘。生草灰褐土的成土母质类型为酸性结晶岩和中性结晶岩类残坡积物，以二长花岗岩、钾长花岗岩、黑云母花岗岩、石英闪长岩为主。原有植被为森林草原植被，目前森林草原植被已经全部破坏，取而代之的是草甸草原植被。主要植被种类有寸草、莎草、委陵菜、早熟禾、扁穗冰草、羊草、克氏针茅、地榆、芍药、野菊花等。草层高度30cm左右，植被覆盖率达到70%以上，为丰美的天然牧场。生草灰褐土亚类由于母质单一，只划分一个黑土土属。土属以下按照土体厚度<30cm、30～60cm、≥60cm，划分为薄体黑土、黑土、厚体黑土3个土种。

厚体黑土：属生草灰褐土亚类黑土土属。位于固阳县大庙，面积共136.9hm^2。厚体

黑土腐殖质厚度大于50cm，土壤养分较高。有机质含量为33.4g/kg，全氮含量为1.71g/kg，有效磷含量为21.7mg/kg，速效钾含量为333mg/kg。

A_0+A_3层：0～20cm，黑褐色，轻壤，小粒状结构，松，潮，根系较多，无石灰反应。

A层：20～155cm，灰黑色，轻壤，小粒状结构，较紧，潮，上部有少量根系，下部有较粗枯腐的树根，无石灰反应。

C层：155～160cm，砾石。

3. 碳酸盐灰褐土亚类　碳酸盐灰褐土位于海拔1 500～1 700m处，相对高度小于200m，坡度较平缓。母质类型较多，以结晶岩残坡积物为主，少部分为白垩纪杂色泥质沙岩沙砾岩、第四纪黄土或黄土状物、近代冲洪积物。植被类型为灌丛草原，灌木以黄刺玫、山樱桃、绣线菊、达乌里胡枝子、狭叶锦鸡儿等为主；半灌木有铁秆蒿、裂叶蒿等；灌木半灌木植被稀疏，多为散生，很少有成片林。草本植被以羊草、克氏针茅、冰草、冷蒿、委陵菜、棘豆等为主。草层覆盖率20%～30%，主要草层高度5～20cm，每667m^2产鲜草100～150kg。碳酸盐灰褐土土壤剖面A_{00}层及A_0层均已被侵蚀掉，剖面构型基本为A-B-C型。依据母质类型划分为4个土属，即褐红土、褐黄土、褐淤土、灰褐土。土属以下按照侵蚀程度、土体厚度等划分土种，以下是主要土种以及属性：

（1）厚体灰褐土。属碳酸盐灰褐土亚类灰褐土土属。在各乡镇均有分布，怀朔镇、兴顺西镇和西斗铺镇面积较大，共5 819.7hm^2。厚体灰褐土主要分布于固阳县低山山体的各个部位。厚体灰褐土有机质含量为22.9g/kg，全氮含量为1.29g/kg，有效磷含量为14.5mg/kg，速效钾含量为209mg/kg。厚体灰褐土是山区的主要耕作土壤，土壤肥力水平低，垦殖率低，盲目垦殖易造成水土流失。剖面构型为A_1-A_2-B-C层。

A_1层：0～40cm，灰棕色，壤土，块状结构，稍紧，多根系，润，弱石灰反应。

A_2层：40～80cm，浅灰棕色，黏壤土，块状结构，紧，少量根系，润，中度石灰反应。

B层：80～120cm，红棕色，沙质壤土，块状结构，紧，无根系，润，强石灰反应，有假菌丝状石灰淀积。

C层：120～130cm，石砾。

（2）轻度侵蚀褐黄土。属碳酸盐灰褐土亚类褐黄土土属。轻度侵蚀褐黄土主要分布在金山镇和下湿壕镇，面积共2 695.8hm^2。轻度侵蚀褐黄土有机质含量为15.2g/kg，全氮含量为0.95g/kg，有效磷含量为8.7mg/kg，速效钾含量为137mg/kg。轻度侵蚀褐黄土是山区的主要耕作土壤之一，土壤养分含量低，熟化土层薄，土壤质地较黏重，结构性差，通透性不良，排水能力弱，易发生干旱，沟蚀现象比较严重，属于贫瘠类型的土壤。剖面构型为A_1-A_2-B-C层。

A_1层：0～23cm，棕黄色，沙质壤土，块状结构，紧，中量根系，润，强石灰反应。

A_2层：23～60cm，淡灰黄色，沙质壤土，块状结构，紧，少量根系，润，强石灰反应，假菌丝状石灰淀积。

B层：60～100cm，淡棕黄色，沙质黏壤土，块状结构，紧，无根系，润，强石灰反应，斑块状石灰淀积。

C 层：100～120cm，淡灰黄色，黄土。

(3) 厚体褐淤土。属碳酸盐灰褐土亚类褐淤土土属。厚体褐淤土主要分布在金山镇、西斗铺镇、下湿壕镇和银号镇的山区河谷阶地与洪积扇地带，面积共 1 276.8hm^2。厚体褐淤土有机质含量为 18.2g/kg，全氮含量为 1.06g/kg，有效磷含量为 11.0mg/kg，速效钾含量为 180mg/kg。厚体褐淤土土体较厚，地形平坦，土壤质地适中，保水保肥性能较好，肥力中等，是干旱山区最适宜的农用土壤。剖面构型为 A_1-AB-B-C 层。

A_1层：0～21cm，灰棕色，沙质壤土，团块状结构，松，中量根系，湿，中度石灰反应。

AB 层：21～61cm，灰黄棕色，沙质壤土，块状结构，稍紧，少量根系，湿，强石灰反应。

B 层：61～105cm，暗灰棕色，壤土，块状结构，紧，无根系，湿，强石灰反应，粉末状石灰淀积。

C 层：105～130cm，沙砾石。

4. 粗骨性灰褐土亚类 粗骨性灰褐土位于大青山山地，分布于山地的阳坡，海拔高度为 1 600～2 000m，与灰色森林土、灰褐土和裸岩构成复区。母质类型以碳酸盐和各类结晶岩坡积物为主。土层厚度小于 10cm，多半呈土石相掺状态，属于初育型土壤。植被类型为灌丛草原，主要植被有针茅、冷蒿、羊草、山樱桃、黄刺玫、苔藓、地衣等。成土过程以物理风化和腐殖化过程为主。粗骨性灰褐土只有一个土属，即石质土。

石质土：属粗骨性灰褐土亚类石质土土属。位于固阳县山地，坡度较大，植被覆盖率低，水土流失严重。石质土面积共 2 980.9hm^2。土体薄且多砾石，不宜耕种，只适合做辅助牧场或种植灌木及牧草，应合理规划，保护植被，防止水土流失。有机质含量为 19.3g/kg，全氮含量为 1.12g/kg，有效磷含量为 12.7mg/kg，速效钾含量为 184mg/kg。

A 层：0～7cm，灰棕色，沙质黏壤土，团块状结构，稍紧，少量根系，干，强石灰反应。

D 层：石块。

三、草甸土

草甸土形成于地下水位埋深较高的低平地带，为隐域性土壤，属于非地带性土壤，是在地下水位高的地区生长草甸植被环境条件下形成的土壤。在固阳县灰褐土与栗钙土区均有分布，其分布特点是在各河流域河漫滩均有零星分布，没有出现大面积分布，仅占耕地面积的 2.3%。

成土母质为酸性结晶岩和中性结晶岩残坡积物，以二长花岗岩、钾长花岗岩、黑云母花岗岩和石英闪长岩为主。植被群落是湿生性草甸草原，主要有芨芨草、羽状委陵菜、散穗早熟禾、薹草、西伯利亚白刺、马莲，盐碱地上有盐生红沙植被。草甸土植被覆盖率较高，一般为 50%～60%。

草甸土含灰色草甸土、盐化草甸土 2 个亚类，淤黑沙土、淤黑土、盐化淤黑土、盐化黑沙土 4 个土属，共 7 个土种（表 2-4）。

表 2-4　草甸土不同土种的耕地面积

土　类	亚　类	土　属	土　种	面积（hm^2）
草甸土	灰色草甸土	淤黑沙土	壤底淤黑沙土	19.3
			淤黑沙土	94.2
		淤黑土	淤黑土	378.2
	盐化草甸土	盐化淤黑土	轻盐淤黑土	96.6
			中盐淤黑土	469.7
		盐化黑沙土	轻盐淤黑沙土	1 327.4
			中盐淤黑沙土	341.9

（一）草甸土成土过程

草甸土的成土过程是在生草作用和土壤氧化还原作用下进行的。

1. 腐殖化过程　由于有植被覆盖，每年有较多的植物根茎回归土壤中，土壤腐殖质得到不断的补充与更新，使土壤形成深厚的腐殖质层。

2. 淋溶与淀积过程　由于所处地形低洼，每年雨季和洪水泛滥季节，地表汇集雨水或受淹，土壤中易溶性有机与无机盐类随水下移或者淋失，与此同时难溶的碳酸钙却随水缓慢下移，并沿着根孔在土体的中、下部淀积下来，形成假菌丝状碳酸钙淀积层，或在土体下部聚结成小的石灰结核。

3. 氧化还原过程　在生草作用下，密集的草皮层为土壤形成增加了大量的有机物质，为土壤腐殖质的形成与积累提供了物理基础。同时地下水位过高，造成底土层经常性的积水与脱水，形成一个氧化与还原交替变化的特殊环境，在底土层生成一个其他任何类土壤都不可能具备的氧化还原层。即该层中出现不同程度的铁锰锈斑或铁锰结核。氧化还原层下，由于长期处于淹水状态，形成嫌气条件，氧化还原电位低，有机质的分解不能充分进行，土壤便形成一个带有蓝色的潜育层。

4. 盐化过程　由于地下水位埋深小于 3m，可借助毛管力沿着土壤毛细管上升到地表，地表蒸发量较大，大量的毛管水源源不断被蒸发掉，水走盐留，盐分逐渐聚集于地表，形成盐化土壤或者盐土。

（二）草甸土类型及属性

根据地下水位埋深和土壤盐渍化程度等次要成土过程所造成的土壤差异性，划分为灰色草甸土、盐化草甸土两个亚类。

1. 灰色草甸土　由于地形低平，地下水位较低，土壤潜育化过程基本终止，干草原植被开始大量侵入，土壤钙质化过程有所加强，土体碳酸钙含量大量增加，呈粉末状或者斑块状石灰淀积，开始出现地带性土壤栗钙土的某些特征。灰色草甸土按照土壤质地的差异分为淤黑土、淤黑沙土两个土属。土属以下依据土体构型划分土种。

（1）淤黑沙土。属灰色草甸土亚类淤黑沙土土属。分布于新建东南一带，面积共 94.2hm^2。土壤养分中等，有机质含量为 14.1g/kg，全氮、有效磷、速效钾含量分别为 0.85g/kg、10.8mg/kg、158mg/kg。

A_1层：0～30cm，灰褐色，沙壤，弱团块状结构，松，中量根系，润，弱石灰反应。

A_2层：30～75cm，棕黄色，轻壤土，块状结构，松，少量根系，湿，弱石灰反应。

C层：75～100cm，氧化还原层，褐色，沙壤，团块状结构，锈纹锈斑，强石灰反应。

（2）淤黑土。属灰色草甸土亚类淤黑土土属。位于白灵淖东南，面积共378.2hm^2。土壤有机质含量为17.0g/kg，全氮、有效磷、速效钾含量分别为0.99g/kg、12.7mg/kg、175mg/kg。

A_1层：0～30cm，黄褐色，轻壤，粒状结构，松，中量根系，润，强石灰反应。

A_2层：30～62cm，灰黄色，中壤，块状结构，松，中量根系，湿，弱石灰反应，网纹状假菌丝石灰淀积。

C层：62～120cm，氧化还原层，棕黄，沙壤，弱团块状结构，紧，湿，少量根，有锈纹锈斑，假菌丝状石灰淀积，强石灰反应。

2. 盐化草甸土　盐化草甸土基本分布在固阳县大小河流漫滩。由于地下水位埋深1.2～2.7m，土壤发生不同程度的盐渍化现象。0～20cm土壤层含盐量为0.22%～0.76%。根据土壤质地的不同，分为盐化淤黑土和盐化黑沙土两个土属。按照土壤剖面和盐化程度分为4个土种。

（1）轻盐淤黑土。属盐化草甸土亚类盐化淤黑土土属。主要分布在白灵淖小营盘村，面积共96.6hm^2。土壤有机质含量为15.1g/kg，全氮、有效磷、速效钾含量分别为0.93g/kg、9.5mg/kg、147mg/kg。

A_1层：0～32cm，栗黄色，中壤，粒状结构，紧，多细根，润，强石灰反应。

A_2层：32～75cm，棕黄色，中壤，块状结构，紧，少量根系，润，多细根，强石灰反应。

C层：75～120cm，氧化还原层，淡黄色，团块状结构，紧，湿，无根系，强石灰反应，锈纹锈斑。

（2）轻盐淤黑沙土。属盐化草甸土亚类盐化淤黑沙土土属。面积共1 327.4hm^2。土壤有机质含量为17.1g/kg，全氮、有效磷、速效钾含量分别为1.10g/kg、8.4mg/kg、153mg/kg。

A_1层：0～15cm，灰黄色，中壤，粒状结构，松，中量细根，润，强石灰反应。

A_2层：15～61cm，灰褐色，轻壤，块状结构，紧，少量细根，湿，强石灰反应，假菌丝状石灰淀积。

C层：61～111cm，氧化还原层，灰黑色，中壤，团块状结构，紧，湿，有锈纹锈斑，假菌丝状石灰淀积，强石灰反应。

G层：111～130cm，潜育层，蓝灰色，沙土，无结构，松，湿，较强石灰反应。

第二节　耕地土壤养分现状及评价

一、调查采样与测试分析

为明确耕地土壤的各种养分性状及其他性状，更好地实施测土配方施肥及耕地地力评价，开展了较大规模的调查采样与土壤测试分析工作。

（一）调查采样

1. 样点分布　以全县的土地利用现状图为工作底图，结合土壤图、地形图，勾绘采样单元。同一采样单元的地貌类型、土壤类型、地力等级、施肥水平等因素基本一致，确保样点具有代表性。采样单元以667～6 670m^2的典型地块为主。

根据固阳县耕地分布及应用现状，土样采集的区域是土壤类型为草甸土、栗钙土和灰褐土的耕地。采样重点是平原区、水浇地和精品示范区，其次是丘陵区、旱地。平原区和水地采样点比较密集，平均每6.67～13.33hm^2布置1个采样单元；丘陵区和旱地采样点稀疏，平均20～33.33hm^2为一个采样单元。全市共布置采样点6 100个，2007—2009年分别采样4 038个、1 079个、1 032个，2010—2012年在原有点位上进行加密，同时侧重种植大户、农业合作社，各年份分别采样543个、711个、300个。2007—2012年共采集样点7 703个。

2. 土壤样品采集与调查　野外采样时以S形布点，按照随机、等量和多点混合的原则进行采样，共取10个土样进行混合，采样深度为20cm，用四分法弃去多余的土样，剩余1kg左右混合土样装袋。采样同时用GPS进行定位，填写采样标签，在土带内外各放置一个采样标签。

采样的同时进行农户施肥调查，调查的对象是取样点所属村组人员和地块所属农户，调查的数据包括采样点地理位置、自然条件、土壤情况、土壤排水性、地形和土层厚度、障碍因素与土壤肥力水平，同时根据第二次土壤普查结果确定土壤类型、土壤质地，确定调查采样地前茬作物种类、产量水平、灌溉情况、推荐施肥情况、实际施肥明细等，并填写“采样地块基本情况调查表”“采样地块农户施肥情况调查表”。

（二）样品测试分析

1. 土壤样品制备　采集的土样在牛皮纸上摊成薄薄的一层，置于室内通风阴干。在土样半干时将大土块捏碎，以免完全干后结成硬块而难以磨细。风干后的土样，弃去动植物残体，如果石子过多，应当将除掉的石子称重，记下所占的百分比。风干后的土样用研钵或者木棍研细，使之全部过筛。根据土壤样品检测项目的测试方法，每个土样分别通过0.149mm、1mm、2mm的尼龙筛。

2. 土壤测试方法以及检测项次　土样分别测试大量元素、中量元素、微量元素及其他等18项，总计检测76 990个土壤样品，共获取769 891个有效数据，明确了固阳县耕地各养分含量变幅、分布及评价含量。其中，大量元素共检测7项，包括土壤全氮、碱解氮、全磷、有效磷、全钾、速效钾、缓效钾，土壤全氮、有效磷、速效钾均100%检测，共检测30 760项次；中量元素共检测2项，包括土壤有效硫和有效硅，共检测5 780项次，其中有效硫检测项次达到土壤样品数量的7.2%，有效硅检测项次达到土壤样品数量的0.3%；微量元素共检测6项，包括土壤有效硼、有效锌、有效锰、有效钼、有效铁、有效铜，共检测24 581项次，微量元素各元素检测土壤样品数量不同，仅有效钼检测数量较少，共检测431项次，其余检测均超过4 000项次，超出土壤样品总量的5.0%；其他项目主要包括有机质、pH、阳离子交换量，共检测15 869项次（表2-5）。

表 2-5　土壤样品理化性状化验分析方法和检测数量

检测项目		检测方法	检测土样数量（个）	检测项次
大量元素	土壤全氮	凯氏蒸馏法	7 705	7 705
	土壤碱解氮	碱解扩散法	2 170	2 170
	土壤全磷	氢氧化钠熔融—钼锑抗比色法	459	459
	土壤有效磷	碳酸氢钠或氟化铵-盐酸浸提—钼锑抗比色法	7 705	7 705
	土壤全钾	碱溶—火焰光度计法	462	462
	土壤缓效钾	硝酸提取—火焰光度计法	4 554	4 554
	土壤速效钾	乙酸铵浸提—火焰光度计法	7 705	7 705
		合计	30 760	30 760
中量元素	土壤有效硅	柠檬酸浸提—硅钼蓝比色法	233	233
	土壤有效硫	磷酸盐-乙酸浸提—硫酸钡比浊法	5 547	5 547
		合计	5 780	5 780
微量元素	土壤有效铜	DTPA 浸提—原子吸收分光光度计法或 ICP 法	4 548	4 548
	土壤有效锌	DTPA 浸提—原子吸收分光光度计法或 ICP 法	5 253	5 253
	土壤有效铁	DTPA 浸提—原子吸收分光光度计法或 ICP 法	4 548	4 548
	土壤有效锰	DTPA 浸提—原子吸收分光光度计法或 ICP 法	4 548	4 548
	土壤有效硼	沸水浸提—甲亚胺-H 比色法	5 253	5 253
	土壤有效钼	草酸-草酸铵浸提—极谱法	431	431
		合计	24 581	24 581
其他	土壤有机质	油浴加热重铬酸钾氧化容量法	7 705	7 705
	土壤 pH	土液比 1∶2.5，电位法	7 705	7 705
	阳离子交换量	EDTA-乙酸铵盐交换法	459	459
		合计	15 869	15 869
		总计	76 990	76 990

二、耕地土壤有机质含量现状及评价

土壤有机质是土壤固相部分的重要组成成分，尽管土壤有机质的含量只占土壤总量的很小一部分，但它对土壤形成、土壤肥力、环境保护及农林业可持续发展等方面都有着极其重要的作用。表 2-6 是对固阳县不同乡镇土样有机质含量的统计结果。固阳县耕地土壤有机质含量变幅为 2.2～60.0g/kg，平均含量为 16.1g/kg。各乡镇土壤有机质含量有一定的差异，其中怀朔镇、金山镇有机质含量相对较低，平均值分别为 14.5g/kg、14.0g/kg；下湿壕镇、银号镇有机质含量相对较高，平均值分别为 19.9g/kg、18.2g/kg；西斗铺镇和兴顺西镇有机质含量居中，平均值分别为 15.2g/kg、16.3g/kg。各土类之间有机质含量有一定的差异，其中灰褐土有机质含量最高，平均值为 19.3g/kg；草甸土和栗钙土有机质含量差异不大，平均值分别为 15.0g/kg、15.2g/kg（表 2-7）。

表 2-6　各乡镇耕地土壤有机质含量

乡　镇	样本数（个）	平均值（g/kg）	变幅（g/kg）	标准差（g/kg）
怀朔镇	1 224	14.5	5.0～33.2	4.10
金山镇	1 816	14.0	3.0～58.4	6.57
西斗铺镇	1 108	15.2	4.2～40.7	4.89
下湿壕镇	1 110	19.9	4.4～56.9	7.87
兴顺西镇	1 272	16.3	2.2～56.6	4.59
银号镇	1 175	18.2	3.0～60.0	8.26
合计/平均	7 705	16.1	2.2～60.0	6.58

表 2-7　不同土壤类型耕地土壤有机质含量

土　类	样本数（个）	平均值（g/kg）	变幅（g/kg）	标准差（g/kg）
草甸土	213	15.0	3.0～26.2	4.44
灰褐土	1 760	19.3	3.0～60.0	8.40
栗钙土	5 732	15.2	2.2～58.2	5.64
合计/平均	7 705	16.1	2.2～60.0	6.58

各乡镇有机质含量分级面积统计结果见表 2-8。各乡镇有机质含量分布略有不同，其中金山镇、西斗铺镇、怀朔镇、兴顺西镇有机质含量主要分布在 10～20g/kg，该水平面积占各乡镇总面积的百分比分别为 76.7%、76.8%、93.2%、88.4%；下湿壕镇、银号镇有机质含量主要分布在 10～20g/kg 和 20～30g/kg 两个水平。

表 2-8　各乡镇耕地土壤有机质含量分级面积统计

乡　镇	项别	分级标准（g/kg）					
		＞40	30～40	20～30	10～20	6～10	≤6
怀朔镇	面积（hm^2）			1 548.9	25 158.2	295.4	
	占比（%）			5.7	93.2	1.1	
金山镇	面积（hm^2）	51.4	89.5	781.9	14 198.3	3 356.4	41.7
	占比（%）	0.3	0.5	4.2	76.7	18.1	0.2
西斗铺镇	面积（hm^2）		11.1	1 915.5	13 822.9	2 257.9	0.1
	占比（%）		0.1	10.6	76.8	12.5	0.0
下湿壕镇	面积（hm^2）	204.3	943.4	6 983.2	6 353.7	115.3	
	占比（%）	1.4	6.5	47.8	43.5	0.8	
兴顺西镇	面积（hm^2）		8.4	2 950.8	22 586.0	3.7	
	占比（%）		0.0	11.5	88.4	0.0	
银号镇	面积（hm^2）	481.9	1 277.9	4 195.8	97 30.5	244.3	0.9
	占比（%）	3.0	8.0	26.3	61.1	1.5	0.0
合计	面积（hm^2）	737.6	2 330.2	18 376.1	91 849.7	6 273.0	42.7
	占比（%）	0.6	1.9	15.4	76.8	5.2	0.0

各土壤类型耕地土壤有机质含量分级面积统计结果见表2-9。各土类有机质分布略有不同，其中草甸土、栗钙土有机质含量主要分布在10～20g/kg，该水平面积占各乡镇总面积的百分比分别为90.5%、84.2%；灰褐土有机质含量主要分布在10～20g/kg和20～30g/kg两个水平，其中有机质含量分布在20～30g/kg的面积占灰褐土总面积的31.7%，分布在10～20g/kg的面积占灰褐土总面积的51.4%。

表2-9 不同土壤类型耕地土壤有机质含量分级面积统计

土类	项别	分级标准（g/kg）					
		>40	30～40	20～30	10～20	6～10	≤6
草甸土	面积（hm^2）			252.0	2 469.2	5.1	0.9
	占比（%）			9.2	90.5	0.2	0.0
灰褐土	面积（hm^2）	522.8	2 063.0	8 748.4	14 189.5	2 073.3	13.1
	占比（%）	1.9	7.5	31.7	51.4	7.5	0.0
栗钙土	面积（hm^2）	214.8	267.2	9 375.7	75 191.0	4 194.7	28.7
	占比（%）	0.2	0.3	10.5	84.2	4.7	0.0
合计	面积（hm^2）	737.6	2 330.2	18 376.1	91 849.7	6 273.0	42.7
	占比（%）	0.6	1.9	15.4	76.8	5.2	0.0

三、耕地土壤大量元素含量现状及评价

根据土壤样品的测试分析结果，统计了不同乡镇、不同土壤类型耕地大量元素养分含量、各分级面积，比较不同乡镇、不同土类大量元素养分含量差异。

（一）全氮及碱解氮

1. 全氮 固阳县不同乡镇土样全氮统计结果见表2-10。固阳县耕地土壤全氮含量变幅为0.19～5.78g/kg，平均值为0.95g/kg。各乡镇土壤全氮含量差异不大，其中怀朔镇、金山镇、西斗铺镇、兴顺西镇、银号镇全氮含量分别为0.87g/kg、0.83g/kg、0.90g/kg、0.96g/kg、1.04g/kg；下湿壕镇全氮含量相对较高，平均值为1.17g/kg。各乡镇全氮含量变幅不同，其中金山镇、西斗铺镇、下湿壕镇、银号镇全氮含量极小值和极大值相差不大；而怀朔镇、兴顺西镇全氮含量极大值较其他乡镇高。

表2-10 各乡镇耕地土壤全氮含量

乡镇	样本数（个）	平均值（g/kg）	变幅（g/kg）	标准差（g/kg）
怀朔镇	1 224	0.87	0.19～5.78	0.54
金山镇	1 816	0.83	0.22～3.50	0.35
西斗铺镇	1 108	0.90	0.26～2.18	0.28
下湿壕镇	1 110	1.17	0.30～3.04	0.42
兴顺西镇	1 272	0.96	0.22～5.00	0.32
银号镇	1 175	1.04	0.22～3.42	0.44
合计/平均	7 705	0.95	0.19～5.78	0.42

各土类之间全氮含量差异不大，其中灰褐土全氮含量最高，平均值为 1.12g/kg；草甸土和栗钙土全氮含量相同，平均值均为 0.90g/kg（表 2-11）。

表 2-11 不同土类耕地土壤全氮含量

土 类	样本数（个）	平均值（g/kg）	变幅（g/kg）	标准差（g/kg）
草甸土	213	0.90	0.30～1.73	0.27
灰褐土	1 760	1.12	0.26～3.50	0.45
栗钙土	5 732	0.90	0.19～5.78	0.40
合计/平均	7 705	0.95	0.19～5.78	0.42

各乡镇全氮含量分级面积统计结果见表 2-12，各乡镇全氮含量主要分布在 0.5 ～1.5g/kg。其中怀朔镇、西斗铺镇、下湿壕镇、兴顺西镇、银号镇全氮含量主要分布在 0.75～1.5g/kg；金山镇全氮含量主要分布在 0.5～1.0g/kg。

表 2-12 各乡镇耕地土壤全氮含量分级面积统计

乡 镇	项别	分级标准（g/kg）					
		>2.0	1.5～2.0	1.0～1.5	0.75～1.0	0.5～0.75	≤0.5
怀朔镇	面积（hm²）		1.7	6 333.0	15 488.1	5 179.8	
	占比（%）		0.0	23.5	57.4	19.2	
金山镇	面积（hm²）	107.9	61.8	2 095.0	7 703.4	7 567.5	983.8
	占比（%）	0.6	0.3	11.3	41.6	40.9	5.3
西斗铺镇	面积（hm²）		60.9	6 788.4	7 361.1	3 784.7	12.4
	占比（%）		0.3	37.7	40.9	21.0	0.1
下湿壕镇	面积（hm²）	420.5	2 716.3	8 838.0	2 469.4	155.8	
	占比（%）	2.9	18.6	60.5	16.9	1.1	
兴顺西镇	面积（hm²）		158.7	15 533.0	9 445.0	412.2	
	占比（%）		0.6	60.8	37.0	1.6	
银号镇	面积（hm²）	549.3	1 732.9	7 527.9	3 913.0	2 198.2	10.1
	占比（%）	3.4	10.9	47.3	24.6	13.8	0.1
合计	面积（hm²）	1 077.7	4 732.2	47 115.2	46 379.9	19 298.2	1 006.3
	占比（%）	0.9	4.0	39.4	38.8	16.1	0.8

各土类全氮含量分级面积统计结果见表 2-13，各土类全氮含量主要分布在 0.75～1.5g/kg。灰褐土全氮含量在大于 1.5g/kg 水平的分布面积相对比其他土类多，其中

1.5～2.0g/kg 面积为 3 759.3hm^2，占该土类总面积的 13.6%，大于 2.0g/kg 面积为 798.6hm^2，占该土类总面积的 2.9%。

表 2-13　不同土类耕地土壤全氮含量分级面积统计

土　类	项别	分级标准（g/kg）					
		>2.0	1.5～2.0	1.0～1.5	0.75～1.0	0.5～0.75	≤0.5
草甸土	面积（hm^2）		11.5	1 174.1	1 148.8	391.9	0.9
	占比（%）		0.4	43.1	42.1	14.4	0.0
灰褐土	面积（hm^2）	798.6	3 759.3	12 426.9	7 034.5	2 871.4	719.5
	占比（%）	2.9	13.6	45.0	25.5	10.4	2.6
栗钙土	面积（hm^2）	279.1	961.4	33 514.1	38 196.6	16 034.9	285.9
	占比（%）	0.3	1.1	37.5	42.8	18.0	0.3
合计	面积（hm^2）	1 077.7	4 732.2	47 115.2	46 379.9	19 298.2	1 006.3
	占比（%）	0.9	4.0	39.4	38.8	16.1	0.8

2. 碱解氮　各乡镇碱解氮含量见表 2-14。县域碱解氮平均值为 61.2mg/kg，各乡镇碱解氮含量差异不大。其中下湿壕镇碱解氮含量平均值最高，为 72.7mg/kg；怀朔镇碱解氮含量平均值最低，为 53.4mg/kg。

表 2-14　不同乡镇耕地土壤碱解氮含量

乡　镇	样本数（个）	平均值（mg/kg）	变幅（mg/kg）	标准差（mg/kg）
怀朔镇	359	53.4	13.7～175.6	22.31
金山镇	597	59.0	14.2～210.3	29.82
西斗铺镇	266	61.4	25.9～168.4	25.86
下湿壕镇	253	72.7	14.1～252.8	31.16
兴顺西镇	437	58.1	25.6～133.0	19.53
银号镇	258	71.0	12.4～252.7	38.90
合计/平均	2 170	61.2	12.4～252.8	29.02

各土类碱解氮含量见表 2-15。各土类碱解氮含量有一定的差异，其中灰褐土碱解氮含量平均值最高，为 78.4mg/kg，栗钙土碱解氮含量平均值最低，为 59.4mg/kg。

表 2-15　不同土类耕地土壤碱解氮含量

土　类	样本数（个）	平均值（mg/kg）	变幅（mg/kg）	标准差（mg/kg）
草甸土	18	68.1	32.5～151.6	27.64
灰褐土	198	78.4	21.6～193.4	36.89
栗钙土	1 954	59.4	12.4～252.8	27.52
合计/平均	2 170	61.2	12.4～252.8	29.02

各乡镇碱解氮含量分级面积统计结果见表2-16，各乡镇碱解氮含量主要分布在50～150mg/kg。

表2-16　各乡镇耕地土壤碱解氮含量分级面积统计

乡　镇	项别	分级标准（mg/kg）					
		>250	200～250	150～200	100～150	50～100	≤50
怀朔镇	面积（hm^2）				606.8	25 010.0	1 385.7
	占比（%）				2.2	92.6	5.1
金山镇	面积（hm^2）			76.1	929.4	12 092.1	5 421.7
	占比（%）			0.4	5.0	65.3	29.3
西斗铺镇	面积（hm^2）				707.0	16 003.5	1 296.9
	占比（%）				3.9	88.9	7.2
下湿壕镇	面积（hm^2）			198.3	5 501.2	8 784.5	116.1
	占比（%）			1.4	37.7	60.2	0.8
兴顺西镇	面积（hm^2）			4.7	499.8	23 925.8	1 118.6
	占比（%）			0.0	2.0	93.6	4.4
银号镇	面积（hm^2）		26.1	474.2	5 167.9	9 762.5	500.6
	占比（%）		0.2	3.0	32.4	61.3	3.1
合计	面积（hm^2）		26.1	753.3	13 412.1	95 578.5	9 839.6
	占比（%）		0.0	0.6	11.2	79.9	8.2

各土类碱解氮含量分级面积统计结果见表2-17，各土类碱解氮含量主要分布在50～150mg/kg，各土类之间差异不显著。

表2-17　不同土类耕地土壤碱解氮含量分级面积统计

土　类	项别	分级标准（mg/kg）					
		>250	200～250	150～200	100～150	50～100	≤50
草甸土	面积（hm^2）				39.5	2 575.1	112.7
	占比（%）				1.4	94.4	4.1
灰褐土	面积（hm^2）		2.9	476.6	8 278.6	17 049.0	1 803.1
	占比（%）		0.0	1.7	30.0	61.7	6.5
栗钙土	面积（hm^2）		23.2	276.7	5 094.0	75 954.4	7 923.8
	占比（%）		0.0	0.3	5.7	85.1	8.9
合计	面积（hm^2）		26.1	753.3	13 412.1	95 578.5	9 839.6
	占比（%）		0.0	0.6	11.2	79.9	8.2

（二）全磷及有效磷

1. 全磷　各乡镇、各土类耕地土壤全磷含量见表2-18、表2-19。县域全磷含量平均值为0.17g/kg。各乡镇之间全磷含量有一定的差异，其中下湿壕镇全磷含量平均值为

0.24g/kg，其余各乡镇全磷含量平均值为0.13～0.19g/kg；各土类之间全磷含量有一定的差异，其中灰褐土全磷含量最高，平均值为0.21g/kg，草甸土和栗钙土全磷含量相同，平均值均为0.15g/kg。

表 2-18　各乡镇耕地土壤全磷含量

乡　镇	样本数（个）	平均值（g/kg）	变幅（g/kg）	标准差（g/kg）
怀朔镇	66	0.13	0.06～0.23	0.05
金山镇	114	0.13	0.06～0.31	0.05
西斗铺镇	66	0.15	0.06～0.38	0.06
下湿壕镇	76	0.24	0.06～0.45	0.08
兴顺西镇	62	0.15	0.06～0.27	0.05
银号镇	75	0.19	0.06～0.43	0.06
合计/平均	459	0.17	0.06～0.45	0.07

表 2-19　不同土类耕地土壤全磷含量

土　类	样本数（个）	平均值（g/kg）	变幅（g/kg）	标准差（g/kg）
草甸土	13	0.15	0.06～0.27	0.05
灰褐土	126	0.21	0.06～0.45	0.08
栗钙土	320	0.15	0.06～0.43	0.06
合计/平均	459	0.17	0.06～0.45	0.07

2. 有效磷　各乡镇、各土类耕地土壤有效磷含量见表2-20、表2-21。县域有效磷含量变幅为0.4～73.6mg/kg，平均值9.6mg/kg，可见有效磷平均水平不高。各乡镇之间有效磷含量有一定的差异，其中金山镇、银号镇有效磷含量相对较高，平均值分别为10.2mg/kg、11.7mg/kg；怀朔镇、西斗铺镇、下湿壕镇、兴顺西镇有效磷含量相对较低，平均值均低于10mg/kg。各土类之间有效磷含量有一定的差异，其中灰褐土有效磷含量最高，平均值为10.3mg/kg。

表 2-20　各乡镇耕地土壤有效磷含量

乡　镇	样本数（个）	平均值（mg/kg）	变幅（mg/kg）	标准差（mg/kg）
怀朔镇	1 224	8.3	1.1～60.5	6.22
金山镇	1 816	10.2	0.4～73.6	10.18
西斗铺镇	1 108	8.5	1.4～64.1	7.43
下湿壕镇	1 110	9.0	1.0～62.9	7.51
兴顺西镇	1 272	9.4	1.6～65.8	6.84
银号镇	1 175	11.7	1.2～69.0	10.38
合计/平均	7 705	9.6	0.4～73.6	8.49

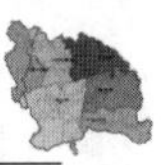

表 2-21　不同土类耕地土壤有效磷含量

土　类	样本数（个）	平均值（mg/kg）	变幅（mg/kg）	标准差（mg/kg）
草甸土	213	8.9	2.1～60.2	7.94
灰褐土	1 760	10.3	1.6～69	8.73
栗钙土	5 732	9.4	0.4～73.6	8.42
合计/平均	7 705	9.6	0.4～73.6	8.49

各乡镇有效磷含量分级面积统计结果见表 2-22。各乡镇有效磷含量分布基本集中在 5～20mg/kg，其余各水平分布面积不大。

表 2-22　各乡镇耕地土壤有效磷含量分级面积统计

乡　镇	项别	分级标准（mg/kg）					
		＞40	20～40	10～20	5～10	3～5	≤3
怀朔镇	面积（hm^2）		1 156.2	6 309.4	18 048.6	1 487.6	0.7
	占比（%）		4.3	23.4	66.8	5.5	0.0
金山镇	面积（hm^2）	94.0	507.9	3 921.5	10 336.9	3 630.4	28.6
	占比（%）	0.5	2.7	21.2	55.8	19.6	0.2
西斗铺镇	面积（hm^2）	75.8	328.3	4 878.5	9 145.7	3 275.5	303.7
	占比（%）	0.4	1.8	27.1	50.8	18.2	1.7
下湿壕镇	面积（hm^2）	7.5	1 005.2	4 640.0	6 822.6	1 622.5	502.1
	占比（%）	0.1	6.9	31.8	46.7	11.1	3.4
兴顺西镇	面积（hm^2）	4.2	570.0	11 803.4	12 572.8	597.5	1.0
	占比（%）	0.0	2.2	46.2	49.2	2.3	0.0
银号镇	面积（hm^2）	329.4	2 010.7	5 423.7	6 784.1	1 367.3	16.3
	占比（%）	2.1	12.6	34.0	42.6	8.6	0.1
合计	面积（hm^2）	510.9	5 578.2	36 976.4	63 710.7	11 980.9	852.4
	占比（%）	0.4	4.7	30.9	53.3	10.0	0.7

各土类有效磷分级面积统计结果见表 2-23。各土类有效磷分布基本集中在 5～20mg/kg，其余各水平分布面积不大。

表 2-23　不同土类耕地土壤有效磷含量分级面积统计

土　类	项别	分级标准（mg/kg）					
		＞40	20～40	10～20	5～10	3～5	≤3
草甸土	面积（hm^2）		104.9	970.1	1 465.9	186.2	
	占比（%）		3.8	35.6	53.8	6.8	
灰褐土	面积（hm^2）	193.6	2 656.1	10 507.9	11 602.9	2 309.6	340.1
	占比（%）	0.7	9.6	38.1	42.0	8.4	1.2

（续）

土 类	项别	分级标准（mg/kg）					
		>40	20～40	10～20	5～10	3～5	≤3
栗钙土	面积（hm^2）	317.3	2 817.3	254 98.4	50 641.8	9 485.1	512.2
	占比（%）	0.4	3.2	28.6	56.7	10.6	0.6
合计	面积（hm^2）	510.9	5 578.2	36 976.4	63 710.7	11 980.9	852.4
	占比（%）	0.4	4.7	30.9	53.3	10.0	0.7

（三）全钾、缓效钾及速效钾

1. 全钾 各乡镇、各土类耕地土壤全钾含量见表2-24、表2-25。县域全钾含量变幅为10.00～39.72g/kg，平均含量为21.57g/kg。各乡镇全钾含量有一定的差异，其中金山镇、银号镇全钾含量较高，平均值分别为23.57g/kg、24.00g/kg；其余各乡镇全钾含量差异不大。各土类全钾含量差异不大，灰褐土和栗钙土全钾含量接近县域平均含量，平均值分别为21.84g/kg、21.54g/kg；草甸土全钾含量相对较低，平均值为19.74g/kg。

表2-24 各乡镇耕地土壤全钾含量

乡 镇	样本数（个）	平均值（g/kg）	变幅（g/kg）	标准差（g/kg）
怀朔镇	66	19.32	15.33～28.16	2.65
金山镇	115	23.57	10.00～39.72	4.39
西斗铺镇	66	18.93	13.44～28.13	3.04
下湿壕镇	76	21.23	13.90～34.82	3.29
兴顺西镇	64	20.57	13.87～28.32	2.68
银号镇	75	24.00	10.79～36.17	4.07
合计/平均	462	21.57	10.00～39.72	4.05

表2-25 不同土类耕地土壤全钾含量

土 类	样本数（个）	平均值（g/kg）	变幅（g/kg）	标准差（g/kg）
草甸土	13	19.74	17.42～23.24	1.90
灰褐土	126	21.84	13.90～36.17	3.85
栗钙土	323	21.54	10.00～39.72	4.18
合计/平均	462	21.57	10.00～39.72	4.05

2. 缓效钾 各乡镇、各土类耕地土壤缓效钾含量见表2-26、表2-27。县域缓效钾含量变幅为112～1 500mg/kg，平均值为639mg/kg。各乡镇缓效钾含量有一定的差异，其中银号镇缓效钾含量较高，平均值为785mg/kg；怀朔镇缓效钾含量最低，平均值为558mg/kg。各土类缓效钾含量差异较大，其中灰褐土缓效钾含量最高，平均值为765mg/kg；其次是草甸土，平均值为627mg/kg；栗钙土缓效钾含量最低，平均值为592mg/kg。

表 2-26 各乡镇耕地土壤缓效钾含量

乡 镇	样本数（个）	平均值（mg/kg）	变幅（mg/kg）	标准差（mg/kg）
怀朔镇	653	558	226～1 471	178.17
金山镇	1 146	562	169～1 500	230.34
西斗铺镇	654	679	129～1 394	217.50
下湿壕镇	743	692	197～1 500	269.43
兴顺西镇	624	585	143～1 379	202.39
银号镇	734	785	112～1 500	332.05
合计/平均	4 554	639	112～1 500	258.52

表 2-27 不同土类耕地土壤缓效钾含量

土 类	样本数（个）	平均值（mg/kg）	变幅（mg/kg）	标准差（mg/kg）
草甸土	138	627	271～1 135	198.28
灰褐土	1 189	765	215～1 500	287.97
栗钙土	3 227	592	112～1 500	232.53
合计/平均	4 554	639	112～1 500	258.52

各乡镇缓效钾含量分级面积统计结果见表 2-28。各乡镇缓效钾含量分布主要集中在大于 350mg/kg 水平，300～350mg/kg 水平只有银号镇有 27.2hm^{2}面积，其余各水平没有分布。

表 2-28 各乡镇耕地土壤缓效钾含量分级面积统计

乡 镇	项别	分级标准（mg/kg）						
		>400	350～400	300～350	250～300	200～250	150～200	≤150
怀朔镇	面积（hm^2）	26 986.5	16.1					
	占比（%）	99.9	0.1					
金山镇	面积（hm^2）	18 299.6	219.7					
	占比（%）	98.8	1.2					
西斗铺镇	面积（hm^2）	18 007.5						
	占比（%）	100.0						
下湿壕镇	面积（hm^2）	14 587.9	12.1					
	占比（%）	99.9	0.1					
兴顺西镇	面积（hm^2）	25 548.9						
	占比（%）	100.0						
银号镇	面积（hm^2）	15 796.9	107.3	27.2				
	占比（%）	99.2	0.7	0.2				
合计	面积（hm^2）	119 227.2	355.1	27.2				
	占比（%）	99.7	0.3	0.0				

各土类缓效钾含量分级面积统计结果见表 2-29。其中草甸土缓效钾含量全部分布在大于 400mg/kg 水平；灰褐土和栗钙土缓效钾含量分布基本一致，99.7%的面积分布在大于 400mg/kg 水平，300～400mg/kg 水平分布面积较小，仅占各土类总面积的 0.3%。

表 2-29 不同土类耕地土壤缓效钾含量分级面积统计

土类	项别	分级标准（mg/kg）						
		>400	350～400	300～350	250～300	200～250	150～200	≤150
草甸土	面积（hm^2）	2 727.2						
	占比（%）	100.0						
灰褐土	面积（hm^2）	27 536.6	69.8	3.8				
	占比（%）	99.7	0.3	0.0				
栗钙土	面积（hm^2）	88 963.4	285.3	23.3				
	占比（%）	99.7	0.3	0.0				
合计	面积（hm^2）	119 227.2	355.1	27.2				
	占比（%）	99.7	0.3	0.0				

3. 速效钾 各乡镇、不同土类耕地土壤速效钾含量见表 2-30、表 2-31。县域速效钾含量变幅为 32～454mg/kg，平均值为 141mg/kg。各乡镇速效钾含量有一定的差异，其中西斗铺镇速效钾含量较高，平均值为 150mg/kg；怀朔镇速效钾含量最低，平均值为 125mg/kg。各土类速效钾含量有一定的差异，其中灰褐土速效钾含量最高，平均值为 156mg/kg；其次是草甸土，平均值为 141mg/kg；栗钙土速效钾含量最低，平均值为 136mg/kg。

表 2-30 各乡镇耕地土壤速效钾含量

乡镇	样本数（个）	平均值（mg/kg）	变幅（mg/kg）	标准差（mg/kg）
怀朔镇	1 224	125	43～389	60.15
金山镇	1 816	140	32～454	75.44
西斗铺镇	1 108	150	45～434	68.94
下湿壕镇	1 110	143	36～414	60.61
兴顺西镇	1 272	143	43～441	61.18
银号镇	1 175	147	41～442	76.73
合计/平均	7 705	141	32～454	68.60

表 2-31 不同土类耕地土壤速效钾含量

土类	样本数（个）	平均值（mg/kg）	变幅（mg/kg）	标准差（mg/kg）
草甸土	213	141	49～432	66.16
灰褐土	1 760	156	36～442	69.03
栗钙土	5 732	136	32～454	67.90
合计/平均	7 705	141	32～454	68.60

各乡镇速效钾含量分级面积统计结果见表2-32。各乡镇速效钾含量分布主要集中在50～200mg/kg水平。大于200mg/kg和小于50mg/kg在各乡镇分布面积均较小。

表2-32 各乡镇耕地土壤速效钾含量分级面积统计

乡镇	项别	分级标准（mg/kg）					
		>200	150～200	100～150	50～100	30～50	≤30
怀朔镇	面积（hm^2）	1 632.5	4 953.7	14 290.4	6 125.9		
	占比（%）	6.0	18.3	52.9	22.7		
金山镇	面积（hm^2）	1 931.0	3 304.8	8 997.2	4 283.2	3.1	
	占比（%）	10.4	17.8	48.6	23.1	0.0	
西斗铺镇	面积（hm^2）	2 128.0	6 581.5	8 244.5	1 053.5		
	占比（%）	11.8	36.5	45.8	5.9		
下湿壕镇	面积（hm^2）	1 819.4	4 213.2	7 698.4	868.9		
	占比（%）	12.5	28.9	52.7	6.0		
兴顺西镇	面积（hm^2）	1 991.8	8 636.7	13 814.6	1 105.8		
	占比（%）	7.8	33.8	54.1	4.3		
银号镇	面积（hm^2）	3 828.4	3 168.7	6 101.8	2 811.0	21.4	
	占比（%）	24.0	19.9	38.3	17.6	0.1	
合计	面积（hm^2）	13 331.2	30 858.6	59 146.9	16 248.3	24.5	
	占比（%）	11.1	25.8	49.5	13.6	0.0	

各土类速效钾含量分级面积统计结果见表2-33。各土类速效钾含量分布主要集中在100～200mg/kg。灰褐土在大于200mg/kg分布面积为5 914.2hm^2，占灰褐土总面积的21.4%，草甸土和栗钙土在高水平分布面积较小。

表2-33 不同土类耕地土壤速效钾含量分级面积统计

土类	项别	分级标准（mg/kg）					
		>200	150～200	100～150	50～100	30～50	≤30
草甸土	面积（hm^2）	276.7	879.3	1 274.2	297.0		
	占比（%）	10.1	32.2	46.7	10.9		
灰褐土	面积（hm^2）	5 914.2	8 214.2	10 720.4	2 760.8	0.6	
	占比（%）	21.4	29.8	38.8	10.0	0.0	
栗钙土	面积（hm^2）	7 140.3	21 765.1	47 152.3	13 190.6	23.9	
	占比（%）	8.0	24.4	52.8	14.8	0.0	
合计	面积（hm^2）	13 331.2	30 858.6	59 146.9	16 248.3	24.5	
	占比（%）	11.1	25.8	49.5	13.6	0.0	

四、耕地土壤有机质与大量元素养分含量变化趋势及原因

（一）耕地土壤有机质及大量元素养分含量变化趋势

选择第二次土壤普查与本次调查都检测过的耕地土壤，对有机质、全氮、有效磷、速效钾含量进行比较，结果见表 2-34。

从变化趋势分析：各土类有机质、全氮、速效钾含量均呈下降趋势，不同养分其含量下降程度不同，各土类不同养分其含量下降程度也不同。整体看，有机质及大量元素养分中全氮含量下降最多，与第二次土壤普查相比全氮含量下降 49.6%，有机质含量下降 34.8%，速效钾含量下降 19.9%，而有效磷含量提高 78.9%。各土类之间，灰褐土和栗钙土各项养分含量降低幅度较大，各土类有效磷含量均有不同程度的提高。草甸土有效磷含量提高幅度最大，平均值从第二次土壤普查的 4.9mg/kg 增加到 10.3mg/kg，增加了 110.2%；栗钙土有效磷含量增加 4.2mg/kg，增加了 80.8%；灰褐土有效磷含量增加 2.8mg/kg，增加了 45.9%。

表 2-34　耕地土壤养分含量变化对照

土　类	点位数量	第二次土壤普查结果				2007—2012 年调查结果			
		有机质 (g/kg)	全氮 (g/kg)	有效磷 (mg/kg)	速效钾 (mg/kg)	有机质 (g/kg)	全氮 (g/kg)	有效磷 (mg/kg)	速效钾 (mg/kg)
灰褐土	21	29.0	1.66	6.1	192	15.0	0.9	8.9	141
草甸土	19	21.1	2.63	4.9	187	19.3	1.12	10.3	156
栗钙土	39	24.1	1.64	5.2	162	15.2	0.9	9.4	136
平均		24.7	1.9	5.4	176	16.1	1.0	9.6	141

土　类	增减量				增减率（%）			
	有机质 (g/kg)	全氮 (g/kg)	有效磷 (mg/kg)	速效钾 (mg/kg)	有机质	全氮	有效磷	速效钾
灰褐土	−14.0	−0.8	2.8	−51.0	−48.3	−45.8	45.9	−26.6
草甸土	−1.8	−1.5	5.4	−31.0	−8.5	−57.4	110.2	−16.6
栗钙土	−8.9	−0.7	4.2	−26.0	−36.9	−45.1	80.8	−16.0
平均	−8.6	−0.9	4.2	−35.0	−34.8	−49.6	78.9	−19.9

（二）耕地土壤有机质及大量元素养分含量变化原因

1. 有机质和全氮

（1）投入不足。主要是有机肥及秸秆还田整体投入不足造成有机质缺乏，施肥结构不合理，氮、磷、钾比例失调造成养分失衡，致使有机质和全氮含量呈下降趋势。

（2）风蚀、水蚀严重，造成水土流失，表层土壤被侵蚀。固阳县耕地轻度侵蚀的面积为 32 902.2hm²，占总面积的 27.57%；中度侵蚀面积 20 916.7hm²，占总面积的 17.5%；重度侵蚀面积 5 227.2hm²，占总面积的 4.4%。沙尘暴、风石沙化、水土流失冲刷掉表层肥沃的细土，带走耕层大量的养分，这是造成耕地有机质和全氮含量下降的主

要原因之一。

（3）农业科技水平低，掠夺式经营为主，只用不养，造成有机质和全氮含量降低。据对 6 074 个农户的调查结果，施有机肥的农户占调查总数的 23%，每 $667m^2$ 施用量平均只有 933kg，且主要施用在水地马铃薯上；种植方式基本以经济效益高的作物为主，重茬严重，部分地块多年连年种植马铃薯或者向日葵，病虫害发生严重。滞后的管理措施，造成地力下降，引发一系列问题。

2. 有效磷　从 20 世纪 80 年代开始，广大农民施肥习惯逐渐发生了变化，由单一的施用氮肥转化为施用氮磷复合肥或氮、磷配合施用。磷酸二铵在农业生产中被广泛应用，且应用量逐年增加，磷酸二铵含磷量为 64%，而磷元素移动性比较差，连年施用后在土壤中积累，形成了磷增加的变化趋势。

3. 速效钾　常规习惯施肥 80%的农户只施用氮、磷肥，钾肥的施肥占比及平均施用量均较小，钾肥投入不足，且普遍存在。

五、耕地土壤中量元素养分含量现状及评价

根据土壤样品有效硫、有效硅等中量元素养分含量的测试分析结果，统计了不同乡镇、不同土类的耕地土壤中量元素含量。

（一）有效硫

各乡镇、各土类耕地土壤有效硫含量见表 2-35、表 2-36。县域有效硫含量变幅为 0.2～106.2mg/kg，平均含量为 20.3mg/kg。各乡镇有效硫含量差异不大，其中金山镇有效硫含量较高，平均值为 21.6mg/kg；银号镇有效硫含量最低，平均值为 18.7mg/kg。各土类有效硫含量有一定的差异，其中草甸土有效硫含量最高，平均值为 24.7mg/kg；其次是灰褐土，平均值为 21.6mg/kg；栗钙土有效硫含量最低，平均值为 19.8mg/kg。

表 2-35　各乡镇耕地土壤有效硫含量

乡　镇	样本数（个）	平均值（mg/kg）	变幅（mg/kg）	标准差（mg/kg）
怀朔镇	838	20.9	0.2～97.4	16.22
金山镇	1 457	21.6	0.2～106.2	15.07
西斗铺镇	749	19.3	1.0～83.6	17.77
下湿壕镇	802	19.3	0.2～89.9	10.84
兴顺西镇	887	20.8	2.1～80.0	15.75
银号镇	814	18.7	2.0～85.7	11.12
合计/平均	5 547	20.3	0.2～106.2	14.76

表 2-36　不同土类耕地土壤有效硫含量

土　类	样本数（个）	平均值（mg/kg）	变幅（mg/kg）	标准差（mg/kg）
草甸土	138	24.7	2.0～85.7	19.59
灰褐土	1 189	21.6	2.0～83.6	12.98
栗钙土	4 220	19.8	0.2～106.2	15.00
合计/平均	5 547	20.3	0.2～106.2	14.76

各乡镇有效硫含量分级面积统计结果见表 2-37。各乡镇有效硫含量主要分布在 10～30mg/kg 水平；小于 10mg/kg、大于 30mg/kg 的面积均分布较小。

表 2-37　各乡镇耕地土壤有效硫含量分级面积统计

乡　镇	项别	分级标准（mg/kg）						
		＞50	40～50	30～40	20～30	15～20	10～15	≤10
怀朔镇	面积（hm^2）	719.8	429.5	2 596.9	8 055.6	10 112.3	4 248.7	839.9
	占比（%）	2.7	1.6	9.6	29.8	37.4	15.7	3.1
金山镇	面积（hm^2）	459.1	598.7	1 679.0	7 900.7	4 944.2	2 891.5	46.2
	占比（%）	2.5	3.2	9.1	42.7	26.7	15.6	0.2
西斗铺镇	面积（hm^2）	244.6	981.9	1 563.8	5 178.1	3 260.2	3 041.4	3 737.7
	占比（%）	1.4	5.5	8.7	28.8	18.1	16.9	20.8
下湿壕镇	面积（hm^2）	75.2	99.8	957.4	6 393.3	4 308.0	2 339.5	426.8
	占比（%）	0.5	0.7	6.6	43.8	29.5	16.0	2.9
兴顺西镇	面积（hm^2）	745.7	719.9	3 601.6	10 040.3	6 446.1	2 729.4	1 266.0
	占比（%）	2.9	2.8	14.1	39.3	25.2	10.7	5.0
银号镇	面积（hm^2）	26.1	165.3	999.2	5 931.7	4 970.6	2 407.2	1 431.2
	占比（%）	0.2	1.0	6.3	37.2	31.2	15.1	9.0
合计	面积（hm^2）	2 270.4	2 995.0	11 397.8	43 499.6	34 041.3	17 657.7	7 747.8
	占比（%）	1.9	2.5	9.5	36.4	28.5	14.8	6.5

各土类有效硫含量分级面积统计结果见表 2-38。各土类有效硫含量主要分布在 10～30mg/kg 水平；小于 10mg/kg、大于 30mg/kg 的面积均分布较小。

表 2-38　不同土类耕地土壤有效硫含量分级面积统计

土　类	项别	分级标准（mg/kg）						
		＞50	40～50	30～40	20～30	15～20	10～15	≤10
草甸土	面积（hm^2）	143.4	42.7	186.1	804.7	689.1	530.7	330.5
	占比（%）	5.3	1.6	6.8	29.5	25.3	19.5	12.1
灰褐土	面积（hm^2）	448.8	711.0	2 695.6	10 763.7	8 516.2	34 89.1	985.8
	占比（%）	1.6	2.6	9.8	39.0	30.8	12.6	3.6
栗钙土	面积（hm^2）	1 678.2	2 241.3	8 516.1	31 931.2	24 836.0	13 637.9	6 431.5
	占比（%）	1.9	2.5	9.5	35.8	27.8	15.3	7.2
合计	面积（hm^2）	2 270.4	2 995.0	11 397.8	43 499.6	34 041.3	17 657.7	7 747.8
	占比（%）	1.9	2.5	9.5	36.4	28.5	14.8	6.5

（二）有效硅

各乡镇、各土类耕地土壤有效硅含量见表 2-39、表 2-40。县域有效硅含量变幅为 40.0～252.5mg/kg，平均值为 130.5mg/kg。各乡镇有效硅含量差异较大，其中下湿壕镇有效硅含量较高，平均值为160.8mg/kg；金山镇有效硅含量最低，平均值为107.8mg/kg。各土类有效硅含量有一定的差异，其中灰褐土有效硅含量最高，平均值为140.1mg/kg；草甸土和栗钙土有效硅含量平均值分别为127.6mg/kg、127.5mg/kg。

表2-39 各乡镇耕地土壤有效硅含量

乡 镇	样本数（个）	平均值（mg/kg）	变幅（mg/kg）	标准差（mg/kg）
怀朔镇	33	122.1	40.0～251.6	49.48
金山镇	57	107.8	58.3～228.7	34.09
西斗铺镇	34	115.2	60.1～189.2	33.25
下湿壕镇	39	160.8	85.9～252.5	41.63
兴顺西镇	32	148.7	85.7～223.8	30.68
银号镇	38	139.0	60.3～250.0	53.86
合计/平均	233	130.5	40.0～252.5	45.09

表2-40 不同土类耕地土壤有效硅含量

土 类	样本数（个）	平均值（mg/kg）	变幅（mg/kg）	标准差（mg/kg）
草甸土	6	127.6	100.6～161.7	22.18
灰褐土	55	140.1	60.2～252.5	49.81
栗钙土	172	127.5	40.0～251.6	43.83
合计/平均	233	130.5	40.0～252.5	45.09

各乡镇有效硅含量分级面积统计结果见表2-41。各乡镇有效硅含量主要分布在小于300mg/kg水平，各乡镇分布频率略有差异，其中西斗铺镇耕地土壤有效硅含量全部分布在小于200mg/kg水平，其余各乡镇在200～300mg/kg水平分布面积较小。

表2-41 各乡镇耕地土壤有效硅含量分级面积统计

乡 镇	项别	分级标准（mg/kg）						
		>600	500～600	400～500	300～400	200～300	100～200	≤100
怀朔镇	面积（hm²）					561.2	21 097.2	5 344.2
	占比（%）					2.1	78.1	19.8
金山镇	面积（hm²）					190.6	8 144.4	10 184.3
	占比（%）					1.0	44.0	55.0
西斗铺镇	面积（hm²）						11 942.2	6 065.2
	占比（%）						66.3	33.7
下湿壕镇	面积（hm²）					1 518.2	12 912.2	169.6
	占比（%）					10.4	88.4	1.2
兴顺西镇	面积（hm²）					590.6	24 954.9	3.4
	占比（%）					2.3	97.7	0.0

（续）

乡　镇	项别	分级标准（mg/kg）						
		>600	500～600	400～500	300～400	200～300	100～200	≤100
银号镇	面积（hm^2）					1 220.2	12 143.2	2 567.9
	占比（%）					7.7	76.2	16.1
合计	面积（hm^2）					4 080.8	91 194.1	24 334.6
	占比（%）					3.4	76.2	20.3

各土类有效硅含量分级面积统计结果见表 2-42。各土类有效硅含量全部分布在小于 300mg/kg 水平；各土类分布频率差异不大。

表 2-42　不同土类耕地土壤有效硅含量分级面积统计

土　类	项别	分级标准（mg/kg）						
		>600	500～600	400～500	300～400	200～300	100～200	≤100
草甸土	面积（hm^2）					40.3	2261.0	425.9
	占比（%）					1.5	82.9	15.6
灰褐土	面积（hm^2）					1 972.8	20 594.0	5 043.4
	占比（%）					7.1	74.6	18.3
栗钙土	面积（hm^2）					2 067.7	68 339.1	18 865.3
	占比（%）					2.3	76.6	21.1
合计	面积（hm^2）					4 080.8	91 194.1	24 334.6
	占比（%）					3.4	76.2	20.3

六、耕地土壤微量元素养分含量现状及评价

土壤微量元素含量的分级标准和临界值采用第二次土壤普查时的分级标准和临界值（表 2-43）。根据土壤样品微量元素的测试分析结果，统计了不同乡镇、不同土壤类型耕地土壤微量元素含量。

表 2-43　耕地土壤微量元素分级标准及临界值（mg/kg）

养分	很高	高	中等	低	很低	临界值
硼	>2.0	1.0～2.0	0.5～1.0	0.2～0.5	<0.2	0.5
钼	>3.0	0.2～0.3	0.15～0.2	0.1～0.15	<0.1	0.15
锌	>3.0	1.0～3.0	0.5～1.0	0.3～0.5	<0.3	0.5
铜	>1.8	1.0～1.8	0.2～1.0	0.1～0.2	<0.1	0.2
铁	>20.0	10.0～20.0	4.5～10.0	2.5～4.5	<2.5	2.5
锰	>30.0	15.0～30.0	5.0～15.0	1.0～5.0	<1.0	7.0

各乡镇、各土类耕地土壤微量元素含量分别见表 2-44、表 2-45。各乡镇微量元素平均含量除有效硼差异较大外，其余差异不大；各土类之间微量元素平均含量均有一定的差异。

表 2-44 各乡镇耕地土壤微量元素含量

乡 镇	项别	微量元素（mg/kg）					
		有效硼	有效钼	有效锌	有效铜	有效铁	有效锰
怀朔镇	平均值	0.83	0.15	0.77	0.75	7.02	8.45
	变幅	0.05～4.54	0.02～0.67	0.22～4.24	0.2～1.59	3.1～16.9	2.5～24.72
	样本数（个）	738	62	738	648	648	648
	标准差	0.60	0.10	0.43	0.25	1.89	2.89
金山镇	平均值	0.82	0.12	1.28	0.88	7.7	10.79
	变幅	0.01～4.57	0.02～0.50	0.10～24.95	0.10～6.36	2.30～30.30	2.10～24.85
	样本数（个）	1 361	107	1 361	1 146	1 146	1 146
	标准差	0.66	0.06	1.10	0.44	3.98	4.59
西斗铺镇	平均值	1.13	0.13	1	1.02	7.04	8.93
	变幅	0.10～5.12	0.02～0.30	0.10～4.45	0.26～2.89	3.00～20.00	2.60～20.00
	样本数（个）	749	61	749	654	654	654
	标准差	0.72	0.05	0.53	0.33	2.45	2.81
下湿壕镇	平均值	0.75	0.11	1.25	0.99	10.3	10.03
	变幅	0.10～2.67	0.02～0.20	0.14～17.06	0.13～2.81	1.90～18.75	2.10～24.90
	样本数（个）	803	71	803	743	743	743
	标准差	0.49	0.03	1.06	0.35	4.38	4.29
兴顺西镇	平均值	1.14	0.13	0.96	0.8	5.82	8.66
	变幅	0.09～3.56	0.02～0.16	0.20～5.76	0.20～2.39	1.70～19.92	2.00～16.80
	样本数（个）	808	60	808	623	623	623
	标准差	0.65	0.04	0.49	0.24	1.65	2.67
银号镇	平均值	0.75	0.12	0.94	0.78	9.61	11.49
	变幅	0.01～4.04	0.03～0.15	0.30～3.97	0.20～2.82	3.80～30.30	3.10～24.85
	样本数（个）	794	70	794	734	734	734
	标准差	0.64	0.04	0.59	0.29	3.56	4.12
合计/平均	平均值	0.89	0.13	1.06	0.87	7.98	9.89
	变幅	0.01～5.12	0.02～0.67	0.10～24.95	0.10～6.36	1.70～30.30	2.00～24.90
	样本数（个）	5 253	431	5 253	4 548	4 548	4 548
	标准差	0.65	0.06	0.82	0.35	3.62	3.95

表 2-45　不同土类耕地土壤微量元素含量

土　类	项别	微量元素（mg/kg）					
		有效硼	有效钼	有效锌	有效铜	有效铁	有效锰
草甸土	平均值	0.74	0.12	0.83	0.85	6.91	8.56
	变幅	0.10～2.00	0.02～0.16	0.30～3.00	0.24～1.59	3.20～11.90	4.20～17.40
	样本数（个）	138	13	138	138	138	138
	标准差	0.56	0.04	0.46	0.27	1.78	2.51
灰褐土	平均值	0.76	0.12	1.08	0.92	9.96	10.95
	变幅	0.10～2.00	0.02～0.30	0.30～2.97	0.20～2.81	2.60～20.00	2.10～24.90
	样本数（个）	1 189	125	1 189	1 189	1 189	1 189
	标准差	0.56	0.04	0.46	0.27	1.78	4.16
栗钙土	平均值	0.94	0.13	1.06	0.86	7.30	9.55
	变幅	0.01～5.12	0.03～0.67	0.10～24.95	0.10～6.36	1.70～30.30	2.00～23.98
	样本数（个）	3 926	293	3 926	3 221	3 221	3 221
	标准差	0.56	0.04	0.46	0.27	1.78	3.84
合计/平均	平均值	0.89	0.13	1.06	0.87	7.98	9.89
	变幅	0.01～5.12	0.02～0.67	0.10～24.95	0.10～6.36	1.70～30.30	2.00～24.90
	样本数（个）	5 253	431	5 253	4 548	4 548	4 548
	标准差	0.65	0.06	0.82	0.35	3.62	3.95

（一）有效硼

硼的生理功能具有特定性、专一性，尤其是具有促进生殖生长的作用，是其他任何营养元素所不能代替的。硼对作物生长发育的影响有以下几个方面：第一，促进营养生长。作物生长需 17 种或以上的营养元素，硼是其中重要的一种。第二，促进生殖生长，花粉管的萌发和伸长都离不开硼。第三，利于碳水化合物的运输、转化以及糖分合成。第四，能增加作物的抗逆性能，使作物能抵御干旱、高温、寒冷、潮湿、大风等恶劣环境。第五，有明显的杀菌作用，对油菜菌核病、棉花枯萎病、棉花黄萎病等都有很好的防治效果。

固阳县有效硼的平均含量为 0.89mg/kg，根据第二次土壤普查分级标准，有效硼的临界值为 0.50mg/kg，可见固阳县土壤有效硼平均含量高于临界值。固阳县有效硼含量变幅为 0.01～5.12mg/kg，存在缺硼区域。不同乡镇之间有效硼含量差异较大，其中兴顺西镇、西斗铺镇有效硼平均含量较高，分别为 1.14mg/kg、1.13mg/kg，；其余各乡镇有效硼平均含量 0.75～0.83mg/kg，差异不大。各乡镇有效硼平均含量均高于临界值。不同土类之间有效硼含量差异较大，其中栗钙土有效硼平均含量最高，为 0.94mg/kg，灰褐土和草甸土有效硼平均含量分别为 0.76mg/kg、0.74mg/kg。

各乡镇、各土类有效硼含量分级面积统计结果见表 2-46、表 2-47。各乡镇有效硼含量主要分布在 0.5～2.0mg/kg 水平；小于 0.2mg/kg、大于 2.0mg/kg 的面积均分布较

小。固阳县耕地土壤有效硼含量低于临界值的面积共25 226.6hm²，占固阳县的21.1%，各乡镇缺硼面积不同，其中银号镇缺硼面积最大，共6 291.3hm²，占该镇的39.5%。各土类有效硼含量主要分布在0.5～2.0mg/kg水平。各土类均有低于有效硼临界值的面积分布，其中草甸土缺硼面积为426.8hm²，占该土类的15.6%；灰褐土缺硼面积共5 911.4hm²，占该土类的21.4%；栗钙土缺硼面积最大，共18 888.4hm²，占该土类的21.2%。

表2-46 各乡镇耕地土壤有效硼含量分级面积统计

乡 镇	项别	分级标准（mg/kg）					低于临界值面积或其占比
		>2.0	1.0～2.0	0.5～1.0	0.2～0.5	≤0.2	
怀朔镇	面积（hm²）	15.5	5 555.8	16 085.3	5 078.1	268.0	5 346.0
	占比（%）	0.1	20.6	59.6	18.8	1.0	19.8
金山镇	面积（hm²）	681.9	3 238.2	9 453.7	4 661.3	484.1	5 145.4
	占比（%）	3.7	17.5	51.0	25.2	2.6	27.8
西斗铺镇	面积（hm²）	222.0	7 985.6	6 620.4	3 123.3	56.2	3 179.5
	占比（%）	1.2	44.3	36.8	17.3	0.3	17.7
下湿壕镇	面积（hm²）	27.0	2 351.7	8 737.1	3 303.8	180.3	3 484.1
	占比（%）	0.2	16.1	59.8	22.6	1.2	23.9
兴顺西镇	面积（hm²）	659.6	10 490.4	12 618.6	1 493.3	287.0	1 780.3
	占比（%）	2.6	41.1	49.4	5.8	1.1	7.0
银号镇	面积（hm²）	640.3	2 083.7	6 915.9	5 716.0	575.3	6 291.3
	占比（%）	4.0	13.1	43.4	35.9	3.6	39.5
合计	面积（hm²）	2 246.4	31 705.4	60 431.0	23 375.9	1 850.8	25 226.6
	占比（%）	1.9	26.5	50.5	19.5	1.5	21.1

表2-47 不同土类耕地土壤有效硼含量分级面积统计

土 类	项别	分级标准（mg/kg）					低于临界值面积或其占比
		>2.0	1.0～2.0	0.5～1.0	0.2～0.5	≤0.2	
草甸土	面积（hm²）	21.7	808.8	1 469.9	416.5	10.3	426.8
	占比（%）	0.8	29.7	53.9	15.3	0.4	15.6
灰褐土	面积（hm²）	779.7	6 394.6	14 524.4	5 542.8	368.6	5 911.4
	占比（%）	2.8	23.2	52.6	20.1	1.3	21.4
栗钙土	面积（hm²）	1 445.0	24 502.0	44 436.7	17 416.6	1 471.8	18 888.4
	占比（%）	1.6	27.4	49.8	19.5	1.6	21.2
合计	面积（hm²）	2 246.4	31 705.4	60 431.0	23 375.9	1 850.8	25 226.6
	占比（%）	1.9	26.5	50.5	19.5	1.5	21.1

（二）有效钼

钼是作物生长发育必不可少的微量元素之一。它在作物体中的含量，以豆科作物中较多，为干物质重量的百万分之几至十万分之几；非豆科作物含钼较少，只有干物质重量的百万分之几至亿分之几。钼的作用是多方面的，能够促进生物固氮、促进氮素代谢、增强光合作用、有利于糖类的形成与转化，以及增强抗旱、抗寒、抗病能力。

固阳县有效钼的平均含量为 0.13mg/kg，根据第二次土壤普查分级标准，有效钼的临界值为 0.15mg/kg，可见固阳县土壤有效钼平均含量低于临界值，耕地土壤存在缺钼区域。不同乡镇之间有效钼含量差异不大，怀朔镇有效钼平均含量为 0.15mg/kg；其余各乡镇有效钼含量均低于临界值。不同土类之间有效钼含量差异不大，均低于临界值，草甸土、灰褐土、栗钙土有效钼平均含量分别为 0.12mg/kg、0.12mg/kg、0.13mg/kg。

各乡镇、各土类有效钼含量分级面积统计结果见表 2-48、表 2-49。各乡镇有效钼含量主要分布在小于 0.2mg/kg 水平；大于 0.2mg/kg 的面积均分布较小。固阳县耕地土壤有效钼含量低于临界值的面积共 104 816.4hm^2，占总面积的 87.6%，生产中应施用钼肥。各乡镇缺钼面积不同，缺钼面积均占到各乡镇面积的 75%以上。各土类有效钼含量主要分布在小于 0.2mg/kg 水平；大于 0.2mg/kg 的面积均分布较小。各土类均有低于有效钼临界值的面积分布，其中草甸土缺钼面积为 2 247.5hm^2，占草甸土的 82.4%；灰褐土缺钼面积共 26 479.1hm^2，占灰褐土的 95.9%；栗钙土缺钼面积最大，共 76 089.8hm^2，占栗钙土的 85.2%。

表 2-48 各乡镇耕地土壤有效钼含量分级面积统计

乡镇	项别	分级标准（mg/kg）					低于临界值面积或其占比
		>0.5	0.2～0.5	0.15～0.2	0.1～0.15	≤0.1	
怀朔镇	面积（hm^2）	135.9	1 894.7	4 446.2	17 543.7	2 982.0	20 525.7
	占比（%）	0.5	7.0	16.5	65.0	11.0	76.0
金山镇	面积（hm^2）		293.4	1 697.0	9 682.4	6 846.5	16 528.9
	占比（%）		1.6	9.2	52.3	37.0	89.3
西斗铺镇	面积（hm^2）		34.7	1 782.9	14 852.5	1 337.4	16 189.9
	占比（%）		0.2	9.9	82.5	7.4	89.9
下湿壕镇	面积（hm^2）			161.8	13 926.6	511.6	14 438.2
	占比（%）			1.1	95.4	3.5	98.9
兴顺西镇	面积（hm^2）		8.3	40 91.9	19 769.6	1 679.1	21 448.7
	占比（%）		0.0	16.0	77.4	6.6	84.0
银号镇	面积（hm^2）			246.3	14 467.6	1 217.5	15 685.0
	占比（%）			1.5	90.8	7.6	98.5
合计	面积（hm^2）	135.9	2 231.1	12 426.1	90 242.4	14 574.0	104 816.4
	占比（%）	0.1	1.9	10.4	75.4	12.2	87.6

表 2-49　不同土类耕地土壤有效钼含量分级面积统计

土　类	项别	分级标准（mg/kg）					低于临界值面积或其占比
		>0.5	0.2～0.5	0.15～0.2	0.1～0.15	≤0.1	
草甸土	面积（hm^2）		152.5	327.3	1 882.8	364.7	2 247.5
	占比（%）		5.6	12.0	69.0	13.4	82.4
灰褐土	面积（hm^2）		41.2	1 089.8	23 283.1	3 196.0	26 479.1
	占比（%）		0.1	3.9	84.3	11.6	95.9
栗钙土	面积（hm^2）	135.9	2 037.4	11 009.0	65 076.5	11 013.3	76 089.8
	占比（%）	0.2	2.3	12.3	72.9	12.3	85.2
合计	面积（hm^2）	135.9	2 231.1	12 426.1	90 242.4	14 574.0	104 816.4
	占比（%）	0.1	1.9	10.4	75.4	12.2	87.6

（三）有效锌

锌是作物不可缺少的重要元素。锌参与作物的光合作用、呼吸作用、氨代谢、激素合成、植物生长等方面，并起着不可替代的作用。

固阳县有效锌的平均含量为 1.06mg/kg，根据第二次土壤普查分级标准，有效锌的临界值为 0.50mg/kg，可见固阳县土壤有效锌平均含量高于临界值。不同乡镇之间有效锌含量差异不大，怀朔镇有效锌平均含量为 0.77mg/kg，平均含量最低；金山镇有效锌平均含量为 1.28mg/kg，平均含量最高。不同土类之间有效锌平均含量有一定的差异，草甸土平均含量最低，为 0.83mg/kg，灰褐土、栗钙土有效锌平均含量分别为 1.08mg/kg、1.06mg/kg，差异不大。

各乡镇、各土类有效锌含量分级面积统计结果见表 2-50、表 2-51。各乡镇有效锌含量主要分布在 0.15～0.5mg/kg 水平；小于 0.15mg/kg、大于 0.5mg/kg 的面积均分布较小。固阳县耕地土壤有效锌含量低于临界值的面积共 5 925.7hm^2，占固阳县的 5.0%，生产中应施用锌肥。各乡镇缺锌面积不同，缺锌面积占到各乡镇面积的 1.0%～13.6%，其中银号镇缺锌面积最大，共 2 167.0hm^2。各土类有效锌含量主要分布在 0.15～0.5mg/kg 水平。各土类均有低于有效锌临界值的面积分布，其中草甸土缺锌面积为 251.9hm^2，占草甸土的 9.2%；灰褐土缺锌面积共 804.0hm^2，占灰褐土的 2.9%；栗钙土缺锌面积最大，共 4 869.9hm^2，占栗钙土的 5.5%。

表 2-50　各乡镇耕地土壤有效锌含量分级面积统计

乡　镇	项别	分级标准（mg/kg）					低于临界值面积或其占比
		>0.5	0.2～0.5	0.15～0.2	0.1～0.15	≤0.1	
怀朔镇	面积（hm^2）		1 261.2	23 581.67	2 159.66		2 159.7
	占比（%）		4.7	87.3	8.0		8.0
金山镇	面积（hm^2）	317.4	8 520.85	9 043.06	637.9	0.06	638.0
	占比（%）	1.7	46.0	48.8	3.4	0.0	3.4

（续）

乡　镇	项别	分级标准（mg/kg）					低于临界值面积或其占比
		>0.5	0.2～0.5	0.15～0.2	0.1～0.15	≤0.1	
西斗铺镇	面积（hm^2）	34.3	6 571.85	11 160.67	240.65		240.7
	占比（%）	0.2	36.5	62.0	1.3		1.3
下湿壕镇	面积（hm^2）	1.02	8 951.19	5 502.28	137.55	7.96	145.5
	占比（%）	0.0	61.3	37.7	0.9	0.1	1.0
兴顺西镇	面积（hm^2）	0.06	5 806.37	19 167.43	574.05	0.96	575.0
	占比（%）	0.0	22.7	75.0	2.2	0.0	2.3
银号镇	面积（hm^2）	0.71	4 388.6	9 375.05	2 104.68	62.27	2 167.0
	占比（%）	0.0	27.5	58.8	13.2	0.4	13.6
合计	面积（hm^2）	353.5	35 500.1	77 830.2	5 854.5	71.3	5 925.7
	占比（%）	0.3	29.7	65.1	4.9	0.1	5.0

表 2-51　不同土类耕地土壤有效锌含量分级面积统计

土　类	项别	分级标准（mg/kg）					低于临界值面积或其占比
		>0.5	0.2～0.5	0.15～0.2	0.1～0.15	≤0.1	
草甸土	面积（hm^2）		391.83	2 083.53	251.85		251.9
	占比（%）		14.4	76.4	9.2		9.2
灰褐土	面积（hm^2）	30.87	13 919.05	12 856.27	773.36	30.61	804.0
	占比（%）	0.1	50.4	46.6	2.8	0.1	2.9
栗钙土	面积（hm^2）	322.62	21 189.18	62 890.36	4 829.28	40.64	4 869.9
	占比（%）	0.4	23.7	70.4	5.4	0.0	5.5
合计	面积（hm^2）	353.5	35 500.1	77 830.2	5 854.5	71.3	5 925.7
	占比（%）	0.3	29.7	65.1	4.9	0.1	5.0

（四）有效铜

铜是植物正常发育所必需的一种微量元素。植物的根、茎、叶和种子的含铜量从百分之一到十万分之一。研究证明铜是植物体内多酚氧化酶、氨基氧化酶、酪氨酸酶、抗坏血酸氧化酶、细胞色素氧化酶等的组成部分，是各种氧化酶活化基的核心元素，可进行电子的接受与传递，在植物体内氧化还原过程中起重要作用，与叶绿素的形成以及碳水化合物、蛋白质合成有密切关系。

固阳县有效铜的平均含量为 0.87mg/kg，根据第二次土壤普查分级标准，有效铜的临界值为 0.20mg/kg，可见固阳县土壤有效铜平均含量高于临界值。不同乡镇之间有效铜含量差异不大，西斗铺镇有效铜平均含量为 1.02mg/kg，平均含量最高；怀朔镇有效铜平均含量为 0.75mg/kg，平均含量最低。不同土类之间有效铜平均含量有一定的差异，各土类有效铜含量均高于临界值 0.2mg/kg。灰褐土平均含量最高，为 0.92mg/kg，草甸土、栗钙土有效铜平均含量分别为 0.85mg/kg、0.86mg/kg，差异不大。

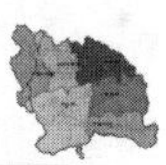

各乡镇、各土类有效铜含量分级面积统计结果见表2-52、表2-53。各乡镇有效铜含量主要分布在0.2～1.8mg/kg水平；小于0.2mg/kg的面积为0，可见固阳县没有缺铜的区域，大于1.8mg/kg的面积分布较小，仅占总面积的0.2%。各土类有效铜含量主要分布在0.2～1.8mg/kg水平，各土类低于临界值的面积为0，不存在缺铜区域。

表2-52 各乡镇耕地土壤有效铜含量分级面积统计

乡 镇	项别	分级标准（mg/kg）					低于临界值面积或其占比
		>1.8	1.0～1.8	0.2～1.0	0.1～0.2	≤0.1	
怀朔镇	面积（hm^2）		941.9	26 060.6			0.0
	占比（%）		3.5	96.5			0.0
金山镇	面积（hm^2）	168.7	4 628.2	13 722.4			0.0
	占比（%）	0.9	25.0	74.1			0.0
西斗铺镇	面积（hm^2）	29.4	8 045.3	9 932.8			0.0
	占比（%）	0.2	44.7	55.2			0.0
下湿壕镇	面积（hm^2）	3.7	8 883.8	5 712.5			0.0
	占比（%）	0.0	60.8	39.1			0.0
兴顺西镇	面积（hm^2）	1.4	2 343.3	23 204.2			0.0
	占比（%）	0.0	9.2	90.8			0.0
银号镇	面积（hm^2）	0.8	880.9	15 049.6			0.0
	占比（%）	0.0	5.5	94.5			0.0
合计	面积（hm^2）	204.0	25 723.3	93 682.1			0.0
	占比（%）	0.2	21.5	78.3			0.0

表2-53 不同土类耕地土壤有效铜含量分级面积统计

土 类	项别	分级标准（mg/kg）					低于临界值面积或其占比
		>1.8	1.0～1.8	0.2～1.0	0.1～0.2	≤0.1	
草甸土	面积（hm^2）		416.5	2 310.8			0.0
	占比（%）		15.3	84.7			0.0
灰褐土	面积（hm^2）	71.0	8 751.0	18 788.2			0.0
	占比（%）	0.3	31.7	68.0			0.0
栗钙土	面积（hm^2）	133.0	16 555.9	72 583.2			0.0
	占比（%）	0.1	18.5	81.3			0.0
合计	面积（hm^2）	204.0	25 723.3	93 682.1			0.0
	占比（%）	0.2	21.5	78.3			0.0

（五）有效铁

铁在植物生理上有重要作用。铁是一些重要的氧化还原酶催化部分的组分；铁不是叶绿素的组成成分，但缺铁时，叶绿体的片层结构发生很大变化，严重时甚至使叶绿体发生崩解，可见铁对叶绿素的形成是必不可少的；铁在植物体内以各种形式与蛋白质结合，作为重要的电子传递体或催化剂，参与许多生命活动；铁是固氮酶中铁蛋白和钼铁蛋白的组成部分，在生物固氮中起着极为重要的作用。作物正常的含铁量为50～100mg/kg，豆科作物含铁量比禾本科作物高。不同作物对缺铁的敏感程度各不相同。

固阳县有效铁的平均含量为7.98mg/kg，根据第二次土壤普查分级标准，有效铁的临界值为2.50mg/kg，可见固阳县土壤有效铁平均含量高于临界值。不同乡镇之间有效铁含量差异较大，下湿壕镇有效铁平均含量为10.30mg/kg，平均含量最高；兴顺西镇有效铁平均含量为5.82mg/kg，平均含量最低。不同土类之间有效铁平均含量有一定的差异，灰褐土平均含量最高，为9.96mg/kg，草甸土、栗钙土有效铁平均含量分别为6.91mg/kg、7.30mg/kg，差异不大。

各乡镇、各土类有效铁含量分级面积统计结果见表2-54、表2-55。各乡镇有效铁含量主要分布在4.5～20.0mg/kg水平；小于2.5mg/kg的面积为0，可见固阳县没有缺铁的区域，大于20.0mg/kg的面积分布较小，仅占总面积的0.5%。各土类有效铁含量主要分布在4.5～20.0mg/kg水平，各土类低于临界值的面积为0，不存在缺铁区域。

表2-54 各乡镇耕地土壤有效铁含量分级面积统计

乡 镇	项别	分级标准（mg/kg）					低于临界值面积或其占比
		>20	10～20	4.5～10	2.5～4.5	≤2.5	
怀朔镇	面积（hm^2）		1 360.8	24 974.0	667.7		0.0
	占比（%）		5.0	92.5	2.5		0.0
金山镇	面积（hm^2）	375.2	1 908.8	14 885.9	1 349.3		0.0
	占比（%）	2.0	10.3	80.4	7.3		0.0
西斗铺镇	面积（hm^2）		543.7	16 706.6	757.2		0.0
	占比（%）		3.0	92.8	4.2		0.0
下湿壕镇	面积（hm^2）	277.5	7 510.1	6 796.7	15.6		0.0
	占比（%）	1.9	51.4	46.6	0.1		0.0
兴顺西镇	面积（hm^2）	2.7	98.8	24 424.4	1 022.9		0.0
	占比（%）	0.0	0.4	95.6	4.0		0.0
银号镇	面积（hm^2）	0.7	6 345.7	9 584.9			0.0
	占比（%）	0.0	39.8	60.2			0.0
合计	面积（hm^2）	656.2	17 768.0	97 372.5	3 812.7		0.0
	占比（%）	0.5	14.9	81.4	3.2		0.0

表2-55 不同土类耕地土壤有效铁含量分级面积统计

土 类	项别	分级标准（mg/kg）					低于临界值面积或其占比
		>20	10～20	4.5～10	2.5～4.5	≤2.5	
草甸土	面积（hm^2）		107.7	2 562.1	57.4		0.0
	占比（%）		3.9	93.9	2.1		0.0
灰褐土	面积（hm^2）	396.7	11 002.1	15 369.5	841.9		0.0
	占比（%）	1.4	39.8	55.7	3.0		0.0

（续）

土　类	项别	分级标准（mg/kg）					低于临界值
		＞20	10～20	4.5～10	2.5～4.5	≤2.5	面积或其占比
栗钙土	面积（hm^2）	259.5	6 658.3	79 441.0	2 913.3		0.0
	占比（%）	0.3	7.5	89.0	3.3		0.0
合计	面积（hm^2）	656.2	17 768.0	97 372.5	3 812.7		0.0
	占比（%）	0.5	14.9	81.4	3.2		0.0

（六）有效锰

锰是植物的必需营养元素，与作物体内许多酶的活性和氧化还原体系有关，并直接参与光合作用。土壤是作物锰营养的主要来源。土壤中锰的含量、存在形态和有效性不仅与成土母质、成土过程有关，更易受耕作制度、土壤水文状况、有机肥的施用等因素影响。

固阳县有效锰的平均含量为 9.89mg/kg，根据第二次土壤普查分级标准，有效锰的临界值为 7.0mg/kg，可见固阳县土壤有效锰平均含量高于临界值。不同乡镇之间有效锰含量差异较大，银号镇有效锰平均含量为 11.49mg/kg，平均含量最高；怀朔镇有效锰平均含量为 8.45mg/kg，平均含量最低。不同土类之间有效锰含量有一定的差异，灰褐土平均含量最高，为 10.95mg/kg，草甸土、栗钙土有效锰平均含量分别为 8.56mg/kg、9.55mg/kg，差异不大。

各乡镇、各土类有效锰含量分级面积统计结果见表 2-56、表 2-57。各乡镇有效锰含量主要分布在 5.0～15.0mg/kg 水平；小于 1.0mg/kg 的面积为 0，在 1.0～5.0mg/kg、大于 15.0mg/kg 水平分布的面积均较小。通过统计，全县缺锰面积共计 17 460.3hm^2，占固阳县的 14.6%，各乡镇均分布缺锰区域。各土类有效锰含量主要分布在 5.0～15.0mg/kg 水平，各土类低于临界值面积差异很大。草甸土缺锰面积 694.9hm^2，占草甸土的 25.5%；灰褐土缺锰面积共 3 422.0hm^2，占灰褐土的 12.4%；栗钙土缺锰面积共 13 343.4hm^2，占栗钙土的 14.9%。

表 2-56　各乡镇耕地土壤有效锰含量分级面积统计

乡　镇	项别	分级标准（mg/kg）					低于临界值
		＞30.0	15～30.0	5.0～15.0	1.0～5.0	≤1.0	面积或其占比
怀朔镇	面积（hm^2）		8.5	26 823.7	170.3		10 187.2
	占比（%）		0.0	99.3	0.6		37.7
金山镇	面积（hm^2）		2 110.2	15 851.5	557.6		2 037.2
	占比（%）		11.4	85.6	3.0		11.0
西斗铺镇	面积（hm^2）		241.6	17 765.8			1 034.7
	占比（%）		1.3	98.7			5.7
下湿壕镇	面积（hm^2）		1 971.6	12 123.3	505.1		2 167.1
	占比（%）		13.5	83.0	3.5		14.8

（续）

乡　镇	项别	分级标准（mg/kg）					低于临界值面积或其占比
		>30.0	15～30.0	5.0～15.0	1.0～5.0	≤1.0	
兴顺西镇	面积（hm^2）		0.6	25 538.6	9.7		1 789.3
	占比（%）		0.0	100.0	0.0		7.0
银号镇	面积（hm^2）		3 084.7	12 846.6			244.8
	占比（%）		19.4	80.6			1.5
合计	面积（hm^2）		7 417.3	110 949.4	1 242.8		17 460.3
	占比（%）		6.2	92.8	1.0		14.6

表 2-57　不同土类耕地土壤有效锰含量分级面积统计

土　类	项别	分级标准（mg/kg）					低于临界值面积或其占比
		>30.0	15～30.0	5.0～15.0	1.0～5.0	≤1.0	
草甸土	面积（hm^2）		2.8	2 704.8	19.5		694.9
	占比（%）		0.1	99.2	0.7		25.5
灰褐土	面积（hm^2）		3 249.8	23 588.0	772.4		3 422.0
	占比（%）		11.8	85.4	2.8		12.4
栗钙土	面积（hm^2）		4 164.6	84 656.6	450.9		13 343.4
	占比（%）		4.7	94.8	0.5		14.9
合计	面积（hm^2）		7 417.3	110 949.4	1 242.8		17 460.3
	占比（%）		6.2	92.8	1.0		14.6

第三节　耕地土壤其他性状

一、pH

土壤 pH 反映土壤酸碱程度，主要取决于土壤溶液中氢离子的浓度，它对土壤肥力及作物生长有很大影响。

各乡镇、各土类耕地土壤 pH 见表 2-58、表 2-59。耕地土壤 pH 平均值为 8.2，土壤呈碱性。各乡镇 pH 差异不大。各土类之间 pH 平均值差异不大。

表 2-58　各乡镇耕地土壤 pH

乡　镇	样本数（个）	平均值	变幅	标准差
怀朔镇	1 224	8.2	7.4～8.7	0.23
金山镇	1 816	8.2	7.5～8.8	0.23
西斗铺镇	1 108	8.3	7.5～8.9	0.20
下湿壕镇	1 110	8.1	7.5～8.6	0.22
兴顺西镇	1 272	8.2	7.5～9.0	0.22
银号镇	1 175	8.2	7.6～8.9	0.21
合计/平均	7 705	8.2	7.5～9.0	0.22

表 2-59　不同土类耕地土壤 pH

土　类	样本数（个）	平均值	变幅	标准差
草甸土	213	8.3	7.6～9.0	0.21
灰褐土	1 760	8.2	7.6～8.8	0.20
栗钙土	5 732	8.2	6.8～8.7	0.23
合计/平均	7 705	8.2	7.5～9.0	0.22

二、阳离子交换量

阳离子交换量可作为评价土壤保肥能力的指标，是土壤缓冲性能的主要来源，是改良土壤和合理施肥的重要依据。

各乡镇、各土类耕地土壤阳离子交换量见表 2-60、表 2-61。耕地土壤阳离子交换量平均值为 12.0cmol/kg，可见固阳县耕地土壤肥力中等。各乡镇耕地土壤阳离子交换量有一定差异，其中下湿壕镇阳离子交换量最大，为 14.9cmol/kg；其次是银号镇，阳离子交换量为 13.4cmol/kg；其余各乡镇差异不大。各土类之间耕地土壤阳离子交换量平均值有一定的差异，其中灰褐土最高，为 13.5cmol/kg；草甸土、栗钙土阳离子交换量分别为 11.7cmol/kg、11.4cmol/kg。

表 2-60　各乡镇耕地土壤阳离子交换量

乡　镇	样本数（个）	平均值（cmol/kg）	变幅（cmol/kg）	标准差（cmol/kg）
怀朔镇	66	10.8	5.6～19.8	3.03
金山镇	113	10.3	5.0～23.1	3.71
西斗铺镇	66	11.4	4.9～23.0	3.82
下湿壕镇	76	14.9	5.4～25.0	4.42
兴顺西镇	64	11.7	5.5～24.8	3.78
银号镇	74	13.4	5.0～25.0	5.40
合计/平均	459	12.0	5.0～25.0	4.39

表 2-61　不同土类耕地土壤阳离子交换量

土　类	样本数（个）	平均值（cmol/kg）	变幅（cmol/kg）	标准差（cmol/kg）
草甸土	13	11.7	6.3～16.4	2.82
灰褐土	125	13.5	5.0～25.0	4.89
栗钙土	321	11.4	5.0～25.0	4.09
合计/平均	459	12.0	5.0～25.0	4.39

第三章

耕地地力现状

第一节　耕地地力评价

自第二次土壤普查至今已经有30多年，随着品种、灌溉、施肥等田间管理措施的更新与调整，目前的耕地土壤已经发生了一定的变化。为明确现有耕地状况，合理利用耕地，自2007年在测土配方施肥项目实施过程中，同时完成了耕地地力调查与评价工作。

一、资料收集

耕地地力调查与评价是在充分利用现有资料的基础上，结合测土配方施肥项目实施野外调查信息、样品测试分析数据，利用计算机等高新技术来综合分析和评价的，资料收集是其中一项重要内容。

（一）图件资料

根据调查工作需要，收集了固阳县1∶12万地形图、土壤分布图、土壤养分点位图、交通图、行政区划图、土地利用现状图、气候分区图等图件资料。

（二）数据及文本资料

收集了第二次土壤普查的有关文字和养分数据资料，以及近几年的农业统计资料，肥料试验资料，水利部门的水资源开发、水土保持资料，农业部门的农田基础设施建设、旱作农业示范区建设、农业综合开发等方面的资料，林业部门的生态建设总体规划资料等。

（三）资料整理及统计

对野外调查信息相关数据和土样测试分析数据经核对、审核和相应统计整理后，录入计算机，归入测土配方施肥数据库；对收集的数据、文本及图件资料，按照耕地地力评价技术规程要求，进行整理、统计和处理后，录入相应计算机数据库，建立耕地地力资源管理信息系统，进行评价。

二、耕地资源管理信息系统建立

耕地资源管理信息系统是以固阳县耕地资源为管理对象，应用GPS等现代化技术采集信息，以及GIS技术构建耕地资源基础信息系统。该系统的基本管理单元由土壤图、土地利用现状图叠加形成，每个管理单元土壤类型一致，土地利用方式以及农民的种田习惯也基本一致，对辖区内的地形、地貌、土壤、土地利用、土壤污染、农业生产基本情况等资料进行统一管理，以此为平台结合各类管理模型，对辖区内的耕地资源进行系统的动态管理。

固阳县耕地资源管理信息系统基本管理单元为土壤图、土地利用现状图、行政区划图、坡度图叠加形成的评价单元。耕地资源信息系统的建立为固阳县农业政府部门制定农业发展规划、土地利用规划、种植业规划等宏观决策提供决策支持，为基层农业技术推广人员、农民进行科学施肥等农事操作，了解耕地质量动态变化和土壤适宜性，进行施肥咨询和作物营养诊断等提供多方位的信息服务。

建立耕地资源管理信息系统的工作流程和结构见图 3-1 和图 3-2。

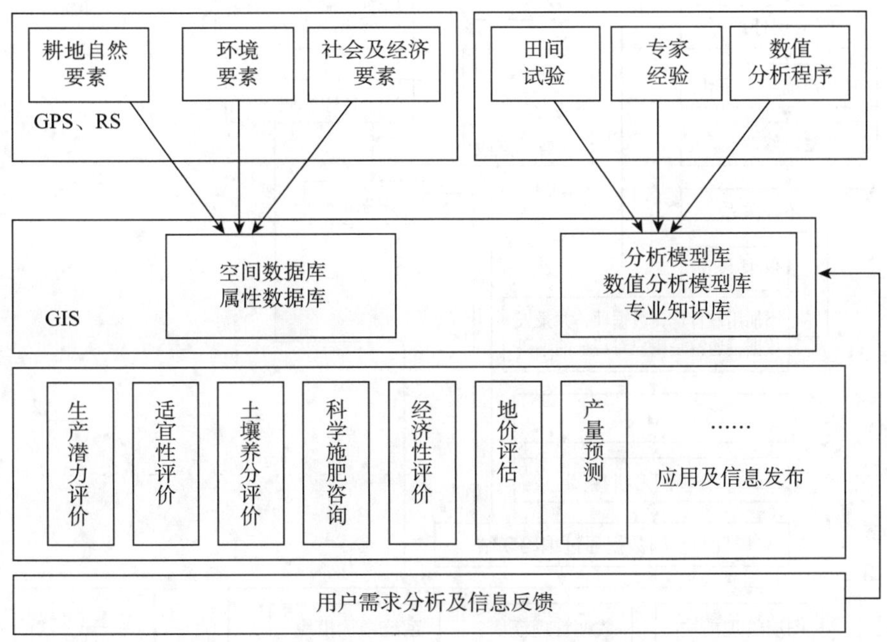

图 3-1　地理信息系统结构

（一）属性数据库的建立

1. 属性数据内容

（1）湖泊、面状河流属性数据。

（2）堤坝、渠道、线状河流属性数据。

（3）交通道路属性数据。

（4）行政界线属性数据。

（5）县、乡、村编码表。

（6）土地利用现状属性数据。

（7）土壤名称编码表。

（8）土种属性数据表。

（9）土壤分析化验结果。

（10）耕地灌溉保证率分析结果。

（11）大田采样点基本情况调查数据。

（12）大田采样点农户调查数据。

（13）地形部位数据。

（14）侵蚀属性数据。

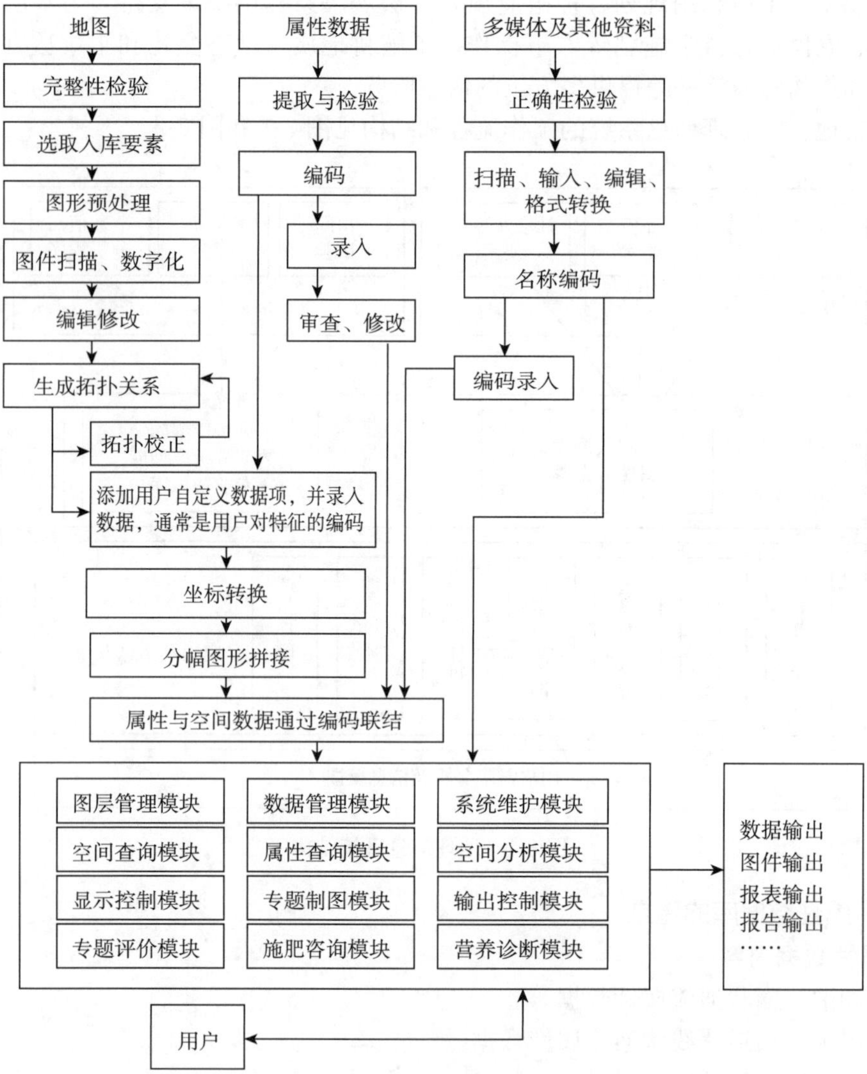

地图
完整性检验
选取入库要素
图形预处理
图件扫描、数字化
编辑修改
生成拓扑关系
拓扑校正
属性数据
提取与检验
编码
录入
审查、修改
多媒体及其他资料
正确性检验
扫描、输入、编辑、格式转换
名称编码
编码录入
添加用户自定义数据项，并录入数据，通常是用户对特征的编码
坐标转换
分幅图形拼接
属性与空间数据通过编码联结
图层管理模块
数据管理模块
系统维护模块
空间查询模块
属性查询模块
空间分析模块
显示控制模块
专题制图模块
输出控制模块
专题评价模块
施肥咨询模块
营养诊断模块
数据输出
图件输出
报表输出
报告输出
……
用户

图 3-2　县域耕地资源管理信息系统建立工作流程

2. 数据的审核、分类编码、录入　在录入数据库前，由技术组指定专人对所有调查表和分析数据等资料进行了系统的审查。对每个调查项目的描述进行了规范化和标准化，对所有农化分析数据进行了相应的统计分析，发现异常数据，分析原因，酌情处理。数据的分类编码是对数据资料进行有效管理的重要依据，本系统采用数字表示的层次型分类编码体系，对属性数据进行分类编码，建立了编码字典。采用北京天创大地科技发展有限公司研发的测土配方施肥采集调查系统 PC 端试用版，由北京中园博望科技发展有限

公司开发（由全国农业技术推广服务中心等委托）测土配方施肥数据汇总系统进行数据录入，最终以dBASE的dbf格式保存入库，文字资料以txt文件格式保存，超文本资料以HTML格式保存，图片资料以JPG格式保存。这些文件分别保存在相应的子目录下，其相对路径和文件名录入相应的属性数据库中。

（二）空间数据库的建立

1. 空间数据库资料

（1）全县1∶10万的土壤图。

（2）全县1∶10万的土地利用现状图。

（3）全县1∶5万的地形图。

（4）各乡镇1∶2.5万的基本农田保护区规划图。

2. 图形数字化 首先进行图层要素的整理和筛选，然后将原始图件扫描成300dpi的栅格地图，采用Arcinfo软件，在屏幕上手动跟踪图形要素完成数字化工作，数字化后，按顺序对所有特征进行编辑，建立拓扑关系，对特征进行编码

分别以coverage和shape格式保存入库，建立空间数据库。再对数字化地图进行坐标转换和投影变换，统一采取高斯-克吕格投影、1954年北京大地坐标系，保存入库。形成标准完整的数字化图层。

（三）属性数据库和空间数据库的链接

以建立的编码字典为基础，在数据化图件时对点、线、面（多边形）均赋予相应的属性编码，如数字化土地利用现状图时，对每一多边形同时输入土地利用编码，从而建立空间数据库与属性数据库具有链接的共同字段和唯一索引，数字化完成后，在Arcinfo下调入相应的属性库，完成库间的链接，并对属性字段进行相应的整理，使其标准化，最终建立完整的具有相应属性要素的数字化地图。

（四）评价单元的确定及各评价因素的录入

1. 评价单元的确定 将土壤图、土地利用现状图、坡度图、行政区划图叠加，生成基本评价单元图。这样形成的评价单元空间界限、行政隶属关系明确，有准确的面积，地貌类型及土壤类型一致，利用方式及耕作方法基本相同，这样得出的评价结果不仅可应用于农业布局规划等农业决策，还可以用于指导农业生产，为实施精准农业奠定良好的基础。

2. 评价要素的录入 数字化各个专题图层，建立相应的属性数据，并将样点图通过Kriging插值换成Grid数据格式，然后分别与基本评价单元图进行区域统计叠加，获取挂接在这些图层上的属性数据，使得基本评价单元图的每个图斑都有相应的14个评价因素的属性资料。

三、耕地地力评价方法

（一）评价依据及原则

耕地地力指由土壤本身特性、自然背景条件和耕作管理水平等要素综合构成的耕地生产能力。评价是通过调查获得的耕地自然环境要素、耕地土壤理化性状、耕地农田基础设施和管理水平为依据进行评价的。通过各因素对耕地地力影响的大小进行综合评定，

确定不同的地力等级。耕地的自然环境要素包括耕地所处的地形地貌、水文地质、成土母质等；耕地土壤的理化性状包括土体构型、有效土层厚度、质地等物理性状和有机质、氮、磷、钾以及中微量元素、pH 等化学性状；农田基础设施和管理水平包括灌排条件、水土保持工程建设以及培肥管理水平等。评价时遵循以下几方面的原则：

1. 综合因素研究与主导因素分析相结合的原则 耕地地力是各类要素的综合体现，综合因素研究是对地形地貌、土壤理化性状以及相关的社会经济因素进行综合研究、分析与评价，以全面了解耕地地力状况。主导因素是指对耕地地力起决定作用的、相对稳定的因子，在评价中要着重对其进行研究分析。

2. 定性与定量相结合的原则 影响耕地地力的因素有定性的和定量的，评价时定量和定性评价相结合。在总体上，为了保证评价结果的客观合理，尽量采用可定量的评价因子，如有机质、有效土层厚度等按其数值参与计算评价，对非数量化的定性因子如地形部位、质地等要素进行量化处理，确定其相应的指数，运用计算机进行运算和处理，尽量避免人为因素的影响。在评价因素筛选、权重、评价评语、等级的确定等评价过程中，尽量采用定量化的数学模型，在此基础上，充分应用专家知识，对评价的中间过程和评价结果进行必要的定性调整。

3. 采用 GIS 支持的自动化评价方法的原则 本次耕地地力评价充分应用计算机技术，通过建立数据库、评价模型，实现了全数字化、自动化的评价技术流程，在一定程度上代表耕地地力评价的最新技术方法。

（二）评价的技术流程

地力评价的整个过程主要包括三方面的内容，一是相关资料的收集、计算机软硬件的准备及建立相关的数据库；二是耕地地力评价，包括划分评价单元，选择评价因素并确定单因素评价评语和权重，计算耕地地力综合指数，确定耕地地力等级；三是评价结果分析，即依据评价结果，量算各等级的面积，编制耕地地力等级分布图，分析耕地使用中存在的问题，提出耕地资源可持续利用的措施建议。评价流程见图 3-3。

1. 评价指标的确定 耕地地力评价指标的确定主要遵循以下几方面的原则，一是选取的因子对耕地地力有比较大的影响；二是选取的因子在评价区域内的变异较大，便于划分耕地地力等级；三是选取的评价因素在时间上具有相对的稳定性，评价结果能够有较长的有效期。根据上述原则，聘请自治区、盟市、县农业方面的 15 位专家组成专家组，在全国耕地地力评价指标体系框架中，选择适合当地并对耕地地力影响较大的指标作为评价因素。通过两轮投票，确定立地条件、土壤管理、剖面构型、理化性状 4 个项目的 16 个因素作为固阳县耕地地力的评价指标。

（1）气象条件。包括降水量、无霜期、≥10℃积温。

（2）立地条件。包括海拔、侵蚀程度、地貌类型、成土母质、地形部位、有效土层厚度。

（3）耕层养分。包括有机质、有效磷、速效钾、CEC、质地。

（4）土壤管理。包括抗旱能力、灌溉保证率。

2. 评价单元的划分 评价单元是评价的最基本单位，评价单元划分的合理与否直接关系到评价结果的准确性。本次耕地地力评价采用土壤图、土地利用现状图叠加形成的图斑作为评价单元。土壤图划分到土种，土地利用现状图划分到二级利用类型，同一评

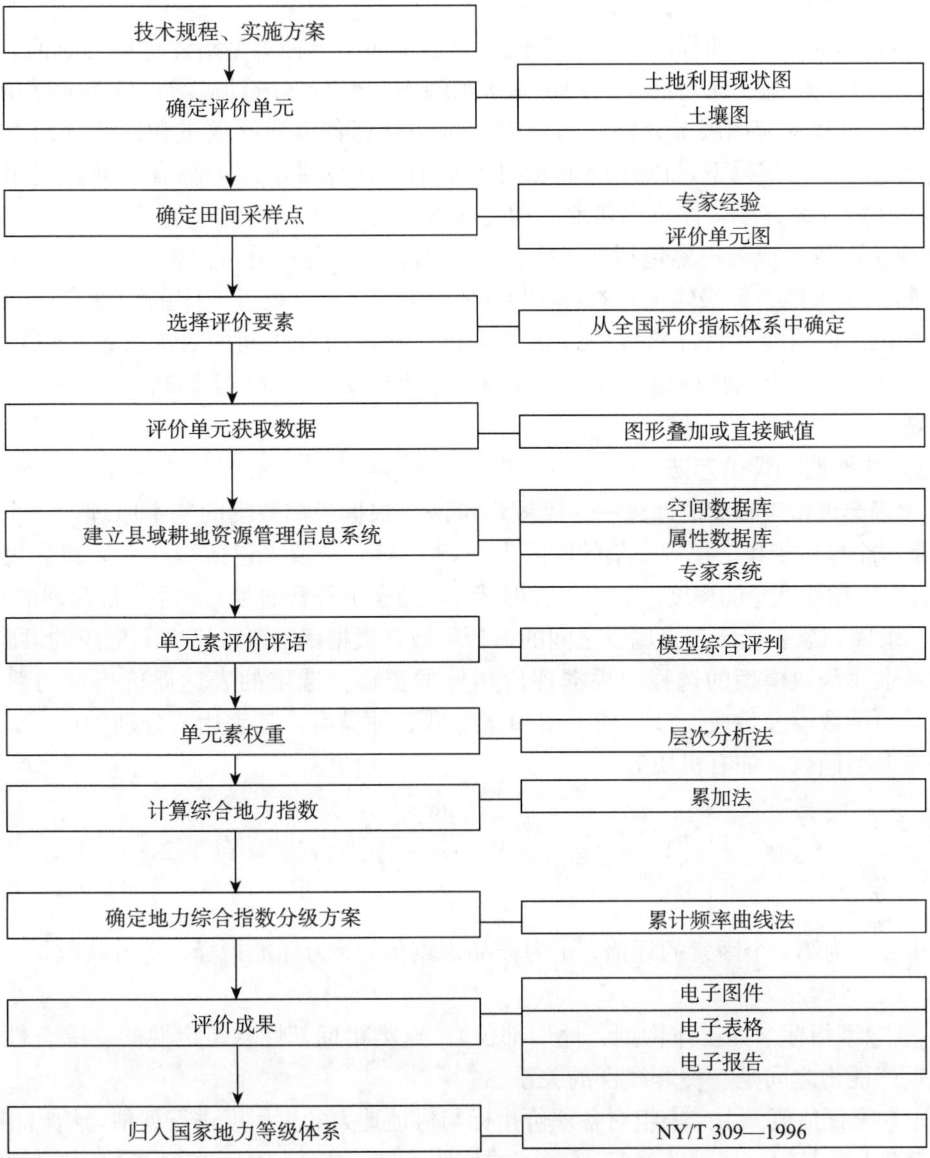

技术规程、实施方案 → 确定评价单元（土地利用现状图；土壤图）→ 确定田间采样点（专家经验；评价单元图）→ 选择评价要素（从全国评价指标体系中确定）→ 评价单元获取数据（图形叠加或直接赋值）→ 建立县域耕地资源管理信息系统（空间数据库；属性数据库；专家系统）→ 单元素评价评语（模型综合评判）→ 单元素权重（层次分析法）→ 计算综合地力指数（累加法）→ 确定地力综合指数分级方案（累计频率曲线法）→ 评价成果（电子图件；电子表格；电子报告）→ 归入国家地力等级体系（NY/T 309—1996）

图 3-3　耕地地力评价流程

价单元的土种类型、利用方式一致，不同评价单元之内既有差异性，又有可比性。

3. 评价单元获取数据　每个评价单元都必须有参与地力评价指标的属性数据。数据类型不同，评价单元获取数据的途径也不同，分为以下几种途径：

（1）土壤有机质、有效磷、速效钾、CEC。由点位图利用空间插值法生成栅格图，与评价单元图叠加，使评价单元获取相应的属性数据。

（2）灌溉保证率、抗旱能力。利用同一个乡镇范围内同一土种的平均值直接给评价单元赋值。

（3）质地构型、有效土层厚度。利用矢量化的坡度图、土壤侵蚀图、水利利用分区图与评价单元图叠加，为每个评价单元赋值。

（4）成土母质、侵蚀程度、地形部位。根据不同的土种类型给评价单元赋值。

（5）≥10℃积温、无霜期。利用积温等值线图，经分区统计后给评价单元赋值。

4. 评价过程 应用层次分析法和模糊评价法计算各因素的权重和评价评语，在耕地资源管理信息系统支撑下，以评价单元图为基础，计算耕地地力综合指数，应用累计频率曲线法确定分级方案，评价出耕地的地力等级。

5. 评价成果 成果内容包括电子图件、数据表格和各种分析报告。

6. 归入国家地力等级体系 选择10%的评价单元，调查近3年的粮食产量水平，与用自然要素评价的地力综合指数进行相关分析，找出两者之间的对应关系，以粮食产量水平为引导，归入全国耕地地力等级体系（NY/T 309—1996《全国耕地类型区、耕地地力等级划分》）。

（三）耕地地力评价方法

1. 单因素评价隶属度的计算——模糊评价法 根据模糊数学的基本原理，一个模糊性概念就是一个模糊子集。模糊子集的取值为0～1的任一数值（包括0与1），隶属度是元素x符合这个模糊性概念的程度。完全符合时为1，完全不符合时为0，部分符合即取0～1的一个值。隶属函数表示x_i与隶属度之间的解析函数，根据函数可以算出x_i对应的隶属度u_i。

（1）隶属函数模型的选择。根据评价指标的类型，选定的表达评价指标与耕地生产能力关系的函数模型为戒上型、戒下型和概念型3种类型，其表达式分别为：

①戒上型函数（如有机质等）。

$$y_i = \begin{cases} 0 & u_i < u_t \\ 1/[1 + a_i(u_i - c_i)^2] & u_t < u_i < c_i \quad (i = 1,2,\cdots,n) \\ 1 & c_i < u_i \end{cases}$$

式中：y_i为第i个因素的评语；u_i为样品观察值；c_i为标准指标；a_i为系数，u_t为指标下限值。

② 概念型指标（如土体构型、地形部位）。这类指标其性状是定性的、综合性的，与耕地的生产能力之间是一种非线性的关系。

（2）专家评估值。由专家组对各评价指标与耕地地力的隶属度进行评估，给出相应的评估值（表3-1至表3-4）。通过对15位专家的评估值进行统计，作为拟合函数的原始数据。

表3-1 有机质专家评估值

有机质（g/kg）	5	8	11	14	17	20	23	27	30	33	36
专家评估值	0.21	0.28	0.36	0.47	0.58	0.7	0.8	0.87	0.91	0.94	0.97
系数	a=0.003725464					c=33				R^2=0.9727	

表3-2 有效磷专家评估值

有效磷（mg/kg）	1	3	5	7	9	11	13	15	17	19	21	23	25
专家评估值	0.18	0.24	0.32	0.41	0.48	0.57	0.67	0.74	0.81	0.86	0.91	0.95	0.98
系数	a=0.005855					c=24				R^2=0.9749			

表 3-3　速效钾专家评估值

速效钾（mg/kg）	50	70	90	110	130	150	170	190	210	230
专家评估值	0.225	0.305	0.421	0.522	0.613	0.76	0.836	0.884	0.925	0.963
系数	a=0.0000936				c=215			R^2=0.97398		

表 3-4　阳离子交换量专家评估值

CEC（cmol/kg）	5	8	11	14	17	20	23	26	29	>29
专家评估值	0.2	0.27	0.35	0.44	0.54	0.7	0.81	0.89	0.93	0.98
系数	a= 0.005105				c=30.0785			R^2=0.98785		

（3）隶属函数的拟合。根据专家给出的评估值与对应评价因素指标值，分别应用戒上型函数模型和戒下型函数模型进行回归拟合，建立回归函数模型，并经拟合检验达显著水平者用于进行隶属度的计算。16 项评价因素中 4 项为数量型指标，可以应用模型进行模拟计算，12 项指标为概念型指标，由专家根据各评价指标与耕地地力的相关性，通过经验直接给出隶属度（表 3-5）。

表 3-5　概念型评价因素隶属度专家评估值

成土母质	指标	红土状物母质	黄土状物母质	残坡积物母质	冲洪积物母质
	隶属度	0.3	0.5	0.7	0.9
地貌类型	指标	丘陵区	中低山区	堆积地形	
	隶属度	0.1	0.4	0.8	
地形部位	指标	丘坡面	丘坡麓	丘间洼地	平地
	隶属度	0.2	0.4	0.7	1.0
灌溉保证率	指标	无灌溉条件	基本满足		
	隶属度	0.2	0.8		
海拔	指标（m）	<1 300	1 300～1 600	≥1 600	
	隶属度	0.3	0.7	0.9	
降水量	指标（mm）	<270	270～300	≥300	
	隶属度	0.2	0.6	1	
≥10℃积温	指标（℃）	<2 100	2 100～2 300	≥2 300	
	隶属度	0.1	0.6	0.8	
抗旱能力	指标	弱	中	强	
	隶属度	0.2	0.7	0.9	
侵蚀程度	指标	重	中	轻	无
	隶属度	0.1	0.4	0.7	1
无霜期	指标（d）	<100	100～110	≥110	
	隶属度	0.2	0.6	0.8	

（续）

有效土层厚度	指标（cm）	20～40	≥40	
	隶属度	0.6	0.9	
质地	指标	沙壤	黏壤	壤土
	隶属度	0.2	0.8	1.0

2. 单因素权重的计算——层次分析法 根据层次分析法的原理，把16个评价因素按照相互之间的隶属关系排成从高到低的3个层次（图3-4），A层为耕地地力，B层为相对共性的因素，C层为各单项因素。根据层次结构图，请专家组给出数量化的评估，计算结果见表3-6。

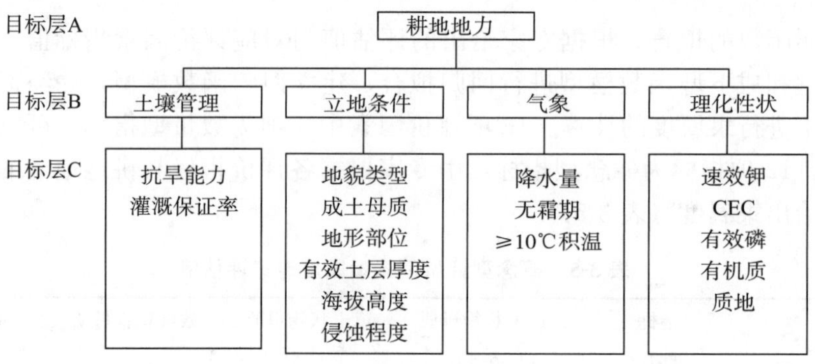

图3-4 耕地地力评价构造层次模型

表3-6 层次分析结果

A层	特征向量				
	土壤管理	立地条件	气象	理化性状	组合权重
B层	0.056 7	0.495 0	0.339 6	0.108 8	$\sum C_iA_i$
抗旱能力	0.142 9				0.008 1
灌溉保证率	0.857 1				0.048 6
海拔高度		0.039 4			0.019 5
侵蚀程度		0.082 7			0.041 0
地貌类型		0.175 0			0.086 6
成土母质		0.205 4			0.101 6
地形部位		0.244 8			0.121 2
有效土层厚度		0.252 6			0.125 0
降水量			0.125 1		0.042 5
无霜期			0.378 6		0.128 6
≥10℃积温			0.496 3		0.168 5
速效钾				0.052 8	0.005 7

（续）

A层	特征向量				
	土壤管理	立地条件	气象	理化性状	组合权重
B层	0.056 7	0.495 0	0.339 6	0.108 8	$\sum C_iA_i$
CEC				0.162 6	0.017 7
质地				0.211 7	0.023 0
有效磷				0.256 3	0.027 9
有机质				0.316 6	0.034 4

3. 计算耕地地力综合指数（IFI） 用加法模型计算耕地地力综合指数，公式为：

$$IFI=\sum F_iC_i\ (i=1,\ 2,\ 3,\ \cdots,\ m)$$

式中：IFI（integrated fertility index）代表地力综合指数；F_i为第i个因素评语（隶属度）；C_i为第i个因素的组合权重。应用耕地资源管理信息系统中的模块计算，得出耕地地力综合指数。

4. 确定耕地地力综合指数分级方案 用样点数与耕地地力综合指数制作累积频率曲线图，根据样点分布频率，分别用耕地地力综合指数划分各等级。

四、耕地地力评价结果

根据固阳县实际情况，选择了16个对耕地地力影响较大的因素，建立了评价指标体系，应用模糊数学法和层次分析法计算各评价因素的评价评语和组合权重，应用加法模型计算耕地地力综合指数，应用累计频率曲线法，对耕地进行了评价，评价结果见图3-5。

固阳县耕地面积119 609.5hm^2，其中一级地面积13 022.0hm^2，占耕地总面积的10.9%；二级地面积26 800.0hm^2，占耕地总面积的22.4%；三级地面积40 003.3hm^2，占耕地总面积的33.4%；四级地面积24 625.1hm^2，占耕地总面积的20.6%；五级地面积15 159.0hm^2，占耕地总面积的12.7%。

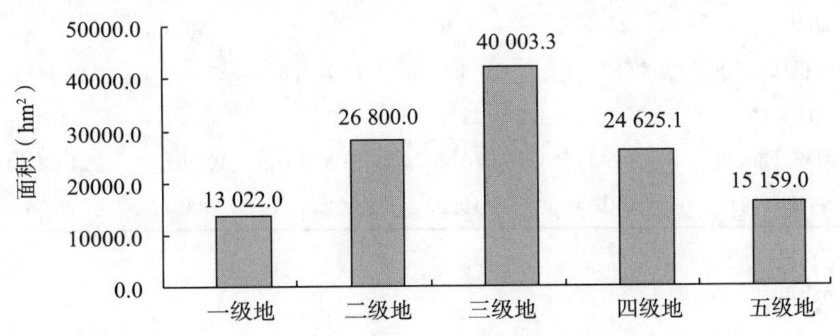

图3-5 固阳县耕地地力等级面积分布

从耕地地力等级的分布特征分析，耕地地力等级的高低与地形部位、成土母质、土壤类型、侵蚀程度等密切相关，呈现出明显的地域分布规律。

五、归入国家地力等级体系

在上述根据自然要素评价的各地力等级中，分别随机选取了50个地块，调查了近3年的平均产量，并进行了统计分析，根据调查和统计结果，按《全国耕地类型区、耕地地力等级划分》标准，将本次评价结果归入国家地力等级。固阳县耕地共分五级，其中一、二、三、四、五级地的近3年平均粮食产量分别为7 500～9 000kg/hm^2、6 000～7 500kg/hm^2、4 500～6 000kg/hm^2、3 000～4 500kg/hm^2、1 500～3 000kg/hm^2。按照产量归入国家地力等级（表3-7）。

表3-7　固阳县耕地归并国家地力等级结果

评价结果	一级	二级	三级	四级	五级
国家标准	五等	六等	七等	八等	九等
面积（hm^2）	13 022.0	26 800.0	40 003.3	24 625.1	15 159.0
粮食产量水平（kg/hm^2）	7 500～9 000	6 000～7 500	4 500～6 000	3 000～4 500	1 500～3 000

第二节　各等级耕地基本情况

各土类不同地力等级耕地面积见表3-8，不同地力等级耕地土壤养分含量分级面积见附录1耕地资源数据册。

表3-8　不同土类不同地力等级耕地面积统计

土　类	项别	合计	县域地力等级				
			一级	二级	三级	四级	五级
草甸土	面积（hm^2）	2 727.2	59.5	1338.0	1 321.4	8.3	
	占比（%）	2.3	2.2	49.1	48.5	0.3	
灰褐土	面积（hm^2）	27 610.2	2 102.6	5 759.2	11 240.9	4 930.4	3 577.1
	占比（%）	23.1	7.6	20.9	40.7	17.9	13.0
栗钙土	面积（hm^2）	89 272.1	10 860.0	19 702.8	27 441.1	19 686.3	11 581.9
	占比（%）	74.6	12.2	22.1	30.7	22.1	13.0
合计	面积（hm^2）	119 609.5	13 022.0	26 800.0	40 003.3	24 625.1	15 159.0
	占比（%）	100.0	10.9	22.4	33.4	20.6	12.7

一、一级地

（一）面积与分布

一级地面积13 022.0hm^2，占全县耕地总面积的10.9%。一级地在各乡镇均有分布，主要分布在金山镇、西斗铺镇、下湿壕镇，分别为8 127.3hm^2、2 773.3hm^2、1 573.9hm^2，一

级地在这三个镇的面积占一级地总面积的 95.8%；一级地在怀朔镇、兴顺西镇、银号镇分布的面积很小，仅占一级地总面积的 4.2%。一级地种植作物以马铃薯、玉米、油菜为主。

（二）主要属性

一级地主要分布在地势平坦的山前冲洪积平原、丘坡麓和丘间洼地。一级地分布在平地的面积为 8 780.4hm^2，占一级地总面积的 67.4%；分布在丘间洼地的面积为 1 257.3hm^2，占一级地总面积的 9.7%；分布在丘坡麓的面积为 2 217.8hm^2，占一级地总面积的 17.0%；分布在丘坡面的面积为 766.5hm^2，占一级地总面积的 5.9%。一级地的土壤类型以栗钙土为主，面积为 10 860.0hm^2，占一级地面积的 83.4%；其次是灰褐土，草甸土分布面积较小。土壤侵蚀程度以无侵蚀和轻度侵蚀为主，占一级地面积的 92.3%。土壤质地为壤土、沙壤，面积分别为 1 650.1hm^2、11 372.0hm^2，分别占一级地总面积的 12.7%、87.3%。有效土层厚度以≥40cm 为主，面积为 9 475.3hm^2，占一级地总面积的 72.8%。一级地土壤养分含量较高，仅微量元素中有效钼平均含量低于临界值（表 3-9）。

表 3-9 一级地土壤养分含量

	有机质 (g/kg)	全氮 (g/kg)	有效磷 (mg/kg)	速效钾 (mg/kg)	有效硫 (mg/kg)	有效硅 (mg/kg)
含量范围	5.3～51.4	0.33～2.92	1.5～73.1	35～649	4.36～107.07	65～239
平均值	14.8	0.89	10.7	162	25.89	109
	有效硼 (mg/kg)	有效钼 (mg/kg)	有效锌 (mg/kg)	有效铜 (mg/kg)	有效铁 (mg/kg)	有效锰 (mg/kg)
含量范围	0.09～3.41	0.05～0.36	0.33～4.11	0.27～2.58	2.94～41.23	3.99～28.76
平均值	0.88	0.12	1.32	0.95	8.63	11.01

（三）生产性能与障碍因素

一级地地势平坦，水土流失轻，土体深厚，土质好，肥力水平较高。大部分有灌溉条件，生产能力高，适合种植多种作物，产量水平一般较高。但部分土属生产上存在漏、瘦等障碍因素，尤其是微量元素钼普遍低于临界值，生产中应增施有机肥、钼肥，以改善土壤结构，提高土壤肥力的有效性。在利用上存在多年连茬播种、重用轻养等问题，应通过建立合理的轮作制度和科学施肥制度等措施进一步培肥土壤，尤其是应该大力推广节水、全程机械化等项技术，规模种植。

二、二级地

（一）面积与分布

二级地面积 26 800.0hm^2，占全县耕地总面积的 22.4%。二级地在各乡镇均有分布，主要分布在金山镇、西斗铺镇、下湿壕镇、兴顺西镇，面积分别为 6 866.4hm^2、

7 416.0hm²、3 773.9hm²、4 619.0hm²，二级地在这四个镇的面积占二级地总面积的84.6%；二级地在怀朔镇、银号镇分布的面积很小，仅占二级地总面积的15.4%。二级地种植作物以马铃薯、向日葵、玉米、油菜为主。

（二）主要属性

二级地主要分布在地势平坦的山前冲洪积平原、丘坡麓和丘间洼地。二级地分布在平地的面积为11 154.3hm²，占二级地总面积的41.6%；分布在丘间洼地的面积为3 111.1hm²，占二级地总面积的11.6%；分布在丘坡麓的面积为10 431.3hm²，占二级地总面积的38.9%；分布在丘坡面的面积为2 103.3hm²，占二级地总面积的7.8%。二级地的土壤类型以栗钙土为主，面积为19 702.8hm²，占二级地面积的73.5%；其次是灰褐土，草甸土分布面积较小。土壤侵蚀程度以无侵蚀和轻度侵蚀为主，占二级地面积的85.5%。土壤质地为壤土、沙壤，面积分别为3 127.9hm²、22 531.6hm²，分别占二级地总面积的11.7%、84.1%。有效土层厚度以≥40cm为主，面积为21 138.3hm²，占二级地总面积的78.9%。二级地土壤养分含量较高，仅微量元素中有效钼平均含量低于临界值（表3-10）。

表3-10 二级地土壤养分含量

	有机质(g/kg)	全氮(g/kg)	有效磷(mg/kg)	速效钾(mg/kg)	有效硫(mg/kg)	有效硅(mg/kg)
含量范围	5.2～43.9	0.34～2.68	1.1～56.6	49～733	2.38～120.93	61～248
平均值	15.3	0.93	9.5	156	22.34	120
	有效硼(mg/kg)	有效钼(mg/kg)	有效锌(mg/kg)	有效铜(mg/kg)	有效铁(mg/kg)	有效锰(mg/kg)
含量范围	0.07～3.58	0.05～0.34	0.20～4.51	0.22～2.39	2.51～52.39	3.30～25.17
平均值	0.82	0.12	1.02	0.88	7.27	9.75

（三）生产性能与障碍因素

二级地地势比较平缓，水土流失轻，土体深厚，土质好，肥力水平较高。一半以上有灌溉条件，生产能力较高，适合种植多种作物，马铃薯产量水平一般为22 500kg/hm²。但部分土属在生产上也存在漏、瘦等障碍因素，相对来说干旱是其主要制约因素，产量不稳定。在利用上也存在多年连茬播种、重用轻养等问题，应通过建立合理的轮作制度和科学施肥制度等措施进一步培肥土壤，合理开发利用水资源，变旱地为水浇地，可逐步建成高产稳产基本农田。

三、三级地

（一）面积与分布

三级地面积40 003.3hm²，占全县耕地总面积的33.4%。三级地在各乡镇均有分布，主要分布在兴顺西镇、下湿壕镇、怀朔镇、西斗铺镇，面积分别为13 962.8hm²、7 162.2hm²、6 547.2hm²、5 272.4hm²，三级地在这四个镇的面积占三级地总面积的

82.4%；三级地在金山镇、银号镇分布的面积很小，仅占三级地总面积的17.6%。三级地种植作物以马铃薯、向日葵、玉米、油菜为主。

（二）主要属性

三级地主要分布在丘坡麓，面积30 524.5hm²，占三级地总面积的76.3%；分布在平地的面积为4 056.9hm²，占三级地总面积的10.1%；分布在丘间洼地的面积为1 986.3hm²，占三级地总面积的5.0%；分布在丘坡面的面积为3 435.6hm²，占三级地总面积的8.6%。三级地的土壤类型以栗钙土为主，面积为27 441.1hm²，占三级地面积的68.6%；其次是灰褐土，占三级地面积的28.1%；草甸土分布面积较小，仅占三级地面积的3.3%。土壤侵蚀程度以无侵蚀和轻度侵蚀为主，分别占三级地面积的55.1%、29.5%；中度侵蚀、重度侵蚀也占有一定面积，分别占三级地面积的9.6%、5.8%。土壤质地为沙壤为主，面积分别为31 633.1hm²，占三级地总面积的79.1%，其次是壤土，面积7 279.7hm²，占三级地面积的18.2%；黏壤面积较小，仅占2.7%。有效土层厚度以≥40cm为主，面积为29 049.7hm²，占三级地总面积的72.6%。三级地土壤养分含量较高，仅微量元素中有效钼平均含量低于临界值（表3-11）。

表3-11 三级地土壤养分含量

	有机质(g/kg)	全氮(g/kg)	有效磷(mg/kg)	速效钾(mg/kg)	有效硫(mg/kg)	有效硅(mg/kg)
含量范围	5.6～52.1	0.40～2.61	1.2～66.8	48～769	0.7～138.6	64～242
平均值	17.3	1.03	10.8	164	23.0	129
	有效硼(mg/kg)	有效钼(mg/kg)	有效锌(mg/kg)	有效铜(mg/kg)	有效铁(mg/kg)	有效锰(mg/kg)
含量范围	0.03～3.78	0.04～0.45	0.22～3.80	0.22～2.20	2.79～33.33	3.03～25.47
平均值	0.87	0.12	0.99	0.85	7.83	9.98

（三）生产性能与障碍因素

三级地地势比较平坦，水土流失轻，土体也相对较深厚，肥力水平中等，大部分为旱作耕地，适合种植多种作物，产量水平比较低。一是部分栗钙土在生产上存在漏、瘦等障碍因素，并且更加突出；二是部分耕地有效土层厚度＜40cm、土壤养分含量比较低。在改良利用上应采取加强深耕深松、增施有机肥、种植绿肥等改良措施，以改善土壤结构，逐步培肥土壤，提高土壤蓄水保墒能力，防止水土流失，可逐步建成高产稳产基本农田。

四、四级地

（一）面积与分布

四级地面积24 625.1hm²，占全县耕地总面积的20.6%。四级地在各乡镇均有分布，主要分布在怀朔镇、兴顺西镇、银号镇，面积分别为8 004.8hm²、6 688.8hm²、

5 680.0hm²，四级地在这三个镇的面积占四级地总面积的82.7%；四级地在金山镇、西斗铺镇和下湿壕镇分布的面积小，仅占四级地总面积的17.3%。四级地种植作物以马铃薯、向日葵、玉米、油菜为主，部分耕地主要种植饲草。

（二）主要属性

四级地主要分布在丘坡麓、丘坡面，分布在丘坡麓的面积为13 302.7hm²，占四级地总面积的54.0%；分布在丘坡面的面积为11 111.6hm²，占四级地总面积的45.1%；分布在平地的面积为198.1hm²，占四级地总面积的0.8%；分布在丘间洼地的面积为12.7hm²，占四级地总面积的0.1%。四级地的土壤类型以栗钙土为主，面积为19 686.3hm²，占四级地面积的79.9%；其次是灰褐土，占四级地面积的20.0%；草甸土分布面积较小，仅占四级地面积的0.03%。土壤侵蚀程度以无侵蚀、轻度侵蚀和中度侵蚀为主，分别占四级地面积的22.0%、44.6%、31.1%；重度侵蚀也占有一定面积，仅占四级地面积的2.3%。土壤质地以沙壤为主，面积为23 652.5hm²，占四级地总面积的96.1%；壤土面积972.6hm²，占四级地面积的3.9%。有效土层厚度以≥40cm、20～40cm为主，面积分别为11 373.6hm²、13 251.4hm²，分别占四级地总面积的46.2%、53.8%。四级地土壤养分含量较高，仅微量元素中有效钼平均含量低于临界值（表3-12）。

表3-12　四级地土壤养分含量

	有机质 (g/kg)	全氮 (g/kg)	有效磷 (mg/kg)	速效钾 (mg/kg)	有效硫 (mg/kg)	有效硅 (mg/kg)
含量范围	6.5～54.6	0.49～2.91	2.7～72.3	38～754	1.7～143.9	54～247
平均值	21.0	1.20	13.8	184	22.2	144
	有效硼 (mg/kg)	**有效钼 (mg/kg)**	**有效锌 (mg/kg)**	**有效铜 (mg/kg)**	**有效铁 (mg/kg)**	**有效锰 (mg/kg)**
含量范围	0.04～3.5	0.04～0.63	0.23～2.94	0.27～2.56	3.59～27.92	3.31～25.16
平均值	0.93	0.13	1.02	0.83	8.69	10.56

（三）生产性能与障碍因素

四级地的生产性能中等，玉米产量水平一般为4 500～6 000kg/hm²。主要障碍因素：一是有效土层和腐殖质层比较薄，地表的砾石含量较高，耕性差，保水保肥能力低；二是由于过度开垦，植被覆盖率低，沙化、水土流失比较严重，耕地地力下降。四级地大部分分布的地形比较平缓，土壤养分含量比较高，通过合理的培肥和保护措施，可建成该地主要的旱作稳产基本农田。

五、五级地

（一）面积与分布

五级地面积共15 159.0hm²，占全县耕地总面积的12.7%。五级地在各乡镇均有分布，主要分布在怀朔镇、银号镇，面积分别为10 687.4hm^2、3 939.3hm^2，五级地在这两个镇的面积占五级地总面积的96.5%；五级地在金山镇、西斗铺镇、兴顺西镇分布的面积小，仅占五级地总面积的3.5%。五级地以旱作为主，种植作物以旱地马铃薯、油菜、杂粮为主，部分耕地主要种植饲草。

（二）主要属性

五级地全部分布在丘坡麓、丘坡面，分布在丘坡麓的面积为9 707.4hm^2，占五级地总面积的64.0%；分布在丘坡面的面积为5 451.6hm^2，占五级地总面积的36.0%。五级地的土壤类型以栗钙土为主，面积为11 581.9hm^2，占五级地面积的76.4%；灰褐土面积3 577.1hm^2，占五级地面积的23.6%。土壤侵蚀程度以无侵蚀、轻度侵蚀和中度侵蚀为主，分别占五级地面积的43.9%、10.9%、41.3%；重度侵蚀也占有一定面积，仅占五级地面积的3.9%。土壤质地以沙壤为主，面积14 924.0hm^2，占五级地总面积的98.4%；壤土面积235.1hm^2，占五级地面积的1.6%。有效土层厚度以≥40cm、20～40cm为主，面积分别为8 144.1hm^2、7 015.0hm^2，分别占五级地总面积的53.7%、46.3%。五级地土壤养分含量较高，仅微量元素中有效钼平均含量低于临界值（表3-13）。

表3-13 五级地土壤养分含量

	有机质 (g/kg)	全氮 (g/kg)	有效磷 (mg/kg)	速效钾 (mg/kg)	有效硫 (mg/kg)	有效硅 (mg/kg)
含量范围	6.17～37.34	0.53～1.89	2.9～37.5	40～509	2.8～138.3	59～245
平均值	16.50	0.98	10.2	143	21.1	127
	有效硼 (mg/kg)	有效钼 (mg/kg)	有效锌 (mg/kg)	有效铜 (mg/kg)	有效铁 (mg/kg)	有效锰 (mg/kg)
含量范围	0.07～2.02	0.04～0.595	0.19～2.61	0.28～1.80	3.98～17.74	4.72～21.14
平均值	0.69	0.13	0.77	0.74	8.48	9.72

（三）生产性能与障碍因素

五级地所处地形为丘坡面和丘坡麓，土体厚度、腐殖质层比较薄，生产性能中等偏下，玉米产量水平一般为3 000～4 500kg/hm^2。主要障碍因素：一是表土质地疏松，易产生沙尘暴、水土流失，利用时，坡耕地通过建设等高田、增施有机肥、粮草轮作等措施，提高土壤的蓄水保墒能力，防止水土流失，逐步建成旱作稳产基本农田。二是地形比较平缓的草甸土，土层薄，地表砾石含量高，漏水漏肥，通过种植绿肥或增施农家肥、草炭等培肥土壤，提高土壤的保水、保肥能力。

第三节 各乡镇耕地地力现状

固阳县各乡镇不同地力等级耕地面积统计结果见表3-14。

表 3-14　各乡镇不同地力等级耕地面积统计

乡镇	项目	合计	地力等级				
			一级	二级	三级	四级	五级
怀朔镇	面积（hm^2）	27 002.5	100.1	1 663.1	6 547.2	8 004.8	10 687.4
	占比（%）	22.6	0.4	6.2	24.2	29.6	39.6
金山镇	面积（hm^2）	18 519.3	8 127.3	6 866.4	3 441.1	84.5	
	占比（%）	15.5	43.9	37.1	18.6	0.5	0.0
西斗铺镇	面积（hm^2）	18 007.5	2 773.3	7 416.0	5 272.4	2 387.9	157.9
	占比（%）	15.1	15.4	41.2	29.3	13.3	0.9
下湿壕镇	面积（hm^2）	14 600.0	1 573.9	3 773.9	7 162.2	1 779.1	310.8
	占比（%）	12.2	10.8	25.8	49.1	12.2	2.1
兴顺西镇	面积（hm^2）	25 548.9	214.7	4 619.0	13 962.8	6 688.8	63.7
	占比（%）	21.3	18.1	54.7	26.2	0.2	0.8
银号镇	面积（hm^2）	15 931.3	232.7	2 461.7	3 617.6	5 680.0	3 939.3
	占比（%）	13.3	1.5	15.5	22.7	35.7	24.7
合计	面积（hm^2）	119 609.5	13 022.0	26 800.0	40 003.3	24 625.1	15 159.0
	占比（%）	100.0	10.9	22.4	33.4	20.6	12.7

一、怀朔镇

怀朔镇位于固阳县城东北 41km 处，东临呼和浩特市武川县，北靠包头市达尔罕茂明安联合旗，西与固阳县兴顺西镇相连，南与固阳县银号镇毗邻。交通便利，包白公路横穿镇政府所在地。全镇总土地面积 757km^2，辖 20 个村委会，157 个村民小组，总户数 5 900 多户，总人口 2.9 万人。怀朔镇常年播种面积 27 002.5hm^2，占全县常年播种面积的 22.6%。种植作物以小麦、荞麦、马铃薯、油菜等为主，年均粮食产量为 1 900 多万 kg，油料产量为 100 多万 kg。

怀朔镇耕地主要分布在丘坡麓、丘坡面，面积分别为 12 976.1hm^2、8 126.0hm^2，分别占怀朔镇耕地总面积的 48.1%、30.1%，平地和丘间洼地面积较小，分别为3 559.7hm^2、2 340.8hm^2，分别占怀朔镇耕地总面积的 13.2%、8.7%。土壤类型以栗钙土为主，面积 23 255.4hm^2，占怀朔镇耕地总面积的 86.1%。共评出 5 个地力等级，其中三级地、四级地、五级地占比较大，面积分别为 6 547.2hm^2、8 004.8hm^2、10 687.4hm^2，分别占该镇耕地总面积的 24.2%、29.6%、39.6%；一级地、二级地占比较小，分别占该镇耕地总面积的 0.4%、6.2%。怀朔镇不同土壤类型土壤养分含量见表 3-15。

表 3-15　怀朔镇不同土壤类型耕地面积及养分含量

土壤类型	草甸土	灰褐土	栗钙土
面积（hm^2）	1 678.8	2 068.3	23 255.4
pH	8.3	8.1	8.3

（续）

土壤类型	草甸土	灰褐土	栗钙土
有机质（g/kg）	15.1	16.5	14.9
全氮（g/kg）	0.90	0.98	0.88
有效磷（mg/kg）	9.3	11.5	9.8
速效钾（mg/kg）	146	145	135
有效硫（mg/kg）	23.89	29.78	21.60
有效硅（mg/kg）	116.59	122.46	114.79
有效硼（mg/kg）	0.72	0.74	0.71
有效钼（mg/kg）	0.13	0.13	0.14
有效锌（mg/kg）	0.71	0.84	0.72
有效铜（mg/kg）	0.80	0.64	0.75
有效铁（mg/kg）	7.14	7.47	7.14
有效锰（mg/kg）	8.14	9.12	7.75

二、金山镇

金山镇地理位置优越，交通便利，经济相对发达，是固阳县政治、经济、文化的中心。金山镇以山地、河川为主，南北两山，中间一河川（昆都仑河）。全镇总土地面积1 485km^2（包括划归园区的 3 个村委），常年播种面积 18 519.3hm^2，其中水浇地 4 520hm^2。金山镇辖有 23 个村委会，192 个村民小组，农村总户数 11 848 户，总人口 3.67 万人，常住户数 8 506 户，常住人口 2.5 万人。近年来，金山镇经济和社会各项事业有了长足的进步，农业方面形成以滴灌覆膜马铃薯为主导产业的种植规模；以舍饲圈养为主的畜牧业及特色产业发展迅速，依托金山工业园区和境内企业，农村富余劳动力务工平台不断拓宽，新农村建设、城镇化建设步伐不断加快，城乡面貌日新月异。

金山镇耕地主要分布在平地和丘坡麓，面积分别为 5 241.9hm^2、10 804.6hm^2，分别占金山镇耕地总面积的 28.3%、58.3%，丘间洼地和丘坡面面积较小，分别为 128.9hm^2、2 343.8hm^2，分别占金山镇耕地总面积的 0.7%、12.7%。土壤类型有栗钙土和灰褐土，以栗钙土为主，面积 14 869.6hm^2，占金山镇耕地总面积的 80.2%。共评出 4 个地力等级，其中一级地至三级地占比较大，面积分别为 8 127.3hm^2、6 866.4hm^2、3 441.1hm^2，分别占该镇耕地总面积的 43.9%、37.1%、18.6%；四级地占比较小，仅占该镇耕地总面积的 0.5%。金山镇不同土壤类型土壤养分含量见表 3-16。

表 3-16　金山镇不同土壤类型耕地面积及养分含量

土壤类型	灰褐土	栗钙土
面积（hm^2）	3 649.7	14 869.6
pH	8.3	8.2

（续）

土壤类型	灰褐土	栗钙土
有机质（g/kg）	12.6	13.9
全氮（g/kg）	0.76	0.83
有效磷（mg/kg）	8.4	9.8
速效钾（mg/kg）	140	159
有效硫（mg/kg）	22.32	25.27
有效硅（mg/kg）	98.82	104.11
有效硼（mg/kg）	0.67	0.83
有效钼（mg/kg）	0.11	0.11
有效锌（mg/kg）	1.05	1.24
有效铜（mg/kg）	0.83	0.84
有效铁（mg/kg）	7.83	7.62
有效锰（mg/kg）	10.25	10.94

三、西斗铺镇

西斗铺镇位于固阳县西北方向，总面积 890km^2，南北纵深约 60km，东西横跨 14km，南北狭长，东临兴顺西镇，南与金山镇毗邻，西与巴彦淖尔市接壤，北靠达尔罕茂明安联合旗，交通便利，包白铁路、固海公路、卜西公路贯穿全境，属乌苏图勒河上游流域。西斗铺镇矿产资源较为丰富，现已探明矿产有金、铁、硅石、膨润土、沸石、珍珠岩、萤石、花岗岩等十多种。2012 年，镇内具备安全生产条件的聚龙、宏源等 6 家铁精粉采选企业共生产铁精粉 15.4 万 t，实现税费 2 484 万元。地形以丘陵为主，平均海拔 1 500m，年平均降水量 250mm，主要集中在 7～9 月；光能丰富，雨热同期，干旱少雨，寒冷风大，年年春旱，是典型的旱作农业区。常年播种面积 18 007.5hm^2，占全县常年播种面积的 15.1%。主要农作物有小麦、莜麦、荞麦、马铃薯、油用向日葵、油菜等耐旱作物。

西斗铺镇耕地主要分布在平地和丘坡麓，面积分别为 7 705.3hm^2、7 253.7hm^2，分别占西斗铺镇耕地总面积的 42.8%、40.3%；丘间洼地和丘坡面面积较小，分别为 1 337.3hm^2、1 711.1hm^2，分别占西斗铺镇耕地总面积的 7.4%、9.5%。土壤类型有草甸土、栗钙土和灰褐土，以栗钙土为主，面积 14 345.8hm^2，占西斗铺镇总面积的 80.0%。共评出 5 个地力等级，其中一级地至四级地占比较大，面积分别为 2 773.3hm^2、7 416.0hm^2、5 272.4hm^2、2 387.9hm^2，分别占该镇总面积的 15.4%、41.2%、29.3%、13.3%；五级地占比较小，仅占该镇总面积的 0.9%。西斗铺镇不同土壤类型土壤养分含量见表 3-17。

表 3-17　西斗铺镇不同土壤类型耕地面积及养分含量

土壤类型	草甸土	灰褐土	栗钙土
面积（hm^2）	373.1	3 288.7	14 345.8
pH	8.3	8.3	8.3
有机质（g/kg）	18.2	14.4	15.8
全氮（g/kg）	1.13	0.87	0.98
有效磷（mg/kg）	8.8	9.9	9.0
速效钾（mg/kg）	158	172	165
有效硫（mg/kg）	8.85	24.19	19.75
有效硅（mg/kg）	131.17	104.13	118.48
有效硼（mg/kg）	1.22	0.94	0.99
有效钼（mg/kg）	0.12	0.13	0.12
有效锌（mg/kg）	0.83	1.11	0.99
有效铜（mg/kg）	0.91	0.95	1.00
有效铁（mg/kg）	6.34	6.57	6.90
有效锰（mg/kg）	8.29	9.23	8.89

四、下湿壕镇

下湿壕镇是在 2005 年由原新建乡和下湿壕乡撤并而成，东与武川县接壤，南临大青山，北靠春坤山，S311 省道穿境而过。地形以丘陵山地为主，全年干旱少雨，年降水量为 350mm。全镇东西长约 60km，南北宽约 10km，总面积 626.4km^2，常年播种面积 14 600.0hm^2，占全县常年播种面积的 12.2%。全镇辖 20 个村委，157 个自然村，总户数 10 993 户，总人口 3.28 万人，常住人口 1.13 万人。下湿壕镇经济发展相对滞后，以农业为基础产业，牧业、工业经济为主要增收渠道。

下湿壕镇耕地主要分布在丘坡麓，面积为 10 761.5hm^2，占下湿壕镇耕地总面积的 73.7%，平地、丘间洼地和丘坡面面积相对较小，分别为 1 135.0hm^2、1 307.9hm^2、1 395.7hm^2，分别占下湿壕镇耕地总面积的 7.8%、9.0%、9.6%。土壤类型有栗钙土和灰褐土，以灰褐土为主，面积 10 954.1hm^2，占下湿壕镇耕地总面积的 75.0%。共评出 5 个地力等级，其中一级地至四级地占比较大，面积分别为 1 573.9hm^2、3 773.9hm^2、7 162.2hm^2、1 779.1hm^2，分别占该镇耕地总面积的 10.8%、25.8%、49.1%、12.2%；五级地占比较小，仅占该镇耕地总面积的 2.19%。下湿壕镇不同土壤类型土壤养分含量见表 3-18。

表 3-18　下湿壕镇不同土壤类型耕地面积及养分含量

土壤类型	灰褐土	栗钙土
面积（hm^2）	10 954.1	3 645.9
pH	8.0	8.1
有机质（g/kg）	23.8	17.9
全氮（g/kg）	1.38	1.17
有效磷（mg/kg）	12.5	6.6
速效钾（mg/kg）	169	128
有效硫（mg/kg）	21.05	22.22
有效硅（mg/kg）	160.13	157.45
有效硼（mg/kg）	0.77	0.63
有效钼（mg/kg）	0.13	0.13
有效锌（mg/kg）	1.19	1.05
有效铜（mg/kg）	1.00	1.11
有效铁（mg/kg）	11.69	9.13
有效锰（mg/kg）	11.26	11.60

五、兴顺西镇

兴顺西镇位于固阳县北部边缘，距县城 32km，东接怀朔镇，西靠西斗铺镇，南与金山镇相邻，北与达尔罕茂明安联合旗接壤。镇域南北长约 34km，东西宽约 25km，总面积 650.5km^2，常年播种面积 25 548.9hm^2，占全县常年播种面积的 21.3%。全镇所辖 17 个村委，134 个村小组，总户数 5 450 户，总人口 2.36 万人。由于水资源缺乏，兴顺西镇是旱作农业镇，种植业结构近年来调整幅度较大，以马铃薯、油菜、荞麦三大作物为主，近一二年内油用向日葵、中药材的种植面积也在逐年增大。

兴顺西镇耕地主要分布在平地、丘坡麓和丘坡面，面积分别为 4 789.8hm^2、15 098.9hm^2、4 686.8hm^2，分别占兴顺西镇耕地总面积的 18.7%、59.1%、18.3%，丘间洼地面积相对较小，为 1 973.3hm^2，占兴顺西镇耕地总面积的 3.8%。土壤类型有栗钙土、灰褐土和草甸土，以栗钙土为主，面积 23 385.5hm^2，占兴顺西镇耕地总面积的 91.5%。共评出 5 个地力等级，其中二级地至四级地占比较大，面积分别为 4 619.0hm^2、13 962.8hm^2、6 688.8hm^2，分别占该镇耕地总面积的 18.1%、54.7%、26.2%；一级地和五级地占比较小，分别占该镇耕地总面积的 0.8%、0.2%。兴顺西镇不同土壤类型土壤养分含量见表 3-19。

表 3-19　兴顺西镇不同土壤类型耕地面积及养分含量

土壤类型	草甸土	灰褐土	栗钙土
面积（hm^2）	610.0	1 553.4	23 385.5
pH	8.2	8.1	8.1
有机质（g/kg）	16.5	18.0	16.8
全氮（g/kg）	1.09	1.03	1.04
有效磷（mg/kg）	10.8	11.7	10.9
速效钾（mg/kg）	149	180	147
有效硫（mg/kg）	18.52	32.09	24.21
有效硅（mg/kg）	147.36	144.21	148.63
有效硼（mg/kg）	1.19	1.02	0.99
有效钼（mg/kg）	0.13	0.13	0.13
有效锌（mg/kg）	0.94	0.96	0.93
有效铜（mg/kg）	0.79	0.89	0.80
有效铁（mg/kg）	5.99	6.05	6.06
有效锰（mg/kg）	8.80	10.20	8.86

六、银号镇

银号镇位于固阳县城区东北，地处昆都仑河和艾不盖河上游。东与武川县二分子镇为邻，东南、南和下湿壕镇毗邻，西南、西和金山镇相接，西北、北、东北与怀朔镇接壤。全镇总面积 811.4km^2，常年播种面积 15 931.3hm^2，占全县常年播种面积的 13.3%。全镇辖 17 个行政村，175 个村民小组，总户数 6 900 户，总人口 2.46 万人，常住人口 6 200 人，外出人口 1.84 万人。银号镇耕地以坡地和丘陵地为主，地下水资源匮乏，旱地多水地少，是典型的“雨养农业”，主要农作物有马铃薯、小麦、玉米、油料作物、荞麦。在银号、碾房、东元永等水源、土地条件好的村委，种植经济作物有黄芪、油用向日葵等。

银号镇耕地主要分布在丘坡麓和丘坡面，面积分别为 9 288.8hm^2、4 605.3hm^2，分别占银号镇耕地总面积的 58.3%、28.9%；平地和丘间洼地面积相对较小，分别为 1 758.0hm^2、279.2hm^2，分别占银号镇耕地总面积的 11.0%、1.8%。土壤类型有栗钙土、灰褐土和草甸土，以灰褐土、栗钙土为主，面积分别为 6 096.1hm^2、9 769.9hm^2，分别占银号镇耕地总面积的 38.3%、61.3%。共评出 5 个地力等级，其中二级地至五级地占比较大，面积分别为 2 461.7hm^2、3 617.6hm^2、5 680.0hm^2、3 939.3hm^2，分别占该镇耕地总面积的 15.5%、22.7%、35.7%、24.7%；一级地面积占比较小，仅占该镇耕地总面积的 1.5%。银号镇不同土壤类型土壤养分含量见表 3-20。

表 3-20　银号镇不同土壤类型耕地面积及养分含量

土壤类型	草甸土	灰褐土	栗钙土
面积（hm^2）	65.3	6 096.1	9 769.9
pH	8.1	8.0	8.1
有机质（g/kg）	14.6	24.9	18.9
全氮（g/kg）	0.91	1.35	1.12
有效磷（mg/kg）	8.5	16.9	13.7
速效钾（mg/kg）	133	233	171
有效硫（mg/kg）	16.28	21.76	20.42
有效硅（mg/kg）	103.00	150.43	138.63
有效硼（mg/kg）	0.71	1.06	0.62
有效钼（mg/kg）	0.12	0.12	0.12
有效锌（mg/kg）	0.71	1.17	0.85
有效铜（mg/kg）	0.82	0.75	0.81
有效铁（mg/kg）	11.15	10.98	9.08
有效锰（mg/kg）	9.88	12.91	11.84

第四章

耕地施肥现状

在采集土壤样品的同时，通过实地询问农户，调查了每个采样地块的施肥现状。调查作物品种为固阳县的主栽作物，包括玉米、马铃薯、小麦、向日葵、荞麦等。调查内容主要包括有机肥和化肥的施用品种、施用量、施用方法，并填写“农户施肥情况调查表”。调查方法采用的是实地调查。通过对施肥情况调查表的统计、分析，明确了全旗主栽作物施肥现状以及存在的问题。

第一节　有机肥施用现状及施用水平

一、有机肥施用现状

调查结果显示：有机肥品种以羊粪、牛粪为主，是农民自行堆沤的半腐熟有机肥，施用方法全部是在春耕前均匀撒施，之后进行深翻。有机肥主要施用在有灌溉条件的作物上，其中马铃薯、向日葵、玉米和油菜有机肥施肥占比较高，分别为 34.14%、20.71%、18.83%、15.76%；旱地有机肥施肥占比较低，基本不施。

7 705 个调查样点中，旱地样点共 5 284 个，其中施用有机肥的样点共 72 个，有机肥施肥占比为 1.36%；水地样点共 2 421 个，其中施用有机肥的样点共 585 个，有机肥施肥占比为 24.16%。可见，固阳县有机肥施用有限，施肥占比较低。水地有机肥施用主要集中在马铃薯、向日葵、玉米、油菜，其余作物有机肥施肥占比较小（表 4-1）。

表 4-1　主要作物有机肥施用现状

作物	总样点数（个）	灌溉情况	样点数（个）	施肥样点数（个）	不施肥样点数（个）	施肥占比（%）	平均每 667m² 用量（kg）	每 667m² 折有机质（kg）	每 667m² 折 N（kg）	每 667m² 折 P_2O_5（kg）	每 667m² 折 K_2O（kg）
马铃薯	2 060	可灌溉	1 239	423	816	34.14	1 083.3	27.08	7.58	4.87	4.33
		无灌溉	821	62	759	7.55	586.7	14.67	4.11	2.64	2.35
荞麦	988	可灌溉	134	1	133	0.75	750.0	18.75	5.25	3.38	3.00
		无灌溉	854	0	854						
向日葵	468	可灌溉	140	29	111	20.71	1 000.0	25.00	7.00	4.50	4.00
		无灌溉	328	0	328						
小麦	1 139	可灌溉	229	13	216	5.68	984.3	24.61	6.89	4.43	3.94
		无灌溉	910	7	903	0.77	513.8	12.84	3.60	2.31	2.06

（续）

作物	总样点数（个）	灌溉情况	样点数（个）	施肥样点数（个）	不施肥样点数（个）	施肥占比（%）	平均每 667m² 用量（kg）	每 667m² 折有机质（kg）	每 667m² 折 N（kg）	每 667m² 折 P_2O_5（kg）	每 667m² 折 K_2O（kg）
油菜	2 052	可灌溉	165	26	139	15.76	961.5	24.04	6.73	4.33	3.85
		无灌溉	1 887	1	1 886	0.05	500.0	12.50	3.50	2.25	2.00
玉米	735	可灌溉	446	84	362	18.83	907.4	22.68	6.35	4.08	3.63
		无灌溉	289	2	287	0.69	500.0	12.50	3.50	2.25	2.00
其他	263	可灌溉	68	9	59	13.24	904.9	22.62	6.33	4.07	3.62
		无灌溉	195	0	195						
合计	7 705	可灌溉	2 421	585	1 836	24.16	1 043.0	26.08	7.30	4.69	4.17
		无灌溉	5 284	72	5 212	1.36	576.0	14.40	4.03	2.59	2.30

各乡镇有机肥施用情况不同。水地有机肥施肥占比为 8.96%～38.31%，其中下湿壕镇水地有机肥施肥占比最高，为 38.31%；其次是金山镇，有机肥施肥占比为 27.02%；西斗铺镇、兴顺西镇、怀朔镇有机肥施肥占比分别为 25.62%、25.08%、14.87%；银号镇有机肥施肥占比最低，为 8.96%。水地有机肥平均每 667m²施用量为 1 043.0kg。固阳县旱地有机肥施肥占比不高，为 1.36%，可见旱地农民基本不施用有机肥；有机肥平均每 667m²施用量为 576.0kg（表 4-2）。

表 4-2　各乡镇有机肥施用现状

乡　镇	总样点数（个）	灌溉情况	样点数（个）	施肥样点数（个）	不施肥样点数（个）	施肥占比（%）	平均每 667m² 用量（kg）
怀朔镇	1 224	可灌溉	195	29	166	14.87	996.2
		无灌溉	1 029	6	1 023	0.58	539.8
金山镇	1 816	可灌溉	1 103	298	805	27.02	1 024.5
		无灌溉	713	43	670	6.03	610.2
西斗铺镇	1 108	可灌溉	203	52	151	25.62	957.7
		无灌溉	905	12	893	1.33	534.2
下湿壕镇	1 110	可灌溉	248	95	153	38.31	1 164.2
		无灌溉	862	7	855	0.81	500.0
兴顺西镇	1 272	可灌溉	315	79	236	25.08	1 043.3
		无灌溉	957	3	954	0.31	527.3
银号镇	1 175	可灌溉	357	32	325	8.96	1 036.8
		无灌溉	818	1	817	0.12	500.0
合计	7 705	可灌溉	2 421	585	1 836	24.16	1 043.0
		无灌溉	5 284	72	5 212	1.36	576.0

二、有机肥施用水平

固阳县主栽作物有机肥施用水平见表 4-3。其中水地施有机肥的每 667m^2 施用水平主要集中 500～1 000kg，样点数占总样点数的 16.23%。其中马铃薯在大于 1 000kg 水平样点分布相对较多，占总样点数的 8.23%，其余作物有机肥施用量基本集中在小于 1 000kg 水平。旱地主栽作物施有机肥的每 667m^2 施用水平分布在 0.1～500kg、500～1 000kg，分别占总样点数的 0.97%、0.40%（表 4-3）。

表 4-3　各主栽作物有机肥施用水平

灌溉	作物	项别	每 667m^2 施有机肥水平（kg）						调查样点数（个）
			≤0.1	0.1～500	500～1 000	1 000～1 500	1 500～2 000	＞2 000	
可灌溉	马铃薯	每 667m^2 用量（kg）	0	500	982.3	1 500	2 000		1 239
		样点数（个）	816	52	269	72	30		
		占比（%）	65.86	4.20	21.71	5.81	2.42		
	荞麦	每 667m^2 用量（kg）	0		750				134
		样点数（个）	133		1				
		占比（%）	99.25		0.75				
	向日葵	每 667m^2 用量（kg）	0		1 000				140
		样点数（个）	111		29				
		占比（%）	79.29		20.71				
	小麦	每 667m^2 用量（kg）	0	500	977.3	1 500			229
		样点数（个）	216	2	9	2			
		占比（%）	94.32	0.87	3.93	0.87			
	油菜	每 667m^2 用量（kg）	0	500	1 000				165
		样点数（个）	139	2	24				
		占比（%）	84.24	1.21	14.55				
	玉米	每 667m^2 用量（kg）	0	449.4	903.2	1 250	1 750		446
		样点数（个）	362	14	55	12	3		
		占比（%）	81.17	3.14	12.33	2.69	0.67		
	其他	每 667m^2 用量（kg）	0	450	957.3	1 500			68
		样点数（个）	59	2	6	1			
		占比（%）	86.76	2.94	8.82	1.47			
	合计	每 667m^2 用量（kg）	0	488.8	972.5	1 465.5	1 977.3		2 421
		样点数（个）	1 836	72	393	87	33		
		占比（%）	75.84	2.97	16.23	3.59	1.36		

（续）

灌溉	作物	项别	每667m²施有机肥水平（kg）						调查样点数（个）
			≤0.1	0.1～500	500～1 000	1 000～1 500	1 500～2 000	>2 000	
无灌溉	马铃薯	每667m²用量（kg）	0	453.6	887.9				821
		样点数（个）	759	43	19				
		占比（%）	92.45	5.24	2.31				
	荞麦	每667m²用量（kg）	0						854
		样点数（个）	854						
		占比（%）	100.00						
	向日葵	每667m²用量（kg）	0						328
		样点数（个）	328						
		占比（%）	100.00						
	小麦	每667m²用量（kg）	0	419.3	750				910
		样点数（个）	903	5	2				
		占比（%）	99.23	0.55	0.22				
	油菜	每667m²用量（kg）	0	500					1 887
		样点数（个）	1 886	1					
		占比（%）	99.95	0.05					
	玉米	每667m²用量（kg）	0	500					289
		样点数（个）	287	2					
		占比（%）	99.31	0.69					
	其他	每667m²用量（kg）	0						195
		样点数（个）	195						
		占比（%）	100.00						
	合计	每667m²用量（kg）	0	453.0	874.8				5 284
		样点数（个）	5 212	51	21				
		占比（%）	98.64	0.97	0.40				

各乡镇有机肥施用水平有一定的差异（表4-4）。各乡镇水地施有机肥的每667m²施用水平主要集中在500～1 000kg水平，其中下湿壕镇、西斗铺镇、金山镇在大于1 000kg水平样点分布相对较多，其余各乡镇基本分布在500～1 000kg水平。

表4-4 各乡镇有机肥施用水平

灌溉	乡镇	项别	每667m²施有机肥水平（kg）						调查样点数（个）
			≤0.1	0.1～500	500～1 000	1 000～1 5 00	1 500～2 000	>2 000	
可灌溉	怀朔镇	每667m²用量（kg）	0.0	450.0	978.7	1 500.0			195
		样点数（个）	166	2	24	3			
		占比（%）	85.13	1.03	12.31	1.54			

（续）

灌溉	乡 镇	项 别	每 667m²施有机肥水平（kg）						调查样点数（个）
			≤0.1	0.1～500	500～1 000	1 000～1 5 00	1 500～2 000	>2 000	
		每 667m²用量（kg）	0.0	482.7	988.2	1 492.1	1 978.9		
	金山镇	样点数（个）	805	34	221	30	13		1 103
		占比（%）	72.98	3.08	20.04	2.72	1.18	0.00	
		每 667m²用量（kg）	0.0	493.7	996.4	1 500.0	2 000.0		
	西斗铺镇	样点数（个）	151	19	22	7	4		203
		占比（%）	74.38	9.36	10.84	3.45	1.97	0.00	
		每 667m²用量（kg）	0.0	500.0	863.2	1 420.9	1 947.4		
	下湿壕镇	样点数（个）	153	2	49	35	9		248
		占比（%）	61.69	0.81	19.76	14.11	3.63		
可灌溉		每 667m²用量（kg）	0.0	500.0	998.7	1 500.0	2 000.0		
	兴顺西镇	样点数（个）	236	8	61	5	5		315
		占比（%）	74.92	2.54	19.37	1.59	1.59		
		每 667m²用量（kg）	0.0	500.0	948.6	1 500.0	2 000.0		
	银号镇	样点数（个）	325	7	16	7	2		357
		占比（%）	91.04	1.96	4.48	1.96	0.56		
		每 667m²用量（kg）	0.0	488.8	972.5	1 465.5	1 977.3		
	合计	样点数（个）	1 836	72	393	87	33		2 421
		占比（%）	75.84	2.97	16.23	3.59	1.36		
		每 667m²用量（kg）	0.0	450.0	584.5				
	怀朔镇	样点数（个）	1 023	2	4				1 029
		占比（%）	99.42	0.19	0.39				
		每 667m²用量（kg）	0.0	443.1	996.2				
	金山镇	样点数（个）	670	30	13				713
		占比（%）	93.97	4.21	1.82				
		每 667m²用量（kg）	0.0	441.0	1 000.0				
	西斗铺镇	样点数（个）	893	10	2				905
		占比（%）	98.67	1.10	0.22				
		每 667m²用量（kg）	0.0	500.0					
无灌溉	下湿壕镇	样点数（个）	855	7					862
		占比（%）	99.19	0.81					
		每 667m²用量（kg）	0.0	500.0	541.0				
	兴顺西镇	样点数（个）	954	1	2				957
		占比（%）	99.69	0.10	0.21				
		每 667m²用量（kg）	0.0	500.0					
	银号镇	样点数（个）	817	1					818
		占比（%）	99.88	0.12	0.00				
		每 667m²用量（kg）	0.0	453.0	874.8				
	合计	样点数（个）	5 212	51	21				5 284
		占比（%）	98.64	0.97	0.40				

第二节　化肥施用现状及施用水平

一、氮肥施用现状及施用水平

（一）氮肥施用现状

固阳县主栽作物氮肥施用现状见表 4-5。氮肥的主要来源为尿素、碳酸氢铵、磷酸二铵和复混肥料。其中碳酸氢铵主要作为基肥，在播前撒施施入；磷酸二铵作为种肥在播种期人工撒施或者穴施、沟施施入；尿素主要作为追肥或者基肥施用，基本采用撒施的形式施入；复混肥料是随着测土配方施肥技术的推广逐渐被农民认可应用的，大多作为基肥撒施施入或者作为种肥穴施和沟施施入。统计结果表明：水地 95.66％的样点施用氮肥，氮肥平均每 667m^{2}施用量为 10.1kg，其中马铃薯氮肥施肥占比最高，为 100.0％，其余各作物均有不施用氮肥的样点；旱地氮肥施肥占比为 71.27％，旱地有相当数量样点不施用氮肥，氮肥平均每 667m^{2}施用量为 5.3kg。

表 4-5　主要作物氮肥施用现状

作　物	总样点数（个）	灌溉情况	样点数（个）	施肥样点数（个）	不施肥样点数（个）	施肥占比（％）	平均每 667m^2 用量（kg）
马铃薯	2 060	可灌溉	1 239	1 239	0	100.00	13.2
		无灌溉	821	811	10	98.78	8.2
荞麦	988	可灌溉	134	109	25	81.34	4.1
		无灌溉	854	587	267	68.74	4.0
向日葵	468	可灌溉	140	104	36	74.29	5.4
		无灌溉	328	255	73	77.74	4.1
小麦	1 139	可灌溉	229	223	6	97.38	6.8
		无灌溉	910	452	458	49.67	3.7
油菜	2 052	可灌溉	165	156	9	94.55	4.8
		无灌溉	1 887	1 303	584	69.05	4.9
玉米	735	可灌溉	446	431	15	96.64	7.9
		无灌溉	289	282	7	97.58	5.9
其他	263	可灌溉	68	54	14	79.41	7.4
		无灌溉	195	76	119	38.97	5.3
合计	7 705	可灌溉	2 421	2 316	105	95.66	10.1
		无灌溉	5 284	3 766	1 518	71.27	5.3

固阳县各乡镇氮肥施用现状不同（表 4-6）。水地氮肥施肥占比高，为 95.66％，其中怀朔镇、兴顺西镇、西斗铺镇、银号镇水地氮肥施肥占比均为 100.0％；旱地氮肥施肥占比低于水地，各乡镇旱地氮肥施肥占比及平均施肥量差异不大。

表 4-6 各乡镇氮肥施用现状

乡 镇	总样点数（个）	灌溉情况	样点数（个）	施肥样点数（个）	不施肥样点数（个）	施肥占比（%）	平均每 667m² 用量（kg）
怀朔镇	1 224	可灌溉	195	195	0	100.00	14.4
		无灌溉	1 029	791	238	76.87	5.1
金山镇	1 816	可灌溉	1 103	1 003	100	90.93	10.1
		无灌溉	713	510	203	71.53	5.6
西斗铺镇	1 108	可灌溉	203	203	0	100.00	6.9
		无灌溉	905	638	267	70.50	4.4
下湿壕镇	1 110	可灌溉	248	243	5	97.98	9.9
		无灌溉	862	508	354	58.93	7.9
兴顺西镇	1 272	可灌溉	315	315	0	100.00	12.8
		无灌溉	957	665	292	69.49	5.5
银号镇	1 175	可灌溉	357	357	0	100.00	7.5
		无灌溉	818	654	164	79.95	4.3
合计	7 705	可灌溉	2 421	2 316	105	95.66	10.1
		无灌溉	5 284	3 766	1 518	71.27	5.3

（二）氮肥施用水平

各乡镇氮肥施用水平见表 4-7。固阳县水地施氮肥的每 667m² 施用水平集中在小于 5.0kg 和 5.0～20.0kg，该水平样点数占总样点数的 93.64%。其中施用氮肥小于 5.0kg 的样点共 529 个，占总样点数的 21.85%；氮肥施用在 5.0～10.0kg 的样点共 617 个，占总样点数的 25.49%；氮肥施用在 10.0～20.0kg 的样点共 1 121 个，占总样点数的 46.30%；氮肥施用在 20.0～30.0kg 的样点共 49 个，占总样点数的 2.02%；氮肥施用大于 30.0kg 的样点为 0，可见固阳县氮肥每 667m² 最大施用量没有超过 30.0kg。

各主栽作物氮肥施用水平有差异，其中水地马铃薯氮肥每 667m² 施用水平均集中在 10.0～20.0kg，氮肥施用水平略高；其余各作物氮肥施用水平主要集中在 5.0～10.0kg，氮肥施用量相对较低。

表 4-7 主要作物氮肥施用水平

灌溉	作物	项 别	每 667m² 施氮肥水平（kg）						调查样点数（个）
			不施肥	≤5.0	5.0～10.0	10.0～20.0	20.0～30.0	30.0～50.0	
可灌溉	马铃薯	每 667m² 用量（kg）	0	3.51	8.49	14.49	21.99		
		样点数（个）	0	40	249	904	46		1 239
		占比（%）	0.00	3.23	20.10	72.96	3.71		
	荞麦	每 667m² 用量（kg）	0.81	3.79	6.31	10.3			
		样点数（个）	25	98	9	2			134
		占比（%）	18.66	73.13	6.72	1.49			

（续）

灌溉	作物	项 别	每667m²施氮肥水平（kg）						调查样点数（个）
			不施肥	≤5.0	5.0～10.0	10.0～20.0	20.0～30.0	30.0～50.0	
可灌溉	向日葵	每667m²用量（kg）	0.86	2.61	6.85	12.42			140
		样点数（个）	36	43	55	6			
		占比（%）	25.71	30.71	39.29	4.29			
	小麦	每667m²用量（kg）	0.5	2.92	7.79	11.3			229
		样点数（个）	6	73	110	40			
		占比（%）	2.62	31.88	48.03	17.47			
	油菜	每667m²用量（kg）	0.87	4.15	7.43	10.82			165
		样点数（个）	9	130	21	5			
		占比（%）	5.45	78.79	12.73	3.03			
	玉米	每667m²用量（kg）	0.87	2.55	8.19	11.79	22.4		446
		样点数（个）	15	119	163	148	1		
		占比（%）	3.36	26.68	36.55	33.18	0.22		
	其他	每667m²用量（kg）	0.79	2.98	6.55	12.96	25.7		68
		样点数（个）	14	26	10	16	2		
		占比（%）	20.59	38.24	14.71	23.53	2.94		
	合计	每667m²用量（kg）	0	3.3	8.0	14.0	22.1		2 421
		样点数（个）	105	529	617	1 121	49		
		占比（%）	4.34	21.85	25.49	46.30	2.02		
无灌溉	马铃薯	每667m²用量（kg）	0.8	4	7.97	10.47			821
		样点数（个）	10	157	334	320			
		占比（%）	1.22	19.12	40.68	38.98			
	荞麦	每667m²用量（kg）	0.77	3.11	7.31	12.3			854
		样点数（个）	267	467	117	3			
		占比（%）	31.26	54.68	13.70	0.35			
	向日葵	每667m²用量（kg）	0.76	3.18	7.73	11.43			328
		样点数（个）	73	204	48	3			
		占比（%）	22.26	62.20	14.63	0.91			
	小麦	每667m²用量（kg）	0.6	2.82	7.85	11.41			910
		样点数（个）	458	383	61	8			
		占比（%）	50.33	42.09	6.70	0.88			
	油菜	每667m²用量（kg）	0.75	4.27	6.69	11.52			1 887
		样点数（个）	584	1009	278	16			
		占比（%）	30.95	53.47	14.73	0.85			

（续）

灌溉	作物	项 别	每667m²施氮肥水平（kg）						调查样点数（个）
			不施肥	≤5.0	5.0～10.0	10.0～20.0	20.0～30.0	30.0～50.0	
无灌溉	玉米	每667m²用量（kg）	0.9	3.1	7.22	11.26			289
		样点数（个）	7	159	52	71			
		占比（%）	2.42	55.02	17.99	24.57			
	其他	每667m²用量（kg）	0.84	2.36	6.99	13.04	24.9		195
		样点数（个）	119	44	23	7	2		
		占比（%）	61.03	22.56	11.79	3.59	1.03		
	合计	每667m²用量（kg）	0	3.6	7.4				5 284
		样点数（个）	1518	2423	913	428	2		
		占比（%）	28.73	45.86	17.28	8.10	0.04		

固阳县各乡镇氮肥施用水平不同（表4-8），其中怀朔镇、金山镇、下湿壕镇、兴顺西镇水地氮肥每667m²施用量基本集中在10.0～20.0kg，其余各乡镇样点集中在小于5.0kg或者是5.0～10.0kg水平。

表4-8 各乡镇氮肥施用水平

灌溉	乡 镇	项 别	每667m²施氮肥水平（kg）						调查样点数（个）
			不施肥	≤5.0	5.0～10.0	10.0～20.0	20.0～30.0	30.0～50.0	
可灌溉	怀朔镇	每667m²用量（kg）	0.0	4.86	7.59	15.64			195
		样点数（个）	0	9	17	169			
		占比（%）	0.00	4.62	8.72	86.67	0.00	0.00	
	金山镇	每667m²用量（kg）	0.82	2.5	8.33	13.33	22.22		1 103
		样点数（个）	100	200	299	459	45		
		占比（%）	9.07	18.13	27.11	41.61	4.08	0.00	
	西斗铺镇	每667m²用量（kg）	0.0	2.67	7.18	14	0.0		203
		样点数（个）	0	84	71	48	0		
		占比（%）	0.00	41.38	34.98	23.65	0.00	0.00	
	下湿壕镇	每667m²用量（kg）	0.84	2.87	8.27	11.4	20.5		248
		样点数（个）	5	30	37	175	1		
		占比（%）	2.02	12.10	14.92	70.56	0.40	0.00	
	兴顺西镇	每667m²用量（kg）	0.0	4.8	7.47	15.94	0.0		315
		样点数（个）	0	79	14	222	0		
		占比（%）	0.00	25.08	4.44	70.48	0.00	0.00	
	银号镇	每667m²用量（kg）	0.0	4.13	7.93	14.23	21.77		357
		样点数（个）	0	127	179	48	3		
		占比（%）	0.00	35.57	50.14	13.45	0.84	0.00	

（续）

灌溉	乡镇	项别	每 667m² 施氮肥水平（kg）						调查样点数（个）
			不施肥	≤5.0	5.0～10.0	10.0～20.0	20.0～30.0	30.0～50.0	
可灌溉	合计	每 667m² 用量（kg）	0.0	3.3	8.0	14.0	22.2		
		样点数（个）	105	529	617	1 121	49	0	2 421
		占比（%）	4.34	21.85	25.49	46.30	2.02	0.00	
无灌溉	怀朔镇	每 667m² 用量（kg）	0.63	4.31	6.43	10.37			
		样点数（个）	238	506	271	14			1 029
		占比（%）	23.13	49.17	26.34	1.36	0.00	0.00	
	金山镇	每 667m² 用量（kg）	0.71	3.19	7.5	10.71	23.8		
		样点数（个）	203	321	64	124	1		713
		占比（%）	28.47	45.02	8.98	17.39	0.14	0.00	
	西斗铺镇	每 667m² 用量（kg）	0.75	2.54	8.16	11			
		样点数（个）	267	445	164	29			905
		占比（%）	29.50	49.17	18.12	3.20	0.00	0.00	
	下湿壕镇	每 667m² 用量（kg）	0.78	2.84	7.67	10.64			
		样点数（个）	354	121	159	228			862
		占比（%）	41.07	14.04	18.45	26.45			
	兴顺西镇	每 667m² 用量（kg）	0.72	4.65	8.04	11.37	26		
		样点数（个）	292	533	107	24	1		957
		占比（%）	30.51	55.69	11.18	2.51	0.10	0.00	
	银号镇	每 667m² 用量（kg）	0.65	3.14	7.61	10.48			
		样点数（个）	164	497	148	9			818
		占比（%）	20.05	60.76	18.09	1.10	0.00	0.00	
	合计	每 667m² 用量（kg）	0.0	3.6	7.4	10.7	24.9		
		样点数（个）	1 518	2 423	913	428	2		5 284
		占比（%）	28.73	45.86	17.28	8.10	0.04		

二、磷肥施用现状及施用水平

（一）磷肥施用现状

固阳县磷肥施用现状见表 4-9。磷肥的主要来源是磷酸二铵和复混肥料。表 4-9 表明，固阳县水地磷肥施肥占比为 96.28%，平均每 667m² 施用量为 5.8kg，施用水平低；旱地磷肥施肥占比为 93.34%，平均每 667m² 施用量为 2.8kg，施用水平较低。各主栽作物磷肥施肥占比、平均施用量不同，其中水地马铃薯施用量最高，平均每 667m² 施用量为 7.8kg。

表 4-9　主要作物磷肥施用现状

作物	总样点数（个）	灌溉情况	样点数（个）	施肥样点数（个）	不施肥样点数（个）	施肥占比（%）	平均每 667m² 用量（kg）
马铃薯	2 060	可灌溉	1 239	1 162	77	93.79	7.8
		无灌溉	821	638	183	77.71	3.8
荞麦	988	可灌溉	134	133	1	99.25	2.4
		无灌溉	854	751	103	87.94	2.4
向日葵	468	可灌溉	140	140	0	100.00	4.0
		无灌溉	328	327	1	99.70	3.1
小麦	1 139	可灌溉	229	228	1	99.56	4.2
		无灌溉	910	891	19	97.91	2.5
油菜	2 052	可灌溉	165	165	0	100.00	2.4
		无灌溉	1 887	1 850	37	98.04	2.3
玉米	735	可灌溉	446	437	9	97.98	4.7
		无灌溉	289	285	4	98.62	4.4
其他	263	可灌溉	68	66	2	97.06	4.1
		无灌溉	195	190	5	97.44	3.1
合计	7 705	可灌溉	2 421	2 331	90	96.28	5.8
		无灌溉	5 284	4 932	352	93.34	2.8

固阳县各乡镇磷肥施用现状见表 4-10。总体看，各乡镇水地、旱地磷肥施肥占比均较高，磷肥平均施用量均偏低。

表 4-10　各乡镇磷肥施用现状

乡　镇	总样点数（个）	灌溉情况	样点数（个）	施肥样点数（个）	不施肥样点数（个）	施肥占比（%）	平均每 667m² 用量（kg）
怀朔镇	1 224	可灌溉	195	195	0	100.00	8.8
		无灌溉	1 029	957	72	93.00	2.2
金山镇	1 816	可灌溉	1 103	1050	53	95.19	5.2
		无灌溉	713	703	10	98.60	3.3
西斗铺镇	1 108	可灌溉	203	198	5	97.54	5.8
		无灌溉	905	853	52	94.25	3.8
下湿壕镇	1 110	可灌溉	248	244	4	98.39	4.5
		无灌溉	862	818	44	94.90	3.3
兴顺西镇	1 272	可灌溉	315	315	0	100.00	8.3
		无灌溉	957	957	0	100.00	2.0
银号镇	1 175	可灌溉	357	329	28	92.16	4.1
		无灌溉	818	644	174	78.73	1.9
合计	7 705	可灌溉	2 421	2 331	90	96.28	5.8
		无灌溉	5 284	4 932	352	93.34	2.8

（二）磷肥施用水平

从表4-11可以看出，固阳县水地磷肥每667m²施用水平集中在1.0～10.0kg，该水平样点数占总样点数的84.63%。其中不施用磷肥的样点共90个，占总样点数的3.72%；施用磷肥1.0～5.0kg的样点共1 373个，占总样点数的56.71%；施用磷肥5.0～10.0kg的样点共676个，占总样点数的27.92%；施用磷肥10.0～15.0kg的样点共252个，占总样点数的10.41%；大于15.0kg的样点30个，占总样点数的1.24%。旱地磷肥主要集中在1.0～5.0kg，样点数为4 595个，占旱地总样点数的86.96%，大于5.0kg样点数较少。

各主栽作物磷肥施用水平差异不大，其中水地马铃薯磷肥每667m²施用水平集中在1.0kg～15.0kg，磷肥施用水平相对较高；其余作物磷肥每667m²施用水平主要集中在小于5.0kg的水平。

表4-11　主要作物磷肥施用水平

灌溉	作物	项别	每667m²施磷肥水平（kg）					调查样点数（个）
			不施肥	1.0～5.0	5.0～10.0	10.0～15.0	≥15.0	
可灌溉	马铃薯	每667m²用量（kg）	0	3.69	7.71	13.52	15.2	1 239
		样点数（个）	77	381	504	247	30	
		占比（%）	6.21	30.75	40.68	19.94	2.42	
	荞麦	每667m²用量（kg）	0	2.14	7.78			134
		样点数（个）	1	128	5			
		占比（%）	0.75	95.52	3.73			
	向日葵	每667m²用量（kg）	0	3.71	6.61			140
		样点数（个）	0	125	15			
		占比（%）	0.00	89.29	10.71			
	小麦	每667m²用量（kg）	0	3.63	7.22	11.5		229
		样点数（个）	1	195	32	1		
		占比（%）	0.44	85.15	13.97	0.44		
	油菜	每667m²用量（kg）	0	2.14	7.12			165
		样点数（个）	0	156	9			
		占比（%）	0.00	94.55	5.45			
	玉米	每667m²用量（kg）	0	3.83	7.23	12.27		446
		样点数（个）	9	335	99	3		
		占比（%）	2.02	75.11	22.20	0.67		
	其他	每667m²用量（kg）	0	3.22	7.23	11.5		68
		样点数（个）	2	53	12	1		
		占比（%）	2.94	77.94	17.65	1.47		
	合计	每667m²用量（kg）	0	3.4	7.6	13.5	15.2	2 421
		样点数（个）	90	1 373	676	252	30	
		占比（%）	3.72	56.71	27.92	10.41	1.24	

（续）

灌溉	作物	项　别	每667m²施磷肥水平（kg）					调查样点数（个）
			不施肥	1.0～5.0	5.0～10.0	10.0～15.0	≥15.0	
无灌溉	马铃薯	每667m²用量（kg）	0	3.41	6.82	23		821
		样点数（个）	183	573	64	1		
		占比（%）	22.29	69.79	7.80	0.12		
	荞麦	每667m²用量（kg）	0.25	2.21	6.27	10.8	20.7	854
		样点数（个）	103	718	31	1	1	
		占比（%）	12.06	84.07	3.63	0.12	0.12	
	向日葵	每667m²用量（kg）	0	2.89	6.26	11.5		328
		样点数（个）	1	305	21	1		
		占比（%）	0.30	92.99	6.40	0.30		
	小麦	每667m²用量（kg）	0.09	2.24	6.97	11.5		910
		样点数（个）	19	844	45	2		
		占比（%）	2.09	92.75	4.95	0.22		
	油菜	每667m²用量（kg）	0.25	2.05	6.54	11.5		1 887
		样点数（个）	37	1746	101	3		
		占比（%）	1.96	92.53	5.35	0.16		
	玉米	每667m²用量（kg）	0.23	3.71	7.15	11.5		289
		样点数（个）	4	236	42	7		
		占比（%）	1.38	81.66	14.53	2.42		
	其他	每667m²用量（kg）	0.18	2.59	7.18	12.25		195
		样点数（个）	5	173	13	4		
		占比（%）	2.56	88.72	6.67	2.05		
	合计	每667m²用量（kg）	0	2.4	6.7	12.2	20.7	5 284
		样点数（个）	352	4 595	317	19	1	
		占比（%）	6.66	86.96	6.00	0.36	0.02	

各乡镇磷肥施用水平有一定的差异（表4-12）。怀朔镇水地样点磷肥每667m²施用水平在5.0～10.0kg较多，兴顺西镇水地样点磷肥每667m²施用水平集中在1.0～15.0kg，其余乡镇样点主要集中在1.0～5.0kg水平。旱地各乡镇每667m²磷肥施用水平差异不大，样点主要集中在1.0～5.0kg水平。

表4-12　各乡镇磷肥施用水平

灌溉	乡　镇	项　别	每667m²施磷肥水平（kg）					调查样点数（个）
			不施肥	1.0～5.0	5.0～10.0	10.0～15.0	≥15.0	
可灌溉	怀朔镇	每667m²用量（kg）	0.0	3.43	8.26	13.4	15.2	195
		样点数（个）	0	28	114	47	6	
		占比（%）	0.00	14.36	58.46	24.10	3.08	

（续）

灌溉	乡 镇	项 别	每667m²施磷肥水平（kg）					调查样点数（个）
			不施肥	1.0～5.0	5.0～10.0	10.0～15.0	≥15.0	
可灌溉	金山镇	每667m²用量（kg）	0	3.74	7.6	13.32	15.2	1 103
		样点数（个）	53	730	265	50	5	
		占比（%）	4.81	66.18	24.03	4.53	0.45	
	西斗铺镇	每667m²用量（kg）	0	4.19	7.82	14.32	15.2	203
		样点数（个）	5	144	25	21	8	
		占比（%）	2.46	70.94	12.32	10.34	3.94	
	下湿壕镇	每667m²用量（kg）	0	3.08	6.44	14.23	0	248
		样点数（个）	4	170	61	13	0	
		占比（%）	1.61	68.55	24.60	5.24	0.00	
	兴顺西镇	每667m²用量（kg）	0.0	1.95	8.3	13.39	15.2	315
		样点数（个）	0	95	89	120	11	
		占比（%）	0.00	30.16	28.25	38.10	3.49	
	银号镇	每667m²用量（kg）	0	2.44	6.89	11.5	0	357
		样点数（个）	28	206	122	1	0	
		占比（%）	7.84	57.70	34.17	0.28	0.00	
	合计	每667m²用量（kg）	0.0	3.4	7.6	13.5	15.2	2 421
		样点数（个）	90	1 373	676	252	30	
		占比（%）	3.72	56.71	27.92	10.41	1.24	
无灌溉	怀朔镇	每667m²用量（kg）	0.04	1.92	5.87	20.7		1 029
		样点数（个）	72	899	57	1		
		占比（%）	7.00	87.37	5.54	0.10	0.00	
	金山镇	每667m²用量（kg）	0.09	2.99	8.2	0	0	713
		样点数（个）	10	663	40	0	0	
		占比（%）	1.40	92.99	5.61	0.00	0.00	
	西斗铺镇	每667m²用量（kg）	0	3.29	7.02	11.5		905
		样点数（个）	52	744	98	11		
		占比（%）	5.75	82.21	10.83	1.22	0.00	
	下湿壕镇	每667m²用量（kg）	0.02	2.94	6.65	12.25		862
		样点数（个）	44	736	78	4		
		占比（%）	5.10	85.38	9.05	0.46		
	兴顺西镇	每667m²用量（kg）	0.72	1.89	5.82	0	0	957
		样点数（个）	0	924	33	0	0	
		占比（%）	0.00	96.55	3.45	0.00	0.00	

（续）

灌溉	乡镇	项别	每 667m² 施磷肥水平（kg）					调查样点数（个）
			不施肥	1.0～5.0	5.0～10.0	10.0～15.0	≥15.0	
无灌溉	银号镇	每 667m² 用量（kg）	0.19	1.83	6.25	11.27	23	818
		样点数（个）	174	629	11	3	1	
		占比（%）	21.27	76.89	1.34	0.37	0.12	
	合计	每 667m² 用量（kg）	0.0	2.4	6.7	12.1	23.0	5 284
		样点数（个）	352	4 595	317	19	1	
		占比（%）	6.66	86.96	6.00	0.36	0.02	

三、钾肥施用现状及施用水平

（一）钾肥施用现状

固阳县钾肥施用现状见表 4-13。固阳县水地作物钾肥施肥占比为 47.01%，平均每 667m² 施用量为 5.5kg；旱地作物钾肥施肥占比为 12.81%，平均每 667m² 施用量为 2.7kg。可见，固阳县水旱地各作物钾肥施肥占比低，多数农户不施用钾肥，而且水旱地各作物钾肥施用量偏低。

各主栽作物钾肥施用量及施肥占比略有差异。水地马铃薯钾肥施肥占比最高，为 75.38%，平均每 667m² 施用量为 6.1kg；水地荞麦全部不施钾肥。旱地各作物钾肥施肥占比差异较大，其中马铃薯、向日葵、玉米钾肥施肥占比相对较高，分别为 20.83%、18.90%、19.72%。

表 4-13　主要作物钾肥施用现状

作物	总样点数（个）	灌溉情况	样点数（个）	施肥样点数（个）	不施肥样点数（个）	施肥占比（%）	平均每 667m² 用量（kg）
马铃薯	2 060	可灌溉	1 239	934	305	75.38	6.1
		无灌溉	821	171	650	20.83	2.4
荞麦	988	可灌溉	134	0	134	0.00	0.0
		无灌溉	854	76	778	8.90	2.8
向日葵	468	可灌溉	140	52	88	37.14	2.8
		无灌溉	328	62	266	18.90	2.8
小麦	1 139	可灌溉	229	57	172	24.89	2.8
		无灌溉	910	79	831	8.68	2.7
油菜	2 052	可灌溉	165	16	149	9.70	2.8
		无灌溉	1 887	209	1 678	11.08	2.9
玉米	735	可灌溉	446	68	378	15.25	2.6
		无灌溉	289	57	232	19.72	2.5

（续）

作　物	总样点数（个）	灌溉情况	样点数（个）	施肥样点数（个）	不施肥样点数（个）	施肥占比（%）	平均每 667m² 用量（kg）
其他	263	可灌溉	68	11	57	16.18	2.8
		无灌溉	195	23	172	11.79	2.4
合计	7 705	可灌溉	2 421	1 138	1 283	47.01	5.5
		无灌溉	5 284	677	4 607	12.81	2.7

各乡镇钾肥施用水平差异较大（表 4-14）。怀朔镇、下湿壕镇、兴顺西镇水地钾肥施肥占比较高，分别为 87.69%、61.29%、74.29%，其余各镇水地钾肥施肥占比均低于 50.0%。各乡镇旱地钾肥施肥占比及平均施用量差异不大。

表 4-14　各乡镇钾肥施用现状

乡　镇	总样点数（个）	灌溉情况	样点数（个）	施肥样点数（个）	不施肥样点数（个）	施肥占比（%）	平均每 667m² 用量（kg）
怀朔镇	1 224	可灌溉	195	171	24	87.69	6.5
		无灌溉	1 029	98	931	9.52	2.8
金山镇	1 816	可灌溉	1 103	397	706	35.99	5.1
		无灌溉	713	76	637	10.66	2.8
西斗铺镇	1 108	可灌溉	203	56	147	27.59	7.0
		无灌溉	905	116	789	12.82	2.8
下湿壕镇	1 110	可灌溉	248	152	96	61.29	2.8
		无灌溉	862	245	617	28.42	2.4
兴顺西镇	1 272	可灌溉	315	234	81	74.29	8.0
		无灌溉	957	107	850	11.18	2.8
银号镇	1 175	可灌溉	357	128	229	35.85	3.5
		无灌溉	818	35	783	4.28	2.8
合计	7 705	可灌溉	2 421	1 138	1 283	47.01	5.5
		无灌溉	5 284	677	4 607	12.81	2.7

（二）钾肥施用水平

固阳县钾肥施肥占比、平均施用量呈现递增趋势，尤其是马铃薯表现尤为明显。各主栽作物钾肥施用水平见表 4-15。水地作物除荞麦外钾肥在各水平几乎均有分布，其中每 667m² 施用水平在 0.2～3.0kg 的样点共 389 个，占总样点数的 16.07%；施用水平在 3.0～6.0kg 的样点共 335 个，占总样点数的 13.84%；施用水平大于 6.0kg 的样点共 414 个，占总样点数的 17.10%。各主栽作物中，水地马铃薯钾肥每 667m² 施用水平主要集中在大于 3.0kg，钾肥施用水平相对较高。

表 4-15　主要作物钾肥施用水平

灌溉	作物	项　别	每 667m²施钾肥水平（kg）				调查样点数（个）
			不施肥	0.2～3.0	3.0～6.0	≥6.0	
可灌溉	马铃薯	每 667m²用量（kg）	0	2.37	4.73	9.18	1 239
		样点数（个）	305	224	297	413	
		占比（%）	24.62	18.08	23.97	33.33	
	荞麦	每 667m²用量（kg）	0				134
		样点数（个）	134				
		占比（%）	100.00				
	向日葵	每 667m²用量（kg）	0	2.6	3.3	7.1	140
		样点数（个）	88	44	7	1	
		占比（%）	62.86	31.43	5.00	0.71	
	小麦	每 667m²用量（kg）	0	2.55	3.45		229
		样点数（个）	172	42	15		
		占比（%）	75.11	18.34	6.55		
	油菜	每 667m²用量（kg）	0	2.49	3.55		165
		样点数（个）	149	12	4		
		占比（%）	90.30	7.27	2.42		
	玉米	每 667m²用量（kg）	0	2.5	3.63		446
		样点数（个）	378	61	7		
		占比（%）	84.75	13.68	1.57		
	其他	每 667m²用量（kg）	0	2.47	3.3		68
		样点数（个）	57	6	5		
		占比（%）	83.82	8.82	7.35		
	合计	每 667m²用量（kg）	0	2.4	4.6	9.2	2 421
		样点数（个）	1 283	389	335	414	
		占比（%）	52.99	16.07	13.84	17.10	
无灌溉	马铃薯	每 667m²用量（kg）	0	2.19	3.37		821
		样点数（个）	650	145	26		
		占比（%）	79.17	17.66	3.17		
	荞麦	每 667m²用量（kg）	0	2.68	3.36		854
		样点数（个）	778	58	18		
		占比（%）	91.10	6.79	2.11		
	向日葵	每 667m²用量（kg）	0	2.66	3.3		328
		样点数（个）	266	45	17		
		占比（%）	81.10	13.72	5.18		

（续）

灌溉	作物	项　别	每667m²施钾肥水平（kg）				调查样点数（个）
			不施肥	0.2～3.0	3.0～6.0	≥6.0	
无灌溉	小麦	每667m²用量（kg）	0	2.5	3.39		910
		样点数（个）	831	61	18		
		占比（%）	91.32	6.70	1.98		
	油菜	每667m²用量（kg）	0	2.64	3.38		1 887
		样点数（个）	1 678	147	62		
		占比（%）	88.92	7.79	3.29		
	玉米	每667m²用量（kg）	0	2.41	3.3		289
		样点数（个）	232	49	8		
		占比（%）	80.28	16.96	2.77		
	其他	每667m²用量（kg）	0	2.3	3.6		195
		样点数（个）	172	21	2		
		占比（%）	88.21	10.77	1.03		
	合计	每667m²用量（kg）	0	2.5	3.4		5 284
		样点数（个）	4 607	526	151		
		占比（%）	87.19	9.95	2.86		

各乡镇钾肥施用水平略有差异（表4-16）。各乡镇水地作物样点钾肥施用量在各水平均有分布；各乡镇旱地样点钾肥施用量分布差异不大，且大部分不施钾肥。

表4-16　各乡镇钾肥施用水平

灌溉	乡　镇	项　别	每667m²施钾肥水平（kg）				调查样点数（个）
			不施肥	0.2～3.0	3.0～6.0	≥6.0	
可灌溉	怀朔镇	每667m²用量（kg）	0	2.82	4.95	9.12	195
		样点数（个）	24	14	86	71	
		占比（%）	12.31	7.18	44.10	36.41	
	金山镇	每667m²用量（kg）	0	2.63	4.4	8.18	1 103
		样点数（个）	706	137	121	139	
		占比（%）	0	4.19	7.82	14.32	
	西斗铺镇	每667m²用量（kg）	0	2.67	4	10.83	203
		样点数（个）	147	24	3	29	
		占比（%）	72.41	11.82	1.48	14.29	
	下湿壕镇	每667m²用量（kg）	0	2.12	4.14	10.1	248
		样点数（个）	96	133	8	11	
		占比（%）	38.71	53.63	3.23	4.44	

（续）

灌溉	乡　镇	项　别	每 667m²施钾肥水平（kg）				调查样点数（个）
			不施肥	0.2～3.0	3.0～6.0	≥6.0	
可灌溉	兴顺西镇	每 667m²用量（kg）	0	2.55	4.95	9.94	315
		样点数（个）	81	11	73	150	
		占比（%）	25.71	3.49	23.17	47.62	
	银号镇	每 667m²用量（kg）	0	2.51	3.87	7.08	357
		样点数（个）	229	70	44	14	
		占比（%）	64.15	19.61	12.32	3.92	
	合计	每 667m²用量（kg）	0.0	2.4	4.6	9.2	2 421
		样点数（个）	1 283	389	335	414	
		占比（%）	52.99	16.07	13.84	17.10	
无灌溉	怀朔镇	每 667m²用量（kg）	0	2.23	3.38		1 029
		样点数（个）	931	47	51		
		占比（%）	90.48	4.57	4.96		
	金山镇	每 667m²用量（kg）	0	2.73	3.42		713
		样点数（个）	637	71	5		
		占比（%）	89.34	9.96	0.70		
	西斗铺镇	每 667m²用量（kg）	0	2.62	3.3		905
		样点数（个）	789	84	32		
		占比（%）	87.18	9.28	3.54		
	下湿壕镇	每 667m²用量（kg）	0	2.34	3.38		862
		样点数（个）	617	224	21		
		占比（%）	71.58	25.99	2.44		
	兴顺西镇	每 667m²用量（kg）	0	2.55	3.37		957
		样点数（个）	850	74	33		
		占比（%）	88.82	7.73	3.45		
	银号镇	每 667m²用量（kg）	0	2.64	3.43		818
		样点数（个）	783	26	9		
		占比（%）	95.72	3.18	1.10		
	合计	每 667m²用量（kg）	0.0	2.5	3.4		5 284
		样点数（个）	4 607	526	151		
		占比（%）	87.19	9.95	2.86		

第三节　习惯施肥模式及存在的问题

一、主栽作物习惯施肥组合模式

生产中各作物施肥基本都是有机肥和氮、磷、钾肥进行搭配施用，单一施肥较少。

为明确各作物习惯施肥的各肥料配比以及存在的问题，对习惯施肥中有机肥和氮、磷、钾肥的组合模式进行统计分析。将有机肥和氮、磷、钾肥不同施用水平按照表 4-17 进行归类，分析每个调查点有机肥、氮肥、磷肥、钾肥各水平的组合。

表 4-17　有机肥及化肥施肥代码

有机肥		氮肥（N）		磷肥（P_2O_5）		钾肥（K_2O）	
平均每 667m^2 用量（kg）	施肥代码	平均每 667m^2 用量（kg）	施肥代码	平均每 667m^2 用量（kg）	施肥代码	平均每 667m^2 用量（kg）	施肥代码
<1	1	<1	1	<1	1	<0.2	1
1～500	2	1～5.0	2	1～5.0	2	0.2～3.0	2
500～1 000	3	5.0～10.0	3	5.0～10.0	3	3.0～6.0	3
1 000～1 500	4	10.0～20.0	4	10.0～15.0	4	>6.0	4
1 500～2 000	5	20.0～30.0	5	>15.0	5		
>2 000	6	30.0～50.0	6				
		>50.0	7				

根据以上方法对固阳县主栽作物习惯施肥进行施肥组合模式统计，并且将各模式中应用占比超过 5%以上的模式均逐一罗列，结果见表 4-18。

各主栽作物水旱地施肥模式均较多，其中水地马铃薯施肥模式共 1 239 个、水地荞麦施肥模式 134 个、水地向日葵施肥模式 140 个、水地小麦施肥模式 229 个、水地油菜施肥模式 165 个、水地玉米施肥模式 446 个；旱地马铃薯施肥模式 821 个、旱地荞麦施肥模式 854 个、旱地向日葵施肥模式 328 个、旱地小麦施肥模式 910 个、旱地油菜施肥模式 1 887 个、旱地玉米施肥模式 289 个。通过对各主栽作物各模式的分析，各模式存在一致的问题，即偏施氮、磷肥，有机肥和钾肥施用不足，各主栽作物施用的肥料主要来源于氮、磷肥。

表 4-18　主栽作物习惯施肥组合模式

灌溉	作物	组合模式数量（个）	主要组合模式	每 667m^{2}用量（kg）				样点数（个）	占总样点数的百分比（%）	每 667m^2 产量（kg）
				有机肥	N	P_2O_5	K_2O			
可灌溉	马铃薯	1 239	1433	0.0	15.4	7.9	4.8	249	20.10	2 043.0
			1444	0.0	16.2	13.5	10.0	240	19.37	2 854.6
			1421	0.0	10.5	4.4	0.0	113	9.12	1 438.1
			1422	0.0	11.2	2.3	2.2	93	7.51	1 511.9
			1434	0.0	16.5	8.2	7.0	91	7.34	2 185.7
			1322	0.0	8.5	4.8	2.8	78	6.30	1 673.3
			1311	0.0	8.5	0.0	0.0	72	5.81	1 237.8
	荞麦	134	1221	0.0	3.8	2.0	0.0	94	70.15	75.9
			1121	0.0	0.8	2.1	0.0	25	18.66	129.2

（续）

灌溉	作物	组合模式数量（个）	主要组合模式	每667m²用量（kg）				样点数（个）	占总样点数的百分比（%）	每667m²产量（kg）
				有机肥	N	P_2O_5	K_2O			
可灌溉	向日葵	140	1322	0.0	6.5	4.5	2.6	39	27.86	271.0
			1121	0.0	0.9	2.2	0.0	36	25.71	145.7
			1221	0.0	2.4	4.4	0.0	36	25.71	190.1
			1321	0.0	7.6	3.4	0.0	11	7.86	156.4
	小麦	229	1221	0.0	2.7	4.1	0.0	56	24.45	340.6
			1321	0.0	8.2	2.7	0.0	54	23.58	365.0
			1322	0.0	7.4	4.4	2.5	38	16.59	328.6
			1421	0.0	11.3	3.8	0.0	37	16.16	416.8
			1333	0.0	7.4	6.0	3.5	14	6.11	318.9
	油菜	165	1221	0.0	4.2	1.8	0.0	129	78.18	128.4
			1322	0.0	7.4	4.4	2.5	11	6.67	241.8
			1121	0.0	0.9	2.2	0.0	9	5.45	140.0
	玉米	446	1421	0.0	11.8	4.2	0.0	121	27.13	457.9
			1221	0.0	2.1	4.4	0.0	79	17.71	388.2
			1321	0.0	9.0	2.6	0.0	76	17.04	491.4
			1322	0.0	7.3	4.6	2.7	38	8.52	308.6
			1331	0.0	7.3	7.0	0.0	37	8.30	213.5
			1231	0.0	3.3	8.1	0.0	28	6.28	464.6
	其他	68	1221	0.0	2.8	3.5	0.0	23	33.82	126.3
			1121	0.0	0.8	2.0	0.0	14	20.59	105.7
			1321	0.0	6.1	3.3	0.0	7	10.29	1 097.1
			1431	0.0	12.1	8.4	0.0	5	7.35	324.0
			1433	0.0	13.7	5.7	3.3	5	7.35	1 500.0
			1421	0.0	11.8	4.4	0.0	4	5.88	887.5
无灌溉	马铃薯	821	1421	0.0	10.3	4.6	0.0	243	29.60	785.8
			1311	0.0	7.7	0.0	0.0	145	17.66	677.3
			1321	0.0	8.4	2.6	0.0	105	12.79	889.1
			1221	0.0	4.1	2.2	0.0	85	10.35	710.6
			1422	0.0	10.7	1.6	2.1	61	7.43	799.7
			1322	0.0	7.8	4.3	2.4	53	6.46	1 024.2
			1211	0.0	4.4	0.0	0.0	38	4.63	582.4

（续）

灌溉	作物	组合模式数量（个）	主要组合模式	每667m²用量（kg）				样点数（个）	占总样点数的百分比（%）	每667m²产量（kg）
				有机肥	N	P_2O_5	K_2O			
无灌溉	荞麦	854	1221	0.0	3.0	2.0	0.0	328	38.41	57.1
			1121	0.0	0.8	2.0	0.0	265	31.03	69.6
			1321	0.0	7.9	2.0	0.0	70	8.20	72.9
			1211	0.0	2.8	0.4	0.0	69	8.08	49.5
			1222	0.0	3.7	4.7	2.7	48	5.62	56.0
	向日葵	328	1221	0.0	3.1	2.8	0.0	183	55.79	75.4
			1121	0.0	0.8	2.0	0.0	73	22.26	57.3
			1322	0.0	7.6	4.5	2.6	29	8.84	141.2
	小麦	910	1121	0.0	0.6	1.5	0.0	456	50.11	73.6
			1221	0.0	2.7	2.9	0.0	304	33.41	87.8
	油菜	1 887	1221	0.0	4.4	1.7	0.0	907	48.07	70.3
			1121	0.0	0.8	1.9	0.0	582	30.84	68.2
			1322	0.0	7.5	4.5	2.6	112	5.94	124.2
			1321	0.0	5.7	2.4	0.0	109	5.78	115.3
	玉米	289	1221	0.0	2.7	3.2	0.0	103	35.64	139.8
			1421	0.0	11.3	4.6	0.0	60	20.76	129.1
			1321	0.0	6.7	3.4	0.0	31	10.73	108.4
			1222	0.0	3.7	4.6	2.7	22	7.61	233.0
	其他	195	1121	0.0	0.9	2.2	0.0	118	60.51	105.1
			1221	0.0	2.4	3.7	0.0	36	18.46	158.4

（一）水地各主栽作物施肥组合

水地马铃薯组合模式共1 239个，其中1433、1444、1421、1422、1434、1322、1311组合占比较高，应用该模式的样点数分别占总样点数的20.10%、19.37%、9.12%、7.51%、7.34%、6.30%、5.81%。以上这些主要施肥模式不合理，首先这些组合模式都没有施用有机肥；其次1421、1311存在氮、磷、钾比例不合理的问题。

水地荞麦组合模式共134个，其中1221、1121施肥模式占比较高，分别为70.15%、18.66%，但存在不施用有机肥和钾肥，氮、磷、钾肥比例不合理的问题。

水地向日葵组合模式共140个，其中1322、1121、1221、1321应用较多，分别占总施肥模式的27.86%、25.71%、25.71%、7.86%，以上模式中1121、1221、1321有机肥和钾肥施用不足。

水地小麦施肥组合模式共229个，其中1221、1321、1322、1421、1333模式占比较高，分别为24.45%、23.58%、16.59%、16.16%、6.11%，以上模式中1322、1333的氮、磷、钾肥比例合理，但是有机肥不足。

水地油菜施肥组合共165个，其中1221、1322、1121组合占比较高，分别为

78.18%、6.67%、5.45%，以上组合中1221、1121有机肥和钾肥施用不足。

水地玉米施肥组合共446个，其中1421、1221、1321、1322、1331、1231组合模式占比较高，分别为27.13%、17.71%、17.04%、8.52%、8.30%、6.28%。各组合中除1322模式氮、磷、钾肥全部施用外，其余施肥组合均存在有机肥和钾肥施用不足的问题。

（二）旱地各主栽作物施肥组合

旱地马铃薯组合模式共821个，其中1421、1311、1321、1221、1422、1322、1211组合占比较高，应用该模式的样点数分别占总样点数的29.60%、17.66%、12.79%、10.35%、7.43%、6.46%、4.63%。以上这些主要施肥模式不合理，首先这些组合模式都没有施用有机肥；其次1421、1311、1321、1221、1211存在氮、磷、钾比例不合理的问题。

旱地荞麦组合模式共854个，其中1221、1121、1321、1211、1222施肥模式占比较高，分别为38.41%、31.03%、8.20%、8.08%、5.62%，但存在不施用有机肥和钾肥，氮、磷、钾肥比例不合理的问题。

旱地向日葵组合模式共328个，其中1221、1121、1322应用较多，分别占总施肥模式的55.79%、22.26%、8.84%，以上模式中1221、1121有机肥和钾肥施用不足。

旱地小麦施肥组合模式共910个，其中1121、1221模式占比较高，分别为50.11%、33.41%，以上模式中氮、磷、钾比例不合理，有机肥施用不足。

旱地油菜施肥组合共1 887个，其中1221、1121、1322、1321组合占比较高，分别为48.07%、30.84%、5.94%、5.78%，以上组合中1221、1121、1321有机肥和钾肥施用不足。

旱地玉米施肥组合共289个，其中1221、1421、1321、1222组合模式占比较高，分别为35.64%、20.76%、10.73%、7.61%。各组合中除1222模式氮、磷、钾肥全部施用外，其余施肥组合均存在有机肥和钾肥施用不足的问题。

二、习惯施肥模式存在的问题

以上施肥情况、习惯施肥组合模式分析结果说明固阳县主栽作物习惯施肥存在以下问题：

（一）有机肥施用有限

7 705个调查样点中，旱地有机肥施肥占比为1.36%；水地有机肥施肥占比为24.16%。可见，固阳县有机肥施用有限。

有机肥施肥占比不高的一个重要原因是有机肥源有限、商品有机肥价格较高，造成了有机肥应用有限。因此应充分利用当地充足的玉米秸秆资源，推广秸秆还田技术，不仅解决目前焚烧秸秆等问题，还可以开辟有机肥源，增施有机肥。

（二）施肥水平较低

通过对习惯施肥组合、有机肥和氮磷钾肥施肥水平的分析，全县施肥水平较低。首先是有机肥施用水平较低，其中水地有机肥每667m^{2}施用水平主要集中在500～1 000kg，样点数占总样点数的16.23%，水地有机肥平均每667m^{2}施用量为1 043.0kg，旱地主栽作物有机肥每667m^{2}施用水平全部分布在0.1～500kg、500～1 000kg，分别占总样点数的0.97%、0.40%，旱地有机肥平均每667m^{2}施用量为576.0kg。其次是氮、磷、钾肥施肥水平较低，通过对全县化肥施用水平的统计，结果显示水地95.66%的样点施用氮肥，平均每667m^{2}施用量为10.1kg，旱地氮肥施肥占比为71.27%，平均每667m^{2}施用量为5.3kg；水地磷肥施肥占比为96.28%，平均每667m^{2}施用量为5.8kg，施用水平较低，旱地磷肥施肥占比为93.34%，平均每667m^{2}施用量为2.8kg，施用水平低；水地钾肥施肥占比为47.01%，平均每667m^{2}施用量为5.5kg；旱地钾肥施肥占比为12.81%，平均每667m^{2}施用量为2.7kg。可见，全县有机肥及氮、磷、钾肥平均施用量普遍较低，存在肥料补充不足的问题。

（三）施肥方法不合理

生产中碳酸氢铵、尿素基本是撒施或者是冲施，氮肥利用率低，肥料浪费。随着测土配方施肥技术的推广，复混肥料在生产中应用越来越广泛，但是复混肥料作为基肥施入时也是撒施翻入，基本占30%以上，施肥方法不合理。

（四）一次性施肥现象普遍

固阳县水旱地作物一次性施肥现象普遍，2007年实施测土配方施肥项目以前，一次性施肥占到90%左右，实施测土配方施肥项目之后，分次施肥、前氮后移技术在全县逐渐推广应用，目前一次性施肥占45%左右，氮、磷、钾肥作为基肥全部在播前一次性施入，极易造成氮肥的浪费。

第五章

主要作物施肥指标体系建立

肥料肥效田间试验是建立施肥指标体系、确定土壤基础参数、确定施肥参数的依据。自2007年以来，固阳县共完成玉米和马铃薯的测土配方施肥“3414”田间肥效试验89个、马铃薯氮肥流向试验2个，由于马铃薯氮肥流向试验首次实施，实施过程中氮的收集及检测误差较大，试验没有成功。各年份试验实施情况见表5-1。

通过这些试验的实施，确定了固阳县主栽作物玉米和马铃薯的施肥指标体系、玉米合理追肥方式和时期、玉米肥料利用率、中微量元素的合理施用范围以及土壤和肥料的基础参数。

表5-1　2007—2015年份固阳县肥效田间试验

试验名称	各年份肥效试验数量（个）									总计
	2007年	2008年	2009年	2010年	2011年	2012年	2013年	2014年	2015年	
玉米“3414”肥效试验	15									15
马铃薯“3414”肥效试验	13	21	26							60
滴灌马铃薯“3414”肥效试验				3	6			2	3	14
马铃薯氮肥流向试验						1	1			2
合　计	28	21	26	3	6	1	1	2	3	91

第一节　田间试验设计与实施

一、试验设计

（一）“3414”田间肥效试验

“3414”肥料效应田间试验是测土配方施肥的基础，是氮磷钾3因素、4水平、14个处理优化的不完全实施的正交试验，该方案吸收了回归最优设计处理少、效率高的优点。试验处理较多，不做重复，其试验误差通过多点试验加以消除（“多点重复”）。其中二水平根据当地实际生产状况确定，1水平＝0.5×2水平，3水平＝1.5×2水平。各处理施肥水平见表5-2。

表 5-2 “3414”试验方案处理设计

试验编号	处理	施肥水平			试验编号	处理	施肥水平		
		N	P	K			N	P	K
1	N0P0K0	0	0	0	9	N2P2K1	2	2	1
2	N0P2K2	0	2	2	10	N2P2K3	2	2	3
3	N1P2K2	1	2	2	11	N3P2K2	3	2	2
4	N2P0K2	2	0	2	12	N1P1K2	1	1	2
5	N2P1K2	2	1	2	13	N1P2K1	1	2	1
6	N2P2K2	2	2	2	14	N2P1K1	2	1	1
7	N2P3K2	2	3	2	15	N2P2K2+有机肥	2	2	2
8	N2P2K0	2	2	0					

“3414”肥料效应田间试验供试作物分别为玉米、马铃薯，供试品种为当地主栽品种，玉米品种为承单 22，马铃薯品种为克新 1 号。根据玉米、马铃薯的习惯施肥水平，确定了各处理施肥水平，见表 5-3。

表 5-3 “3414”田间肥效试验方案

作　物	年份	完成数量	品　种	灌溉情况	2 水平每 667m² 施肥量（kg）		
					N	P_2O_5	K_2O
水地玉米	2007	15	承单 22	基本满足	12.5	9.2	5
水地马铃薯	2007	6	克新 1 号	基本满足	10	5	5
	2008	11	克新 1 号	基本满足	12	6	5
	2009	13	克新 1 号	基本满足	12	6	5
旱地马铃薯	2007	7	克新 1 号	无灌溉	10	5	5
	2008	10	克新 1 号	无灌溉	10	3.5	3.5
	2009	13	克新 1 号	无灌溉	10	3.5	3.5
总计		75					

玉米、马铃薯“3414”田间肥效试验小区面积为 $30m^2$，小区采用随机排列，各试验处理除施肥数量不同外，其他田间管理措施完全一致。

（二）滴灌马铃薯“3414”试验

滴灌马铃薯是在滴灌条件下实施马铃薯“3414”试验。供试马铃薯品种为克新 1 号，小区随机排列，单排单灌，小区面积 $30m^2$。各试验处理除施肥数量不同外，其他田间管理措施完全一致（表 5-4）。

表 5-4 滴灌马铃薯“3414”田间肥效试验方案

作物	年份	完成数量	品　种	灌溉情况	2 水平每 667m² 施肥量（kg）		
					N	P_2O_5	K_2O
马铃薯	2010	3	克新 1 号	滴灌	14	8	5
	2011	6	克新 1 号	滴灌	14	8	5
	2014	2	克新 1 号	滴灌	23	18	11
	2015	3	克新 1 号	滴灌	23	18	11

二、取样测试

每个试验在播种之前，采集一个 0～20cm 耕层的混合土样，分析化验土壤 pH、有机质、全氮、有效磷、速效钾。

各试验根据实际需要以及要求，进行植株、果实的检测试验。植株、果实样品的采集需在作物成熟后进行全株采集，并将经济器官、茎叶烘干后分别粉碎，进行水分、全氮、全磷、全钾的测试。

三、收获测产

收获时去除边行，按照小区单打单收，折算单位面积产量，并对相关性状进行调查和考种。

四、试验结果统计分析

试验应用 Excel、VF 进行统计分析，就施肥量与产量、植株施肥量与检测结果进行相关性分析，建立肥料效应方程，最终将施肥量与产量、施肥时期与产量等建立相关方程。

第二节　肥料肥效分析

一、玉米“3414”肥效试验结果分析

将 2007—2009 年玉米各年份“3414”肥效试验按照高、中、低产田划分，并分类统计。表 5-5 是历年玉米“3414”田间试验施肥量、产量统计结果。

表 5-5　玉米“3414”肥效试验不同肥力水平、不同处理的施肥量、产量

每 $667m^2$ 产量水平（kg）	试验数量（个）	每 $667m^2$ 产量（kg）					每 $667m^2$ 施肥量（kg）			
		N0P0K0	N0P2K2	N2P0K2	N2P2K0	N2P2K2	N	P_2O_5	K_2O	$N+P_2O_5+K_2O$
高≥550	2	444	541	584	628	665	12.50	9.20	5.00	26.7
中 400～550	10	306	372	406	434	465	12.50	9.20	5.00	26.7
低<400	3	252	288	325	354	384	12.50	9.20	5.00	26.7
平均		314	378	414	444	476	12.50	9.20	5.00	26.7

玉米“3414”肥效试验分析结果见表 5-6。玉米施用氮、磷、钾肥增产效果明显，其中氮肥增产最大，增产率为 26.4%；其次是磷肥，增产率为 15.2%；钾肥增产率最小，为 7.3%。玉米氮、磷、钾肥千克养分增产 6.3～7.8kg，其中氮肥千克养分增产最大，为 7.8kg；其次是磷肥，千克养分增产 6.7kg；钾肥千克养分增产最小，为 6.3kg。氮、磷、钾肥对玉米的贡献率为 34.1%。

表 5-6 玉米“3414”肥效试验肥效分析

每 667m² 产量水平（kg）	试验数量（个）	增产率（%）				千克养分增产（kg）				肥料贡献率（%）
		NPK	N	P	K	N+P_2O_5+K_2O	N	P	K	N+P_2O_5+K_2O
高≥550	2	50.0	23.1	14.0	5.9	8.3	10	8.9	7.4	33.3
中 400～550	10	51.9	25.0	14.6	7.2	6.0	7.4	6.4	6.2	34.2
低<400	3	52.4	33.2	17.9	8.5	4.9	7.6	6.3	6	34.4
平均		51.7	26.4	15.2	7.3	6.1	7.8	6.7	6.3	34.1

二、水地马铃薯“3414”肥效试验结果分析

将 2007—2009 年水地马铃薯各年份“3414”肥效试验按照高、中、低产田划分，并分类统计。表 5-7 是历年水地马铃薯“3414”田间试验施肥量、产量统计结果。

表 5-7 水地马铃薯“3414”肥效试验不同肥力水平、不同处理的施肥量、产量

每 667m² 产量水平（kg）	试验数量（个）	每 667m² 产量（kg）					每 667m² 施肥量（kg）			
		N0P0K0	N0P2K2	N2P0K2	N2P2K0	N2P2K2	N	P_2O_5	K_2O	N+P_2O_5+K_2O
高≥2 000	7	2 051	2 284	2 530	2 641	2 746	11.71	5.86	5.00	22.6
中 1 000～2 000	16	1 015	1 212	1 369	1 423	1 519	11.50	5.75	5.00	22.3
低<1 000	7	483	564	654	697	748	11.71	5.86	5.00	22.6
平均		1 133	1 311	1 473	1 538	1 625	11.60	5.80	5.00	22.4

水地马铃薯“3414”肥效试验分析结果见表 5-8。水地马铃薯施用氮、磷、钾肥增产效果明显，其中氮肥增产最大，增产率为 25.8%；其次是磷肥，增产率为 11.2%；钾肥增产率最小，为 6.3%。水地马铃薯氮、磷、钾肥千克养分增产 17.6～27.1kg，其中氮肥千克养分增产最大，为 27.1kg；其次是磷肥，千克养分增产 26.2kg；钾肥千克养分增产最小，为 17.6kg。氮、磷、钾肥对水地马铃薯的贡献率为 31.9%。

表 5-8 水地马铃薯“3414”肥效试验肥效分析

每 667m² 产量水平（kg）	试验数量（个）	增产率（%）				千克养分增产（kg）				肥料贡献率（%）
		NPK	N	P	K	N+P_2O_5+K_2O	N	P	K	N+P_2O_5+K_2O
高≥2 000	7	33.9	20.2	8.5	4	30.8	39.5	36.9	20.9	25.3
中 1 000～2 000	16	49.7	25.3	10.9	6.8	22.7	26.7	26.0	19.3	33.2
低<1 000	7	54.9	32.7	14.5	7.4	11.8	15.8	16.1	10.3	35.4
平均		47.2	25.8	11.2	6.3	22.0	27.1	26.2	17.6	31.9

三、旱地马铃薯“3414”肥效试验结果分析

将 2007—2009 年旱地马铃薯各年份“3414”肥效试验按照高、中、低产田划分，并分类统计。表 5-9 是历年旱地马铃薯“3414”田间试验施肥量、产量统计结果。

表 5-9　旱地马铃薯“3414”肥效试验不同肥力水平、不同处理的施肥量、产量

每 667m² 产量水平（kg）	试验数量（个）	每 667m² 产量（kg）					每 667m² 施肥量（kg）			
		N0P0K0	N0P2K2	N2P0K2	N2P2K0	N2P2K2	N	P_2O_5	K_2O	$N+P_2O_5+K_2O$
高≥1 000	3	939	966	1 133	1 172	1 274	10.00	5.00	5.00	20.0
中 500～1 000	20	450	472	625	648	709	10.00	9.00	9.00	28.0
低<500	7	262	282	376	388	430	10.00	9.00	9.00	28.0
平均		455	477	618	640	700	10.00	8.60	8.60	27.2

旱地马铃薯“3414”肥效试验分析结果见表 5-10。旱地马铃薯施用氮、磷、钾肥增产效果明显，其中氮肥增产最大，增产率为 48.9%；其次是磷肥，增产率为 13.5%；钾肥增产率最小，为 9.6%。旱地马铃薯氮、磷、钾肥千克养分增产 15.7～22.3kg，其中氮肥千克养分增产最大，为 22.3kg；其次是磷肥，千克养分增产 21.6kg；钾肥千克养分增产最小，为 15.7kg。氮、磷、钾肥对旱地马铃薯的贡献率为 36.1%。

表 5-10　旱地马铃薯“3414”肥效试验肥效分析

每 667m² 产量水平（kg）	试验数量（个）	增产率（%）				千克养分增产（kg）				肥料贡献率（%）
		NPK	N	P	K	$N+P_2O_5+K_2O$	N	P	K	$N+P_2O_5+K_2O$
高≥1 000	3	35.7	31.8	12.4	8.7	19.7	30.8	40.2	29.2	26.3
中 500～1 000	20	57.4	50.2	13.4	9.3	14.6	23.7	21.6	15.5	36.5
低<500	7	64.1	52.7	14.4	10.7	9.4	14.8	13.8	10.5	39.1
平均		56.8	48.9	13.5	9.6	13.9	22.3	21.6	15.7	36.1

四、滴灌马铃薯“3414”肥效试验结果分析

滴灌马铃薯施肥量及产量见表 5-11。

表 5-11　滴灌马铃薯“3414”肥效试验不同肥力水平、不同处理的施肥量、产量

每 667m² 产量水平（kg）	试验数量（个）	每 667m² 产量（kg）					每 667m² 施肥量（kg）			
		N0P0K0	N0P2K2	N2P0K2	N2P2K0	N2P2K2	N	P_2O_5	K_2O	$N+P_2O_5+K_2O$
高≥3 000	3	3 071	3 311	3 020	3 392	3 592	20.0	14.7	9.0	43.7
中 2 000～3 000	7	1 836	2 294	2 354	2 269	2 539	10.9	6.7	9.3	26.9
低<2 000	4	1 238	1 287	1 260	1 282	1 341	18.5	13.0	8.0	39.5
平均		1 930	2 224	2 184	2 228	2 422	15.0	10.2	8.9	34.1

滴灌马铃薯“3414”肥效试验分析结果见表 5-12。滴灌马铃薯施用氮、磷、钾肥增产效果明显，其中磷肥增产最大，增产率为 9.8%；其次是钾肥，增产率为 8.5%；氮肥增产率最小，为 8.4%。滴灌马铃薯氮、磷、钾肥千克养分增产 15.1～23.9kg，其中磷肥千克养分增产最大，为 23.9kg；其次是钾肥，千克养分增产 21.4kg；氮肥千克养分增产最小，为 15.1kg。氮、磷、钾肥对滴灌马铃薯的贡献率为 19.1%。

表 5-12　滴灌马铃薯“3414”肥效试验肥效分析

每 667m^2 产量水平（kg）	试验数量（个）	增产率（%）				千克养分增产（kg）				肥料贡献率（%）
		NPK	N	P	K	$N+P_2O_5+K_2O$	N	P	K	$N+P_2O_5+K_2O$
高≥3 000	3	17.0	8.5	19.0	5.9	11.9	14.1	39.0	22.2	14.5
中 2 000～3 000	7	38.3	10.7	7.9	11.9	26.2	22.6	27.6	29.0	27.7
低<2 000	4	8.3	4.2	6.4	4.6	2.6	2.9	6.2	7.4	7.7
平均		25.2	8.4	9.8	8.5	16.4	15.1	23.9	21.4	19.1

第三节　施肥模型分析

应用数学回归分析方法对“3414”肥料试验结果进行整理分析，建立起作物产量与施肥量之间的数学模型，即施肥效应函数。通过建立的方程可以获取该土壤养分范围内作物的氮、磷、钾经济合理施肥量，为合理施肥和指定配方肥配方提供依据。

一、三元二次肥料效应方程建立及合理施肥量

根据各年份玉米、水地马铃薯、旱地马铃薯“3414”试验结果，建立每个试验点的三元二次施肥模型，并计算最佳经济产量施肥量和最高产量施肥量。三元二次肥料效应方程模型为：

$$y=b_0+b_1x_1+b_2x_2+b_3x_3+b_4x_1{}^2+b_5x_2{}^2+b_6x_3{}^2+b_7x_1x_2+b_8x_1x_3+b_9x_2x_3$$

式中：y 为每 667m^2 产量（kg）；x_1、x_2、x_3 分别为 N、P_2O_5、K_2O 的每 667m^2 施用量（kg）；b_0 至 b_9 为回归系数。

经回归分析，玉米拟合典型方程 1 个，占试验总数的 0.07%；水地马铃薯拟合典型方程 11 个，占试验总数的 0.37%；旱地马铃薯拟合典型方程 9 个，占试验总数的 0.30%；滴灌马铃薯拟合典型方程 6 个，占试验总数的 42.86%。三元二次肥料效应方程见表 5-13。

表 5-13　“3414”肥效试验三元二次模型典型方程

作物	试验编号	肥料效应方程	R^2
玉米	200713	$y=230.16+12.13x_1+8.5x_2+6.03x_3-0.65x_1{}^2-1.39x_2{}^2-1.16x_3{}^2+1.03x_1x_2-0.81x_1x_3+1.52x_2x_3$	0.974 1
水地马铃薯	200704	$y=1012.24+7.57x_1+85.8x_2+53.84x_3-1.76x_1{}^2-16.49x_2{}^2-15.17x_3{}^2+1.95x_1x_2+2.21x_1x_3+4.56x_2x_3$	0.898 3
	200705	$y=1565.8+65.06x_1+103.29x_2-4.7x_3-3.29x_1{}^2-11.73x_2{}^2-18.09x_3{}^2-9.76x_1x_2+5.37x_1x_3+13.58x_2x_3$	0.765 1
	200707	$y=2710.23+58.52x_1+105.36x_2+51.35x_3-8.33x_1{}^2-33.46x_2{}^2-38.13x_3{}^2+13.11x_1x_2+17.15x_1x_3+29.3x_2x_3$	0.952 9
	200802	$y=2215.1+67.58x_1+95.42x_2+31.86x_3-5.23x_1{}^2-19.78x_2{}^2-28.29x_3{}^2+2.23x_1x_2+10.61x_1x_3+30.32x_2x_3$	0.953 9

（续）

作物	试验编号	肥料效应方程	R^2
水地马铃薯	200808	$y=1490.11+33.06x_1+47.32x_2+112.75x_3-2.04x_1^2-5.98x_2^2-13.93x_3^2+1.44x_1x_2+1.18x_1x_3+2.65x_2x_3$	0.886 2
	200902	$y=1179.53+62.98x_1+103.21x_2+72.89x_3-4.78x_1^2-18.66x_2^2-8.5x_3^2+9.4x_1x_2-1.98x_1x_3-16.37x_2x_3$	0.946 1
	200903	$y=787.32+109.6x_1+217.45x_2+135.12x_3-11.06x_1^2-31.22x_2^2-42.5x_3^2+8.6x_1x_2+19.89x_1x_3+3.21x_2x_3$	0.756 1
	200905	$y=1467.49+60.99x_1+31.06x_2+108.18x_3-3.36x_1^2-13.05x_2^2-9.54x_3^2+8.37x_1x_2-6.61x_1x_3+1.82x_2x_3$	0.687 8
	200907	$y=635.67+10.99x_1+44.7x_2+100.89x_3-1.65x_1^2-7.23x_2^2-16.59x_3^2+2.83x_1x_2+3.91x_1x_3+2.96x_2x_3$	0.972 1
	200911	$y=507.45+27.15x_1+38.4x_2+21.99x_3-2.4x_1^2-6.29x_2^2-4.37x_3^2+2.7x_1x_2+1.8x_1x_3-2.03x_2x_3$	0.851 7
	200913	$y=475.77+96.75x_1+27.84x_2+40.7x_3-4.28x_1^2-11.21x_2^2-15.71x_3^2-0.6x_1x_2+2.33x_1x_3+14.47x_2x_3$	0.999 3
旱地马铃薯	200701	$y=456.89+12.35x_1+22.79x_2+28.61x_3-0.92x_1^2-4.86x_2^2-4.92x_3^2+1.09x_1x_2-0.59x_1x_3+1.99x_2x_3$	0.543 7
	200705	$y=274.65+7.31x_1+30.21x_2+23.63x_3-0.86x_1^2-5.59x_2^2-4.48x_3^2+1.45x_1x_2+0.52x_1x_3+0.07x_2x_3$	0.705 9
	200706	$y=253.11+22.71x_1+26.12x_2+7.33x_3-1.49x_1^2-2.93x_2^2-2.29x_3^2-0.22x_1x_2+0.21x_1x_3+0.24x_2x_3$	0.844 5
	200803	$y=568.46+15.96x_1-43.34x_2+87.47x_3-1.89x_1^2-9.39x_2^2-21.23x_3^2+6.63x_1x_2-2.75x_1x_3+14.36x_2x_3$	0.704 6
	200806	$y=608.61+65.26x_1+4.89x_2+32.79x_3-3.7x_1^2-18.05x_2^2-21.79x_3^2+1.64x_1x_2-0.01x_1x_3+30.73x_2x_3$	0.863 0
	200807	$y=441.91+21.33x_1+27.48x_2+50.54x_3-1.9x_1^2-7.9x_2^2-5.7x_3^2+5.59x_1x_2-0.94x_1x_3-5.72x_2x_3$	0.862 5
	200905	$y=256.17+30.26x_1+41.75x_2+8.89x_3-1.77x_1^2-11.1x_2^2-14.53x_3^2-2.23x_1x_2+3.71x_1x_3+14.94x_2x_3$	0.890 5
	200906	$y=708.69+52.83x_1-3.05x_2+107.93x_3-2.91x_1^2-4.3x_2^2-13.55x_3^2+2.49x_1x_2-5.54x_1x_3+7.35x_2x_3$	0.935 0
	200907	$y=379.3+30.58x_1+80.48x_2+100.3x_3-2.55x_1^2-5.51x_2^2-11.38x_3^2+1.83x_1x_2+1.74x_1x_3-14.48x_2x_3$	0.947 7
滴灌马铃薯	201101	$y=3147.24+39.34x_1+118.25x_2+69.41x_3-1.21x_1^2-6.53x_2^2-1.28x_3^2+2.04x_1x_2-0.34x_1x_3-0.56x_2x_3$	0.891 6

（续）

作物	试验编号	肥料效应方程	R^2
滴灌马铃薯	201102	$y=3163.25+58.4x_1+114.03x_2+91.09x_3-1.86x_1^2-6.04x_2^2-2.81x_3^2-0.1x_1x_2+0.7x_1x_3-0.16x_2x_3$	0.925 5
	201103	$y=3344.37+93.39x_1+111.52x_2+72.94x_3-1.84x_1^2-7.16x_2^2-1.91x_3^2+0.01x_1x_2-1.12x_1x_3+1.31x_2x_3$	0.912 6
	201104	$y=3072.38+77.98x_1+295.87x_2+579.25x_3-5.01x_1^2-17.98x_2^2-62.77x_3^2+7.62x_1x_2+9.17x_1x_3-30.03x_2x_3$	0.888 6
	201502	$y=2826.52+94.8x_1+109.35x_2-51.86x_3-3.04x_1^2-7.43x_2^2-34.02x_3^2-3.25x_1x_2+7.9x_1x_3+16.37x_2x_3$	0.960 9
	201503	$y=3949.61+77.25x_1+24.75x_2+171.35x_3-2.7x_1^2-4.26x_2^2-33.64x_3^2+0.98x_1x_2-1.81x_1x_3+11.26x_2x_3$	0.886 7

玉米、水地马铃薯、旱地马铃薯、滴灌马铃薯三元二次施肥模型拟合方程的最佳经济产量施肥量、最高经济产量施肥量见表5-14。尽管各作物三元二次施肥模型拟合方程成功，但是由此方程计算的经济产量施肥量和最高产量施肥量部分偏离生产实践，施肥量过高或者过低，甚至出现负值。

表5-14 “3414”肥效试验三元二次模型典型方程施肥量

作物	试验地编号	土壤养分测试值			每667m²最佳经济施肥量			最高产量每667m²施肥量		
		全氮(g/kg)	有效磷(mg/kg)	速效钾(mg/kg)	N(kg)	P_2O_5(kg)	K_2O(kg)	N(kg)	P_2O_5(kg)	K_2O(kg)
玉米	200713	0.73	3.3	68	11.91	7.24	1.58	15.28	11.35	4.73
水地马铃薯	200704	1.58	9.3	244	4.09	3.02	2.38	5.68	3.31	2.68
	200705	1.59	12.1	240	0.10	1.94	1.62	8.53	1.94	1.86
	200707	1.59	8.8	76	18.30	8.61	8.04	19.61	9.19	8.62
	200802	0.716	5.8	74	17.98	10.61	9.55	19.30	11.38	10.28
	200808	0.91	12.5	113	10.51	5.89	4.90	11.88	6.53	5.17
	200902	0.44	10	195	10.85	5.44	3.07	11.58	5.77	3.26
	200903	0.44	5.9	54	10.49	5.06	4.18	10.87	5.20	4.33
	200905	0.94	10.5	184	0.10	5.78	0.89	16.83	6.62	0.47
	200907	0.84	6.2	80	−5.77	6.42	5.07	16.34	7.44	5.63
	200911	0.85	9.4	73	7.97	3.92	2.75	9.47	4.54	3.41
	200913	0.51	9.4	73	11.51	2.86	3.33	12.09	3.32	3.72

（续）

作物	试验地编号	土壤养分测试值			每667m²最佳经济施肥量			最高产量每667m²施肥量		
		全氮(g/kg)	有效磷(mg/kg)	速效钾(mg/kg)	N(kg)	P_2O_5(kg)	K_2O(kg)	N(kg)	P_2O_5(kg)	K_2O(kg)
旱地马铃薯	200701	1.03	3.5	190	5.24	2.98	2.76	8.01	3.90	3.22
	200705	0.88	9.2	310	0.10	2.90	2.46	8.41	3.81	3.15
	200706	0.88	9.3	310	5.99	3.42	1.10	7.46	4.26	2.16
	200803	0.98	4.8	98	−1.62	−2.12	1.35	3.65	0.51	1.99
	200806	0.65	6.8	153	8.76	2.37	2.32	9.49	3.01	2.88
	200807	0.87	6.8	296	−16.11	6.77	−0.55	20.61	9.82	−2.19
	200905	0.83	7.2	154	0.10	2.51	2.52	9.91	2.97	3.10
	200906	0.49	8.4	132	6.68	4.03	3.55	7.65	5.10	3.80
	200907	1.06	6.4	73	−25.36	11.31	−2.34	9.60	13.03	−3.15
滴灌马铃薯	201101				21.93	11.40	20.44	23.06	11.75	21.52
	201102				18.13	8.82	17.62	18.90	9.04	18.30
	201103				20.09	9.02	15.39	20.49	9.29	16.24
	201104				17.67	8.73	3.79	17.99	8.86	3.81
	201502				14.97	6.72	2.55	15.39	6.96	2.70
	201503				14.35	9.07	3.63	14.80	9.57	3.75

二、一元二次肥料效应方程建立及合理施肥量

根据各年份玉米、水地马铃薯、旱地马铃薯“3414”试验结果，建立每个试验点的一元二次施肥模型，计算最佳经济产量施肥量和最高产量施肥量。一元二次肥料效应方程模型为：

$$y=b_0+b_1x+b_2x^2$$

式中：y为每667m²产量（kg）；x为N、P_2O_5、K_2O的每667m²施用量（kg）；b_0、b_1、b_2为回归系数。

经回归分析，玉米、水地马铃薯、旱地马铃薯、滴灌马铃薯“3414”肥效试验氮肥肥料效应一元二次肥效方程见表5-15。其中玉米一元二次典型模型11个，占试验总数的73.3%；水地马铃薯拟合典型方程30个，占试验总数的100.0%；旱地马铃薯拟合典型方程30个，占试验总数的100.0%；滴灌马铃薯拟合典型方程13个，占试验总数的92.9%。一元二次方程计算的氮肥施用量比三元二次方程计算的氮肥施用量更接近实际生产。

表 5-15 氮肥一元二次模型典型方程及合理施肥量

作物	试验编号	全氮含量(g/kg)	肥料效应方程	相关系数(r)	每 667m² 最佳施肥量(kg)	最高产量每 667m² 施肥量(kg)
玉米	200701	0.98	$y=389.28+10.05x-0.51x^2$	0.8643	7.22	9.9
	200702	0.97	$y=299.15+15.54x-0.61x^2$	0.7147	10.57	12.82
	200704	1.58	$y=429.48+12.44x-0.4x^2$	0.9077	12.22	15.65
	200706	1.17	$y=429.48+12.44x-0.4x^2$	0.0376	12.22	15.65
	200707	1.11	$y=457.65+10.07x-0.48x^2$	0.2087	7.70	10.55
	200709	0.68	$y=241.03+26.72x-0.99x^2$	0.0136	12.16	13.54
	200710	1.71	$y=753.56+4.42x-0.23x^2$	0.2087	3.67	9.52
	200711	1.18	$y=455.74+13.43x-0.55x^2$	0.6255	9.79	12.27
	200712	1.04	$y=414.32+10.88x-0.49x^2$	0.9996	8.36	11.15
	200713	0.73	$y=259.16+18.27x-0.67x^2$	0.4062	11.62	13.65
	200715	0.77	$y=309.01+8.68x-0.43x^2$	0.5288	6.98	10.17
水地马铃薯	200701	0.72	$y=1353.38+52.91x-1.04x^2$	0.9970	23.39	25.48
	200702	0.81	$y=1442.38+16.44x-0.87x^2$	0.6463	6.94	9.43
	200703	0.52	$y=1536.23+77.44x-3.83x^2$	0.8487	9.54	10.11
	200704	1.58	$y=1036.96+16.38x-0.97x^2$	0.7085	6.18	8.41
	200705	1.59	$y=1642.87+16.11x-1.29x^2$	0.8407	4.55	6.23
	200706	1.84	$y=844.95+30.2x-4.34x^2$	0.9550	2.98	3.48
	200707	1.59	$y=2303+245.67x-9.5x^2$	0.9392	12.70	12.93
	200801	0.93	$y=3395.9+105.23x-5.94x^2$	0.9726	8.49	8.85
	200802	0.72	$y=2419.15+139.19x-5.38x^2$	0.9331	12.53	12.93
	200803	1.71	$y=1336.2+10.03x-0.33x^2$	0.1744	8.53	15.05
	200804	2.41	$y=819.65+5.61x-0.2x^2$	0.3444	3.12	13.92
	200805	0.81	$y=672.05+19.26x-0.72x^2$	0.9982	10.42	13.46
	200806	1.10	$y=1497.6+45.27x-2.94x^2$	0.8357	6.95	7.69
	200807	0.74	$y=1161.9+84.57x-4.28x^2$	0.9852	9.38	9.88
	200808	0.91	$y=1849+71x-3.36x^2$	0.8432	9.91	10.56
	200809	1.70	$y=809.65+46.19x-1.33x^2$	0.9942	15.77	17.41
	200810	0.93	$y=1143.25+10.54x-0.03x^2$	0.4092	89.16	151.80
	200901	0.69	$y=1039.85+64.73x-2.55x^2$	0.8771	11.84	12.70
	200902	0.44	$y=1316.15+96.53x-4.1x^2$	0.9718	11.23	11.76
	200903	0.44	$y=678.9+151.32x-4.74x^2$	0.9117	15.52	15.97
	200904	1.04	$y=531.85+54.73x-2.63x^2$	0.9898	9.57	10.40
	200905	0.94	$y=1526.45+135.91x-6.59x^2$	0.9949	9.98	10.31

（续）

作物	试验编号	全氮含量（g/kg）	肥料效应方程	相关系数（r）	每 667m^2 最佳施肥量（kg）	最高产量每 667m^2 施肥量（kg）
水地马铃薯	200906	0.53	$y=932.4+125.57x-5.03x^2$	0.9827	12.05	12.49
	200907	0.84	$y=815.3+54.22x-1.99x^2$	0.9747	12.55	13.65
	200908	1.74	$y=1818.65+6.94x-0.31x^2$	0.0985	4.15	11.11
	200909	1.18	$y=1402.4+48.15x-3.4x^2$	0.8908	6.44	7.08
	200910	1.07	$y=554.85+60.06x-3.55x^2$	0.9311	7.85	8.46
	200911	0.85	$y=448.25+39.21x-1.62x^2$	0.9913	10.77	12.12
	200912	0.60	$y=350.4+26.9x-1.03x^2$	0.8513	10.97	13.09
	200913	0.51	$y=483+105x-4.28x^2$	0.9986	11.76	12.27
旱地马铃薯	200701	1.03	$y=508.89+7.72x-0.3x^2$	0.9405	5.67	12.99
	200702	1.13	$y=739.91+17.64x-0.99x^2$	0.9930	6.69	8.88
	200703	0.84	$y=377.69+26.81x-1.2x^2$	0.9224	9.39	11.21
	200704	1.47	$y=468.55+29.26x-2x^2$	0.7501	6.23	7.32
	200705	0.88	$y=286.27+13.61x-0.52x^2$	0.9144	8.87	13.04
	200706	0.88	$y=290.53+19.35x-1.2x^2$	0.9983	6.26	8.08
	200707	1.11	$y=470.35+19.92x-1.34x^2$	0.8478	5.81	7.43
	200801	0.64	$y=1282.85+21.57x-0.77x^2$	0.9488	11.18	14.01
	200802	1.07	$y=1207.3+24.96x-1.48x^2$	0.3926	6.96	8.43
	200803	0.98	$y=517.5+17.5x-0.98x^2$	0.8000	6.71	8.93
	200804	1.65	$y=727.8+6.96x-0.52x^2$	0.0355	2.51	6.69
	200805	0.69	$y=319.35+29.77x-1.37x^2$	0.9600	9.28	10.86
	200806	0.65	$y=627.18+59.74x-2.9x^2$	0.9983	9.57	10.32
	200807	0.87	$y=481.21+23.66x-0.97x^2$	0.8466	10.00	12.25
	200808	0.8	$y=513+11.17x-0.39x^2$	0.7543	8.76	14.36
	200809	0.92	$y=579.4+34.68x-1.48x^2$	0.9772	10.25	11.72
	200810	0.54	$y=732.93+16.79x-0.77x^2$	0.3979	8.13	10.97
	200901	0.58	$y=293.3+18.86x-0.74x^2$	0.9935	9.80	12.74
	200902	0.77	$y=266.4+21.08x-0.8x^2$	0.6836	10.46	13.18
	200903	0.74	$y=636.8+68.46x-3.82x^2$	0.9897	8.39	8.96
	200904	1.11	$y=588.25+62.25x-3.29x^2$	0.8286	8.80	9.46
	200905	0.83	$y=300.1+25.62x-1.06x^2$	0.9940	10.03	12.08
	200906	0.49	$y=945.25+41.65x-2.85x^2$	0.7038	6.54	7.31
	200907	1.06	$y=623.75+48.65x-2.89x^2$	0.7855	7.66	8.42
	200908	0.88	$y=698.05+21.41x-1.37x^2$	0.9388	6.23	7.81

（续）

作物	试验编号	全氮含量(g/kg)	肥料效应方程	相关系数(r)	每 667m² 最佳施肥量(kg)	最高产量每 667m² 施肥量（kg）
旱地马铃薯	200909	0.76	y=635.55+16.81x-0.81x^2	0.948 2	7.69	10.38
	200910	0.51	y=433.9+19.18x-1.18x^2	0.451 6	6.28	8.13
	200911	1.00	y=362.8+31.56x-2.2x^2	0.879 5	6.18	7.17
	200912	1.47	y=358.05+38.11x-1.95x^2	0.996 1	8.66	9.77
	200913	0.73	y=418.3+38.76x-1.72x^2	0.867 9	10.00	11.27
滴灌马铃薯	201001	1.02	y=4244.64+59.87x-1.48x^2	0.780 3	18.70	20.17
	201003	0.95	y=4325.58+87.07x-2.02x^2	0.971 6	20.97	21.57
	201101	1.81	y=4322.5+75.83x-1.88x^2	0.666 9	19.57	20.22
	201102	0.98	y=4624.25+100.33x-2.55x^2	0.747 8	19.17	19.64
	201103	0.82	y=4267.9+187.43x-4.53x^2	0.976 2	20.45	20.69
	201104	0.47	y=2931.98+164.19x-4.25x^2	0.795 8	19.06	19.32
	201105	1.11	y=4216.55+181.41x-5.63x^2	0.952 5	15.93	16.12
	201106	1.26	y=4530.8+129.57x-4.68x^2	0.624 4	13.60	13.84
	201401	1.48	y=4343+156.46x-5.43x^2	0.902 7	14.20	14.40
	201402	0.52	y=4191.3+98.65x-3.09x^2	0.997 4	15.60	15.95
	201501	0.68	y=3464.6+113.48x-3.44x^2	0.922 5	16.17	16.48
	201502	0.85	y=3069.6+95.97x-3.08x^2	0.904 4	15.24	15.59
	201503	1.06	y=4340.75+72.68x-2.27x^2	0.911 1	15.52	16.00

经回归分析，玉米、马铃薯“3414”肥效试验磷肥肥料效应一元二次肥效方程见表5-16。其中玉米一元二次典型方程12个，占试验总数的80.0%；水地马铃薯拟合典型方程30个，占试验总数的100.0%；旱地马铃薯拟合典型方程29个，占试验总数的96.7%；滴灌马铃薯拟合典型方程13个，占试验总数的92.9%。一元二次方程计算的磷肥施用量比三元二次方程计算的磷肥施用量更接近实际生产。

表 5-16　磷肥一元二次模型典型方程及合理施肥量

作物	试验编号	有效磷含量(mg/kg)	肥料效应方程	相关系数(r)	每 667m² 最佳施肥量(kg)	最高产量每 667m² 施肥量（kg）
玉米	200701	8.3	y=380.86+7.61x-0.43x^2	0.712 3	5.19	8.8
	200702	37.8	y=400.61+4.12x-0.28x^2	0.814 1	1.79	7.42
	200703	10.6	y=357.72+8.47x-0.12x^2	0.995 4	23.09	36.58
	200704	9.8	y=410.12+17.35x-0.87x^2	0.775 2	8.19	9.99
	200706	6.7	y=410.12+17.35x-0.87x^2	0.775 2	8.19	9.99

（续）

作物	试验编号	有效磷含量（mg/kg）	肥料效应方程	相关系数（r）	每 $667m^2$ 最佳施肥量（kg）	最高产量每 $667m^2$ 施肥量（kg）
玉米	200707	6.1	$y=390.78+25.6x-1.29x^2$	0.9448	8.69	9.9
	200708	4.0	$y=322.52+18.15x-0.85x^2$	0.9608	8.8	10.64
	200709	10.0	$y=672.39+16.27x-0.6x^2$	0.9788	10.86	13.45
	200710	9.0	$y=414.72+17.18x-0.44x^2$	0.9615	16.03	19.59
	200711	6.7	$y=396.57+15.74x-0.77x^2$	0.9999	8.2	10.23
	200712	3.3	$y=227.5+29.12x-1.36x^2$	0.9995	9.57	10.72
	200713	11.2	$y=429+19.8x-1.58x^2$	0.9575	5.27	6.26
水地马铃薯	200701	11.6	$y=1665.84+114.88x-18.31x^2$	0.9880	3.00	3.14
	200702	4.8	$y=1376.78+27.87x-1.7x^2$	0.3823	6.74	8.22
	200703	15.2	$y=1881.77+122.63x-19.48x^2$	0.9998	3.02	3.15
	200704	9.3	$y=898.01+146.54x-18.35x^2$	0.9216	3.86	3.99
	200705	12.1	$y=1659.93+42.31x-6.4x^2$	0.9361	2.92	3.31
	200706	13.1	$y=744.38+53.55x-10.7x^2$	0.9420	2.27	2.50
	200707	8.8	$y=2562.55+389.02x-31.69x^2$	0.9829	6.06	6.14
	200801	13.4	$y=3281.4+217.13x-21x^2$	0.9936	5.05	5.17
	200802	5.8	$y=2392.7+190.73x-11.22x^2$	0.9819	8.28	8.50
	200803	12.5	$y=1193.1+64.7x-3.39x^2$	0.9521	8.81	9.55
	200804	30.9	$y=869.9+28.13x-4.67x^2$	0.9679	2.48	3.01
	200805	3.9	$y=487.35+87.28x-7.92x^2$	0.7078	5.20	5.51
	200806	15.1	$y=1383.65+85.55x-7.69x^2$	0.7571	5.23	5.56
	200807	24.7	$y=1480.25+77.75x-10.03x^2$	0.8694	3.63	3.88
	200808	12.5	$y=1867.45+137.65x-12.53x^2$	0.9196	5.29	5.49
	200809	10.5	$y=1119.4+8.97x-2.94x^2$	0.3355	0.67	1.52
	200810	12.8	$y=1063+81.17x-7.61x^2$	0.5593	5.00	5.33
	200901	10.4	$y=1201.85+98.62x-9.14x^2$	0.8139	5.12	5.40
	200902	10.0	$y=1303.95+166.65x-13.19x^2$	0.9995	6.13	6.32
	200903	5.9	$y=1252.6+241.2x-18x^2$	0.9905	6.56	6.70
	200904	10.7	$y=583.9+62.13x-6.33x^2$	0.5921	4.51	4.91
	200905	10.5	$y=1655.9+162.47x-16.78x^2$	0.6414	4.69	4.84
	200906	7.5	$y=1276.55+168.85x-15.19x^2$	0.9884	5.39	5.56
	200907	6.2	$y=851.55+98.02x-7.69x^2$	0.9927	6.04	6.37
	200908	7.5	$y=1435.7+121.4x-9.78x^2$	0.7753	5.95	6.21
	200909	10.7	$y=1192.55+156.52x-16.31x^2$	0.9935	4.65	4.80

（续）

作物	试验编号	有效磷含量（mg/kg）	肥料效应方程	相关系数（r）	每667m²最佳施肥量（kg）	最高产量每667m²施肥量（kg）
水地马铃薯	200910	14.8	$y=667.15+12.38x-0.75x^2$	0.991 1	4.92	8.26
	200911	9.4	$y=587.9+43.13x-4x^2$	0.990 4	4.77	5.39
	200912	10.8	$y=373+50x-5.22x^2$	0.406 0	4.31	4.79
	200913	9.4	$y=968.75+96.08x-11.47x^2$	0.997 8	3.97	4.19
旱地马铃薯	200701	3.5	$y=474.62+17.15x-0.95x^2$	0.680 5	6.41	9.04
	200702	8.5	$y=727.23+43.91x-5.39x^2$	0.969 7	3.61	4.07
	200703	4.6	$y=430.53+63.07x-7.12x^2$	0.929 3	4.08	4.43
	200704	4.1	$y=490.88+36.75x-3.66x^2$	0.883 4	4.34	5.02
	200705	9.2	$y=292.81+23.2x-2.5x^2$	0.886 6	3.64	4.64
	200706	9.3	$y=317.72+13.89x-1.22x^2$	0.832 3	3.65	5.71
	200707	7.1	$y=447.95+59.58x-7.8x^2$	0.784 5	3.50	3.82
	200801	6.2	$y=1105.2+104.4x-9.31x^2$	0.765 6	5.34	5.61
	200803	4.8	$y=479.65+47.23x-3.35x^2$	0.984 1	6.31	7.06
	200804	10.8	$y=662.3+51.31x-6.53x^2$	0.297 6	3.55	3.93
	200805	8.1	$y=366.75+53.86x-4.33x^2$	0.996 1	5.65	6.22
	200806	6.8	$y=723.06+142.8x-19.24x^2$	0.841 6	3.58	3.71
	200807	6.8	$y=528.72+67.33x-7.64x^2$	0.953 9	4.08	4.41
	200808	10.4	$y=561.75+41.85x-6.9x^2$	0.840 4	2.67	3.03
	200809	11.6	$y=699.25+43x-5.63x^2$	0.834 9	3.37	3.82
	200810	7.5	$y=664.8+39.89x-3.92x^2$	0.968 5	4.45	5.09
	200901	8.5	$y=313.9+45.66x-5.71x^2$	0.962 8	3.56	4.00
	200902	6.9	$y=349.5+33.14x-3.59x^2$	0.714 1	3.92	4.61
	200903	6.9	$y=713.35+105.91x-14.61x^2$	0.791 6	3.45	3.62
	200904	7.9	$y=627.3+84.17x-10.61x^2$	0.933 4	3.73	3.97
	200905	7.2	$y=360.8+48.17x-6.04x^2$	0.950 2	3.57	3.99
	200906	8.4	$y=953.25+75.29x-8.73x^2$	0.894 5	4.02	4.31
	200907	6.4	$y=691.45+87.11x-12.16x^2$	0.883 5	3.38	3.58
	200908	9.1	$y=597.95+89.69x-12.65x^2$	0.876 1	3.35	3.54
	200909	7.7	$y=588.45+60.54x-8.08x^2$	0.770 5	3.44	3.75
	200910	9.4	$y=360.35+75.63x-10.69x^2$	0.566 8	3.30	3.54
	200911	9.4	$y=392.45+39.4x-6.45x^2$	0.432 2	2.67	3.05
	200912	7.5	$y=418.5+52.86x-6.69x^2$	0.782 3	3.57	3.95
	200913	4.9	$y=549.1+50.34x-6.04x^2$	0.808 4	3.75	4.17

（续）

作物	试验编号	有效磷含量（mg/kg）	肥料效应方程	相关系数（r）	每667m²最佳施肥量（kg）	最高产量每667m²施肥量（kg）
滴灌马铃薯	201001	10.5	$y=4289.06+99.4x-4.97x^2$	0.575 2	9.49	9.99
	201003	12.1	$y=4113.68+135.79x-5.32x^2$	0.578 8	12.50	12.76
	201101	9.2	$y=4463.7+132.32x-6.73x^2$	0.655 3	9.62	9.83
	201102	10.8	$y=4711.4+182.17x-9.87x^2$	0.613 0	9.09	9.23
	201103	8.4	$y=4925.55+191.11x-10.47x^2$	0.430 6	9.01	9.13
	201104	6.5	$y=3100.4+298.48x-17.08x^2$	0.607 1	8.66	8.74
	201105	12.3	$y=4379.7+207.14x-9.56x^2$	0.734 7	10.70	10.83
	201106	11.7	$y=4423.25+173.65x-8.05x^2$	0.595 8	10.63	10.79
	201401	12.9	$y=4622.25+130.45x-6.05x^2$	0.577 4	10.57	10.78
	201402	11.4	$y=4424.05+91.41x-4.49x^2$	0.826 1	9.90	10.18
	201501	5.1	$y=3595.7+144.14x-6.82x^2$	0.821 7	10.38	10.57
	201502	6.9	$y=3320.7+129.14x-7.82x^2$	0.872 4	8.10	8.26
	201503	9.7	$y=4493.9+67.88x-2.72x^2$	0.800 1	12.02	12.48

经回归分析，玉米、马铃薯“3341”肥效试验钾肥肥料效应一元二次肥效方程见表5-17。其中玉米一元二次典型方程13个，占试验总数的86.7%；水地马铃薯拟合典型方程28个，占试验总数的93.3%；旱地马铃薯拟合典型方程28个，占试验总数的93.3%；滴灌马铃薯拟合典型方程13个，占试验总数的92.9%。一元二次方程计算的钾肥施用量比三元二次方程计算的钾肥施用量更接近实际生产。

表5-17 钾肥一元二次模型典型方程及合理施肥量

作物	试验编号	速效钾含量（mg/kg）	肥料效应方程	相关系数（r）	每667m²最佳施肥量（kg）	最高产量每667m²施肥量（kg）
玉米	200701	71	$y=363.36+26.42x-3.58x^2$	0.714 7	3.16	3.69
	200702	198	$y=427.78+3.39x-1.41x^2$	0.907 7	−0.13	1.2
	200703	82	$y=416.61-2.74x-0.24x^2$	0.037 6	0	0
	200704	301	$y=410.57+23.71x-2.52x^2$	0.208 7	3.96	4.7
	200705	209	$y=471.14+7.76x-0.94x^2$	0.013 6	2.14	4.14
	200706	173	$y=410.57+23.71x-2.52x^2$	0.208 7	3.96	4.7
	200709	77	$y=415.02+7.05x-1.78x^2$	0.625 5	0.93	1.98
	200710	306	$y=762.75+2.82x-0.47x^2$	0.101 6	−0.99	2.99
	200711	110	$y=474.92+28.95x-4.36x^2$	0.483	2.89	3.32
	200712	127	$y=397.95+34.98x-3.82x^2$	0.999 6	4.09	4.58

（续）

作物	试验编号	速效钾含量（mg/kg）	肥料效应方程	相关系数（r）	每667m^{2}最佳施肥量（kg）	最高产量每667m^{2}施肥量（kg）
玉米	200713	68	$y=359.84+2.53x-0.17x^2$	0.108 5	−3.53	7.37
	200714	123	$y=458.47+6.21x-0.54x^2$	0.406 2	2.27	5.75
	200715	123	$y=322.18+7.07x-0.13x^2$	0.528 8	12.98	27.63
水地马铃薯	200702	171	$y=1439.28+59.23x-8.43x^2$	0.904 5	3.26	3.51
	200703	103	$y=1499.98+207.91x-23.31x^2$	0.948 3	4.37	4.46
	200704	244	$y=1030.67+74.77x-12.04x^2$	0.963 8	2.92	3.10
	200705	240	$y=1613.49+60.13x-9.76x^2$	0.930 0	2.86	3.08
	200707	76	$y=2631.75+340.5x-27.56x^2$	0.996 9	6.10	6.18
	200801	243	$y=3837.05+4.02x-3.24x^2$	0.537 9	−0.05	0.62
	200802	74	$y=2289.5+322.6x-25.52x^2$	0.981 6	6.24	6.32
	200803	182	$y=1375.1+81.84x-12.16x^2$	0.981 8	3.19	3.37
	200804	341	$y=1422.02+179.61x-21.47x^2$	0.922 3	4.08	4.18
	200805	195	$y=755.65+8.66x-0.36x^2$	0.749 2	6.01	12.03
	200806	131	$y=1568.65+152.06x-24.28x^2$	0.977 9	3.04	3.13
	200807	162	$y=1377.7+50.08x-4.64x^2$	0.909 1	4.93	5.40
	200808	113	$y=1764.05+189.82x-20.44x^2$	0.839 7	4.54	4.64
	200809	115	$y=943.7+55.68x-3.52x^2$	0.810 9	7.29	7.91
	200810	154	$y=1124.85+103.94x-15.72x^2$	0.581 0	3.17	3.31
	200901	421	$y=1502.65+5.46x-0.36x^2$	0.700 5	1.57	7.58
	200902	195	$y=1860.05+69.82x-10.04x^2$	0.331 2	3.26	3.48
	200903	54	$y=1242.45+287.38x-24.52x^2$	0.984 4	5.77	5.86
	200904	224	$y=763.95+26.78x-8.92x^2$	0.661 6	1.26	1.50
	200905	184	$y=2034.3+144.72x-24.16x^2$	0.986 0	2.91	3.00
	200906	198	$y=1633+87.4x-16.4x^2$	0.759 0	2.53	2.66
	200907	80	$y=751.9+141.96x-13.84x^2$	0.968 4	4.97	5.13
	200908	162	$y=1650.6+97.64x-13.2x^2$	0.521 2	3.53	3.70
	200909	287	$y=1495.85+11.94x-1.48x^2$	0.083 4	2.57	4.03
	200910	249	$y=651.2+15.08x-2.16x^2$	0.149 2	2.49	3.49
	200911	73	$y=678.85+8.34x-0.84x^2$	0.943 3	2.39	4.96
	200912	201	$y=481.8+7.32x-0.88x^2$	0.013 7	1.70	4.16
	200913	73	$y=739.6+157.04x-15.84x^2$	0.997 3	4.82	4.96

（续）

作物	试验编号	速效钾含量（mg/kg）	肥料效应方程	相关系数（r）	每667m^{2}最佳施肥量（kg）	最高产量每667m^{2}施肥量（kg）
旱地马铃薯	200701	190	$y=526.78+14.71x-2x^2$	0.638 0	2.60	3.68
	200702	109	$y=711.51+45.32x-6.45x^2$	0.618 0	3.18	3.51
	200703	85	$y=396.23+28.39x-1.81x^2$	0.517 1	6.65	7.85
	200704	102	$y=491.1+44.64x-4.32x^2$	0.988 5	4.67	5.17
	200705	310	$y=343.36+9.48x-1.64x^2$	0.889 2	1.57	2.89
	200706	310	$y=374.47-1.09x-0.52x^2$	0.787 3	−5.21	−1.05
	200707	66	$y=423.55+40.42x-5.08x^2$	0.855 8	3.55	3.98
	200801	113	$y=1285.45+73.69x-7.1x^2$	0.973 9	4.88	5.19
	200802	60	$y=1051.75+99.29x-15.59x^2$	0.844 7	3.05	3.18
	200803	98	$y=495.9+82.23x-14.86x^2$	0.962 2	2.62	2.77
	200804	91	$y=616+84x-12.41x^2$	0.417 1	3.21	3.38
	200805	414	$y=520.15-3.34x-3.84x^2$	0.762 1	−1.00	−0.44
	200806	153	$y=755.29+68.77x-8.62x^2$	0.776 9	3.74	3.99
	200807	296	$y=655.56+6.09x-2.25x^2$	0.943 6	0.39	1.35
	200809	165	$y=653.35+28.77x-5.63x^2$	0.083 6	2.17	2.55
	200810	201	$y=717.95+46.11x-5.22x^2$	0.540 7	4.00	4.41
	200901	341	$y=396.95+7.69x-1.39x^2$	0.470 6	1.21	2.77
	200902	390	$y=438.25+7.29x-1.55x^2$	0.900 2	0.95	2.35
	200903	138	$y=813.55+91.46x-18.37x^2$	0.731 9	2.37	2.49
	200904	138	$y=638.05+96.6x-18.04x^2$	0.606 4	2.56	2.68
	200905	154	$y=312.05+67.46x-8.24x^2$	0.998 1	3.83	4.09
	200906	132	$y=960.55+101.46x-17.22x^2$	0.832 1	2.82	2.95
	200907	73	$y=703.15+86.66x-14.78x^2$	0.624 8	2.79	2.93
	200908	105	$y=789.65+9.8x-3.84x^2$	0.907 1	0.71	1.28
	200909	225	$y=684.75+31x-5.96x^2$	0.786 8	2.24	2.60
	200910	254	$y=366.05+114.31x-23.27x^2$	0.649 4	2.36	2.46
	200912	213	$y=550.25+3.86x-0.57x^2$	0.188 4	−0.41	3.38
	200913	101	$y=459.15+127.8x-17.39x^2$	0.983 6	3.55	3.68
滴灌马铃薯	201001	186	$y=4084.77+67.62x-1.41x^2$	0.891 7	21.85	23.98
	201003	142	$y=4379.72+76.82x-1.92x^2$	0.800 6	19.15	20.02
	201101	177	$y=3984.5+98.08x-2.36x^2$	0.685 0	20.07	20.77
	201102	98	$y=4852.9+98.78x-3.17x^2$	0.675 3	15.06	15.58
	201103	104	$y=5288.25+547.38x-73.69x^2$	0.999 6	3.69	3.71

（续）

作物	试验编号	速效钾含量（mg/kg）	肥料效应方程	相关系数（r）	每667m²最佳施肥量（kg）	最高产量每667m²施肥量（kg）
滴灌马铃薯	201104	73	$y=3306.53+571.89x-79.22x^2$	0.442 5	3.59	3.61
	201105	69	$y=4985.98+351.24x-49.09x^2$	0.639 2	3.55	3.58
	201106	112	$y=4439.78+566.01x-79.53x^2$	0.713 7	3.54	3.56
	201401	98	$y=4585+437.5x-60x^2$	0.708 1	3.62	3.65
	201402	172	$y=3907.25+540.63x-72.06x^2$	0.975 4	3.73	3.75
	201501	161	$y=3918.2+234.1x-29.25x^2$	0.713 3	3.95	4.00
	201502	149	$y=3348.2+299.1x-41.75x^2$	0.952 9	3.55	3.58
	201503	188	$y=4441.8+233.9x-27.75x^2$	0.910 8	4.16	4.21

三、土测值与合理施肥量关系函数模型建立

利用“3414”试验各试验点的土壤养分测试结果和拟合建立的一元二次施肥模型计算出的施肥量，采用对数函数模拟建立玉米、马铃薯的最佳施氮量与土壤全氮测定值、最佳施磷量与土壤有效磷测定值、最佳施钾量与土壤速效钾测定值的数学函数式（表5-18）。函数模型方程中，y为合理施肥量，分别为N、P_2O_5、K_2O的每667m²施肥量（kg），x为土壤养分测定值，分别为土壤全氮（g/kg）、有效磷（mg/kg）、速效钾（mg/kg）的含量，R^2为决定系数。

表5-18　不同作物最佳施肥量与土测值关系函数模型

作物	养分	最佳施肥量与土测值的函数模型	R^2	拟合试验点位数（个）
玉米	N	$y=-7.7856\ln x+8.2136$	0.662	8
	P_2O_5	$y=-3.2488\ln x+13.828$	0.833	8
	K_2O	$y=-0.9874\ln x+7.3365$	0.801	4
水地马铃薯	N	$y=-5.7878\ln x+8.5048$	0.732	26
	P_2O_5	$y=-2.229\ln x+9.7614$	0.507	21
	K_2O	$y=-2.675\ln x+17.064$	0.681	24
旱地马铃薯	N	$y=-4.2333\ln x+6.6567$	0.560	19
	P_2O_5	$y=-1.4442\ln x+6.3486$	0.409	15
	K_2O	$y=-1.5418\ln x+10.419$	0.471	16
滴灌马铃薯	N	$y=-5.2147\ln x+16.969$	0.485	8
	P_2O_5	$y=-1.4476\ln x+12.618$	0.647	5
	K_2O	$y=-12.799\ln x+69.085$	0.461	5

四、土壤养分测定值与无肥区产量相关关系

“3414”试验中，处理1（N0P0K0）为无肥区，即不施用任何肥料的空白区，其产量为基础地力。利用“3414”试验各试验点的土壤养分含量测定值和无肥区产量，建立模拟数学函数式（表5-19）。函数模型方程中，y 为无肥区产量，x 分别为土壤全氮（g/kg）、有效磷（mg/kg）、速效钾（mg/kg）的含量，即土壤养分测试值，R^2 为决定系数。

表5-19　不同作物无肥区产量与土测值关系函数模型

作物	养分	无肥区产量与土测值的函数模型	R^2	拟合试验点位数（个）
玉米	N	$y=761.99\ln x-4333.5$	0.891 8	10
	P_2O_5	$y=522.68\ln x-2856.9$	0.757 4	9
	K_2O	$y=491.33\ln x-2615.7$	0.553 1	6
水地马铃薯	N	$y=1550.7\ln x-10172$	0.891 7	30
	P_2O_5	$y=1453\ln x-9382.4$	0.848 9	21
	K_2O	$y=1493.9\ln x-9551.6$	0.800 6	25
旱地马铃薯	N	$y=732.32\ln x-4251.1$	0.891 8	30
	P_2O_5	$y=574.93\ln x-3213.3$	0.824	29
	K_2O	$y=611.22\ln x-3405.1$	0.782 4	16
滴灌马铃薯	N	$y=923.02\ln x+4147.3$	0.401 4	14
	P_2O_5	$y=1350.6\ln x+1224.1$	0.448 4	14
	K_2O	$y=711.74\ln x+547.33$	0.337 8	11

五、目标产量与基础产量相关关系

目标产量即计划产量，是决定肥料需要量的重要依据。目标产量并不是随意估计的产量，而是根据土壤肥力水平来确定的。目标产量的确定可以通过基础产量确定。由“3414”多点位试验组成基础产量（N0P0K0）和最佳经济产量（N2P2K2）的多对数据进行回归分析，模拟一元一次线性函数关系式。公式模拟如下：

$$y=a+bx$$

式中：y 为目标产量；x 为基础产量；a 和 b 为回归系数。玉米、马铃薯目标产量与基础产量的函数模型见表5-20。

表5-20　不同作物基础产量与目标产量关系函数模型

作物	函数名称	无肥区产量与土测值的函数模型	R^2	拟合试验点位数（个）
玉米	直线	$y=0.7377x+242.77$	0.804	15
水地马铃薯	直线	$y=1.2071x+372.89$	0.859	30
旱地马铃薯	直线	$y=1.2563x+149.59$	0.880	30
滴灌马铃薯	直线	$y=0.9915x+585.6$	0.791	14

第四节　土壤养分分级划分

一、土壤养分丰缺指标及分级划分

"3414"试验缺素区（即处理N0P2K2、N2P0K2、N2P2K0）产量占完全区（处理N2P2K2）产量的百分比即是缺素区产量的相对产量。以相对产量的高低及其所对应的土壤养分含量测定值来表示土壤养分的丰缺情况。缺素区产量公式如下：

$$缺素区相对产量=\frac{缺素区产量}{完全区产量}\times 100\%$$

固阳县玉米、水地马铃薯、旱地马铃薯土测值与相对产量函数关系见表5-21至表5-23。表中是土壤全氮、有效磷、速效钾、有机质与相对产量的函数关系，其中 y 为相对产量，x 为土壤全氮（g/kg）、有效磷（mg/kg）、速效钾（mg/kg）的含量，即土壤养分测试值，R^2 为决定系数。由于滴灌马铃薯试验点位少、施肥量偏大，应用试验计算的结果与实践偏差较大，因此未列出，有待于今后完善试验修正数据，指导生产。

表5-21　固阳县玉米土测值与相对产量函数关系及养分丰缺指标

养分	试验数量（个）	相对产量	丰缺程度	丰缺指标	方程	R^2
全氮(g/kg)	10	≤50%		≤0.41	$y=31.931\ln x+78.756$	0.626
		50%~65%	极低	0.41~0.65		
		65%~75%	低	0.65~0.89		
		75%~90%	中	0.89~1.42		
		90%~95%	高	1.42~1.66		
		>95%	极高	>1.66		
有效磷(mg/kg)	9	≤50%		≤0.9	$y=13.534\ln x+50.904$	0.7
		50%~65%	极低	0.9~2.8		
		65%~75%	低	2.8~5.9		
		75%~90%	中	5.9~18.0		
		90%~95%	高	18.0~26.0		
		>95%	极高	>26.0		
速效钾(mg/kg)	6	≤50%		≤35	$y=24.793\ln x-38.16$	0.797
		50%~65%	极低	35~64		
		65%~75%	低	64~96		
		75%~90%	中	96~176		
		90%~95%	高	176~215		
		>95%	极高	>215		

（续）

养分	试验数量（个）	相对产量	丰缺程度	丰缺指标	方程	R^2
有机质（g/kg）	10	≤50%		≤4	$y=21.844\ln x+19.926$	0.467
		50%～65%	极低	4～7.9		
		65%～75%	低	7.9～12.4		
		75%～90%	中	12.4～24.7		
		90%～95%	高	24.7～31.1		
		>95%	极高	>31.1		

表 5-22　固阳县水地马铃薯土测值与相对产量函数关系及养分丰缺指标

养分	试验数量（个）	相对产量	丰缺程度	丰缺指标	方程	R^2
全氮（g/kg）	24	≤50%		≤0.44	$y=33.364\ln x+77.39$	0.755
		50%～65%	极低	0.44～0.69		
		65%～75%	低	0.69～0.93		
		75%～90%	中	0.93～1.46		
		90%～95%	高	1.46～1.70		
		>95%	极高	>1.70		
有效磷（mg/kg）	30	≤50%		≤0.9	$y=13.2\ln x+51.088$	0.363
		50%～65%	极低	0.9～2.9		
		65%～75%	低	2.9～6.1		
		75%～90%	中	6.1～19.1		
		90%～95%	高	19.1～27.8		
		>95%	极高	>27.8		
速效钾（mg/kg）	20	≤50%		≤37	$y=26.273\ln x-44.61$	0.975
		50%～65%	极低	37～65		
		65%～75%	低	65～95		
		75%～90%	中	95～168		
		90%～95%	高	168～203		
		>95%	极高	>203		
有机质（g/kg）	29	≤50%		≤6	$y=24.224\ln x+6.7277$	0.569
		50%～65%	极低	6～11.1		
		65%～75%	低	11.1～16.7		
		75%～90%	中	16.7～31.1		
		90%～95%	高	31.1～38.2		
		>95%	极高	>38.2		

表 5-23 固阳县旱地马铃薯土测值与相对产量函数关系及养分丰缺指标

养分	试验数量（个）	相对产量	丰缺程度	丰缺指标	方程	R^2
全氮（g/kg）	22	≤50%		≤0.35	$y=33.279\ln x+84.783$	0.641
		50%～65%	极低	0.35～0.55		
		65%～75%	低	0.55～0.75		
		75%～90%	中	0.75～1.17		
		90%～95%	高	1.17～1.36		
		>95%	极高	>1.36		
有效磷（mg/kg）	24	≤50%		≤0.9	$y=15.189\ln x+51.53$	0.551
		50%～65%	极低	0.9～2.4		
		65%～75%	低	2.4～4.7		
		75%～90%	中	4.7～12.6		
		90%～95%	高	12.6～17.5		
		>95%	极高	>17.5		
速效钾（mg/kg）	14	≤50%		≤20	$y=19.667\ln x-8.6219$	0.759
		50%～65%	极低	20～42		
		65%～75%	低	42～70		
		75%～90%	中	70～151		
		90%～95%	高	151～194		
		>95%	极高	>194		
有机质（g/kg）	24	≤50%		≤4.8	$y=25.296\ln x+10.209$	0.509
		50%～65%	极低	4.8～8.7		
		65%～75%	低	8.7～13		
		75%～90%	中	13～23.4		
		90%～95%	高	23.4～28.6		
		>95%	极高	>28.6		

二、不同土壤养分丰缺指标下经济合理施肥量

将土壤养分丰缺指标代入不同作物最佳施肥量与土测值的关系函数式中，得出不同作物各级丰缺指标下的经济合理施肥量，结果见表 5-24 至表 5-26。

表 5-24 固阳县玉米合理施肥量

养分	丰缺程度	丰缺指标	每 667m²经济合理施肥量（kg）
全氮（g/kg）	极低	≤0.65	≥11.6
	低	0.65～0.89	9.1～11.6
	中	0.89～1.42	5.5～9.1
	高	1.42～1.66	4.3～5.5
	极高	>1.66	<4.3

（续）

养分	丰缺程度	丰缺指标	每667m²经济合理施肥量（kg）
有效磷（mg/kg）	极低	≤2.8	≥10.4
	低	2.8～5.9	8～10.4
	中	5.9～18.0	4.4～8
	高	18.0～26.0	3.2～4.4
	极高	>26.0	<3.2
速效钾（mg/kg）	极低	≤64	≥3.2
	低	64～96	2.8～3.2
	中	96～176	2.2～2.8
	高	176～215	2.0～2.2
	极高	>215	<2.0

表 5-25　固阳县水地马铃薯合理施肥量

养分	丰缺程度	丰缺指标	每667m²经济合理施肥量（kg）
全氮（g/kg）	极低	≤0.69	≥10.7
	低	0.69～0.93	8.9～10.7
	中	0.93～1.46	6.3～8.9
	高	1.46～1.70	5.4～6.3
	极高	>1.70	<5.4
有效磷（mg/kg）	极低	≤2.9	≥7.4
	低	2.9～6.1	5.7～7.4
	中	6.1～19.1	3.2～5.7
	高	19.1～27.8	2.3～3.2
	极高	>27.8	<2.3
速效钾（mg/kg）	极低	≤65	≥5.9
	低	65～95	4.9～5.9
	中	95～168	3.4～4.9
	高	168～203	2.8～3.4
	极高	>203	<2.8

表 5-26　固阳县旱地马铃薯合理施肥量

养分	丰缺程度	丰缺指标	每 $667m^2$ 经济合理施肥量（kg）
全氮（g/kg）	极低	≤0.55	≥9.2
	低	0.55～0.75	7.9～9.2
	中	0.75～1.17	6.0～7.9
	高	1.17～1.36	5.4～6.0
	极高	>1.36	<5.4
有效磷（mg/kg）	极低	≤2.4	≥5.1
	低	2.4～4.7	4.1～5.1
	中	4.7～12.6	2.7～4.1
	高	12.6～17.5	2.2～2.7
	极高	>17.5	<2.2
速效钾（mg/kg）	极低	≤42	≥4.6
	低	42～70	3.9～4.6
	中	70～151	2.7～3.9
	高	151～194	2.3～2.7
	极高	>194	<2.3

第五节　施肥技术参数分析

一、单位经济产量养分吸收量

秋季“3414”肥效试验测产时进行植株取样，不同作物、不同土壤肥力水平选取3个试验点采集植株样品。分别计算各年份不同肥力水平下多个试验点的每一个小区的单位经济产量吸收的氮（N）、磷（P_2O_5）、钾（K_2O）的数量，求平均值。单位经济产量吸收养分量计算的基本公式为：

$$\begin{matrix}100\text{kg 经济产量}\\\text{吸收养分量（kg）}\end{matrix}=\frac{\text{经济产量}\times\begin{matrix}\text{经济器官中}\\\text{元素含量（\%）}\end{matrix}+\text{茎叶产量}\times\begin{matrix}\text{茎叶中元素}\\\text{含量（\%）}\end{matrix}}{\text{经济产量}}\times100$$

（一）不同产量水平单位经济产量吸收养分量

不同作物不同产量水平下单位经济产量吸收养分量计算结果见表5-27。玉米100kg经济产量吸收氮（N）、磷（P_2O_5）、钾（K_2O）的养分量平均值分别为1.30kg、0.53kg、1.69kg；水地马铃薯100kg经济产量吸收氮（N）、磷（P_2O_5）、钾（K_2O）的养分量平均值分别为0.67kg、0.12kg、1.01kg；旱地马铃薯100kg经济产量吸收氮（N）、磷（P_2O_5）、钾（K_2O）的养分量平均值分别为0.58kg、0.11kg、0.95kg。

表 5-27　固阳县各主栽作物单位经济产量吸收养分量

作物	每 667m² 产量水平（kg）	试验数量	100kg 经济产量吸收养分量（kg）		
			N	P_2O_5	K_2O
玉米	高≥550	2	1.47	0.5	1.97
	中 400～550	1	0.96	0.6	1.13
	低<400				
	平均		1.30	0.53	1.69
水地马铃薯	高≥2 000	3	0.53	0.12	1.01
	中 1 000～2 000	3	0.71	0.12	1.01
	低<1 000	3	0.76	0.13	1.01
	平均		0.67	0.12	1.01
旱地马铃薯	高≥1 000	3	0.45	0.11	0.85
	中 500～1 000	2	0.58	0.11	0.98
	低<500	4	0.78	0.12	1.04
	平均		0.58	0.11	0.95

随着产量水平的提高，玉米单位经济产量吸氮量呈升高趋势，吸磷量呈降低趋势，吸钾量呈升高趋势；水地马铃薯单位经济产量吸收氮、磷量呈降低趋势，吸钾量没有变化；旱地马铃薯单位经济产量吸收氮、磷、钾量呈降低趋势。

（二）施肥量对作物单位经济产量吸收养分量的影响

不同作物的不同施肥量对单位经济产量吸收养分量的影响见表 5-28。玉米单位经济产量吸收氮的量随施氮量的增加呈现先增加后降低的趋势；吸收磷的量随着磷肥的增加呈现先增加后降低的趋势；吸收钾的量随着施钾量的增加呈现增加的趋势。水地马铃薯单位经济产量吸收氮的量随施氮量的增加呈现先增加后降低的趋势；吸收磷的量随着磷肥的增加呈现先增加后降低的趋势；吸收钾的量随着施钾量的增加呈现先增加后降低的趋势。旱地马铃薯单位经济产量吸收氮的量随施氮量的增加呈现增加的趋势；吸收磷的量随着磷肥的增加呈现先增加后降低的趋势；吸收钾的量随着施钾量的增加呈现先增加后降低的趋势。

表 5-28　固阳县各主栽作物单位经济产量吸收养分量随施肥量增加的变化

作物	施氮水平	100kg 经济产量吸收 N（kg）	施磷水平	100kg 经济产量吸收 P_2O_5（kg）	施钾水平	100kg 经济产量吸收 K_2O（kg）
玉米	N0P2K2	1.18	N2P0K2	0.39	N2P2K0	1.26
	N1P2K2	1.26	N2P1K2	0.53	N2P2K1	1.39
	N2P2K2	1.30	N2P2K2	0.53	N2P2K2	1.69
	N3P2K2	1.25	N2P3K2	0.47	N2P2K3	1.78
	平均值	1.25	平均值	0.48	平均值	1.53

（续）

作物	施氮水平	100kg 经济产量吸收 N（kg）	施磷水平	100kg 经济产量吸收 P_2O_5（kg）	施钾水平	100kg 经济产量吸收 K_2O（kg）
水地马铃薯	N0P2K2	0.46	N2P0K2	0.07	N2P2K0	0.86
	N1P2K2	0.58	N2P1K2	0.10	N2P2K1	0.95
	N2P2K2	0.67	N2P2K2	0.12	N2P2K2	1.01
	N3P2K2	0.61	N2P3K2	0.10	N2P2K3	0.88
	平均值	0.58	平均值	0.1	平均值	0.93
旱地马铃薯	N0P2K2	0.49	N2P0K2	0.09	N2P2K0	0.87
	N1P2K2	0.53	N2P1K2	0.13	N2P2K1	0.92
	N2P2K2	0.58	N2P2K2	0.11	N2P2K2	0.95
	N3P2K2	0.60	N2P3K2	0.12	N2P2K3	0.92
	平均值	0.55	平均值	0.11	平均值	0.92

二、土壤养分校正系数

利用土壤有效养分测定值来计算土壤提供作物的养分量时，必须使用土壤养分校正系数，因为有效养分测定值是一个相对数值，只有乘以这一系数才能表达土壤真实提供的养分量。土壤养分校正系数的计算公式如下：

$$土壤养分校正系数=\frac{每\ 667m^2 缺素区作物吸收的养分量}{土壤有效养分测定值\times 0.15}$$

缺素区作物吸收养分量＝缺素区产量×单位产量吸收养分量

在计算中，缺素区产量分别为“3414”肥效试验中 N0P2K2 、N2P0K2 、N2P2K0 处理的产量，单位产量吸收量是计算的完全区 N2P2K2 确定的单位产量吸收 N、P_2O_5、K_2O的量。各作物土壤养分校正系数见表 5-29。玉米土壤全氮、有效磷、速效钾的养分校正系数分别为 0.032、0.745、0.300；水地马铃薯土壤全氮、有效磷、速效钾的养分校正系数分别为 0.059、0.413、0.766；旱地马铃薯土壤全氮、有效磷、速效钾的养分校正系数分别为 0.027、0.308、0.318。整体看，玉米、水地马铃薯、旱地马铃薯土壤养分校正系数随着地力水平的提高呈降低趋势。

表 5-29　固阳县各主栽作物不同丰缺指标下的土壤养分校正系数

作物	丰缺程度	全氮		有效磷		速效钾	
		丰缺指标（g/kg）	校正系数	丰缺指标（mg/kg）	校正系数	丰缺指标（mg/kg）	校正系数
玉米	极低	≤0.65		≤2.8		≤64	
	低	0.65～0.89	0.031	2.8～5.9	1.295	64～96	0.494
	中	0.89～1.42	0.035	5.9～18.0	0.775	96～176	0.302
	高	1.42～1.66	0.024	18.0～26.0		176～215	0.220
	极高	＞1.66	0.038	＞26.0	0.164	＞215	0.183
	平均		0.032		0.745		0.300

（续）

作物	丰缺程度	全氮		有效磷		速效钾	
		丰缺指标（g/kg）	校正系数	丰缺指标（mg/kg）	校正系数	丰缺指标（mg/kg）	校正系数
水地马铃薯	极低	≤0.69	0.082	≤2.9		≤65	1.491
	低	0.69～0.93	0.069	2.9～6.1	0.917	65～95	1.050
	中	0.93～1.46	0.068	6.1～19.1	0.430	95～168	0.597
	高	1.46～1.70	0.046	19.1～27.8	0.207	168～203	0.397
	极高	＞1.70	0.028	＞27.8	0.099	＞203	0.293
	平均		0.059		0.413		0.766
旱地马铃薯	极低	≤0.55	0.033	≤2.4		≤42	
	低	0.55～0.75	0.038	2.4～4.7	0.375	42～70	0.634
	中	0.75～1.17	0.023	4.7～12.6	0.240	70～151	0.337
	高	1.17～1.36		12.6～17.5		151～194	0.210
	极高	＞1.36	0.014	＞17.5		＞194	0.091
	平均		0.027		0.308		0.318

同一作物不同土壤由于全氮、有效磷、速效钾含量不同，土壤养分校正系数不同。利用多点试验的土壤养分测定值和校正系数的成对数据，建立各土壤养分含量与土壤校正系数的对数函数，结果见表5-30。

表5-30 固阳县各主栽作物土壤养分校正系数与土壤养分的相关性

作物	土壤养分	相关方程	R^2	试验数量（个）
玉米	全氮（g/kg）	$y=0.0314x^{-0.3129}$	0.373	8
	有效磷（mg/kg）	$y=4.4258x^{-0.8451}$	0.832	15
	速效钾（mg/kg）	$y=12.936x^{-0.7662}$	0.852	15
水地马铃薯	全氮（g/kg）	$y=0.0493x^{-0.7982}$	0.330	30
	有效磷（mg/kg）	$y=3.3709x^{-0.9129}$	0.399	30
	速效钾（mg/kg）	$y=89.711x^{-1.0477}$	0.614	30
旱地马铃薯	全氮（g/kg）	$y=0.0204x^{-0.8208}$	0.268	30
	有效磷（mg/kg）	$y=1.391x^{-0.8955}$	0.332	30
	速效钾（mg/kg）	$y=62.219x^{-1.1421}$	0.779	30

三、肥料利用率

肥料利用率计算时利用差减法计算，基本公式如下：

$$肥料利用率=\frac{\begin{matrix}施肥区农作物\\吸收养分量（kg/hm^2）\end{matrix}-\begin{matrix}缺素区农作物\\吸收养分量（kg/hm^2）\end{matrix}}{肥料养分施用量（kg/hm^2）}\times100\%$$

应用多年各作物“3414”田间肥料试验的测产结果及土壤和植株的测试结果，计算出不同作物不同施肥处理的氮肥、磷肥、钾肥的肥料利用率，结果见表5-31。玉米、马铃薯氮、磷、钾肥利用率随着施肥量的增加呈现降低趋势。玉米氮、磷、钾肥利用率分别为15.0%、10.0%、43.4%；水地马铃薯氮、磷、钾肥利用率分别为35.0%、12.6%、45.4%；旱地马铃薯氮、磷、钾肥利用率分别为20.1%、8.8%、25.8%。

表5-31　固阳县各主栽作物肥料利用率

作物	试验数量（个）	氮肥利用率（%）				磷肥利用率（%）				钾肥利用率（%）			
		N1P2K2	N2P2K2	N3P2K2	平均	N2P1K2	N2P2K2	N2P3K2	平均	N2P2K1	N2P2K2	N2P2K3	平均
玉米	15	23.9	13.8	7.3	15.0	15.8	9.9	4.4	10.0	51.4	49.0	29.8	43.4
水地马铃薯	30	46.1	41.9	17.1	35.0	16.7	15.8	5.2	12.6	67.9	63.7	4.6	45.4
旱地马铃薯	30	31.0	17.2	12.2	20.1	16.6	5.5	4.4	8.8	40.1	27.7	9.6	25.8

第六章

施肥配方设计与应用效果

第一节　施肥配方设计

一、施肥配方设计原则

本着“大配方、小调整”的原则，确定固阳县水地玉米、水地马铃薯、旱地马铃薯肥料配方，大配方制定的基本原理是施肥配方能够满足60%以上的耕地土壤。

根据固阳县不同主栽作物的施肥指标体系，经过统计确定县域所有耕地土壤全氮、有效磷、速效钾的不同含量面积分布情况，查找土壤全氮、有效磷、速效钾含量面积分布达到60%以上的土测值范围（或者最大分布频率加和后大于60%的两个丰缺区间），并确定该范围的作物最佳施肥量（对于跨两个丰缺区间的养分，将两个区间的最佳施肥量加权平均后作为计算配方的肥料施用量），从而确定制定施肥配方的N、P_2O_5、K_2O用量，据此设计施肥配方。

二、建立土壤养分丰缺指标

根据水地玉米、水地马铃薯、旱地马铃薯75个“3414”试验的结果，按照相对产量小于50%、50%～60%、60%～75%、75%～90%、90%～95%、大于95%建立不同主栽作物土壤全氮、有效磷、速效钾含量的分级标准，结果列于表6-1。

表6-1　固阳县各主栽作物养分丰缺指标

作物	土壤丰缺程度	极低	低	中	高	极高
	相对产量（%）	50～65	65～75	75～90	90～95	>95
水地玉米	全氮（g/kg）	≤0.65	0.65～0.89	0.89～1.42	1.42～1.66	>1.66
	有效磷（mg/kg）	≤2.8	2.8～5.9	5.9～18.0	18.0～26.0	>26.0
	速效钾（mg/kg）	≤64	64～96	96～176	176～215	>215
水地马铃薯	全氮（g/kg）	≤0.69	0.69～0.93	0.93～1.46	1.46～1.70	>1.70
	有效磷（mg/kg）	≤2.9	2.9～6.1	6.1～19.1	19.1～27.8	>27.8
	速效钾（mg/kg）	≤65	65～95	95～168	168～203	>203
旱地马铃薯	全氮（g/kg）	≤0.55	0.55～0.75	0.75～1.17	1.17～1.36	>1.36
	有效磷（mg/kg）	≤2.4	2.4～4.7	4.7～12.6	12.6～17.5	>17.5
	速效钾（mg/kg）	≤42	42～70	70～151	151～194	>194

三、不同作物土壤养分丰缺指标最佳施肥量

利用水地玉米、水地马铃薯、旱地马铃薯的“3414”试验结果，建立每个试验点的氮、磷、钾一元二次肥料效应函数，分别计算最佳施肥量。根据多点的最佳施肥量和土测值建立各主栽作物最佳施氮量与土壤全氮含量、最佳施磷量与土壤有效磷含量、最佳施钾量与土壤速效钾含量的函数关系式，计算各丰缺指标下最佳施肥量（表 6-2）。

表 6-2　固阳县各主栽作物养分丰缺指标下的每 667m² 最佳施肥量（kg）

作物	肥料	丰缺程度				
		极低	低	中	高	极高
水地玉米	氮肥（N）	15.2	11.6	9.1	5.5	4.3
	磷肥（P_2O_5）	14.0	10.4	8.0	4.4	3.2
	钾肥（K_2O）	3.8	3.2	2.8	2.2	2.0
水地马铃薯	氮肥（N）	13.3	10.7	8.9	6.3	5.4
	磷肥（P_2O_5）	9.9	7.4	5.7	3.2	2.3
	钾肥（K_2O）	7.4	5.9	4.9	3.4	2.8
旱地马铃薯	氮肥（N）	11.1	9.2	7.9	6.0	5.4
	磷肥（P_2O_5）	6.5	5.1	4.1	2.7	2.2
	钾肥（K_2O）	5.8	4.6	3.9	2.7	2.3

四、土壤养分测定值面积分布

根据土壤丰缺指标统计县域耕地各分级指标面积（表 6-3）。

表 6-3　固阳县土壤养分测定值面积分布

作物	土壤养分	项目		极低	低	中	高	极高
水地玉米	全氮（g/kg）	丰缺指标	≤0.41	0.41～0.65	0.65～0.89	0.89～1.42	1.42～1.66	>1.66
		面积（hm²）	90.0	7 883.6	39 067.3	64 278.9	5 355.4	2 934.3
		占比（%）	0.08	6.59	32.66	53.74	4.48	2.45
	有效磷（mg/kg）	丰缺指标	≤0.9	0.9～2.8	2.8～5.9	5.9～18.0	18.0～26.0	>26.0
		面积（hm²）		601.8	23 187.6	87 481.2	6 397.2	1 941.7
		占比（%）	0.00	0.50	19.39	73.14	5.35	1.62
	速效钾（mg/kg）	丰缺指标	≤35	35～64	64～96	96～176	176～215	>215
		面积（hm²）	2.5	446.4	12 416.7	82 265.0	14 290.3	10 188.5
		占比（%）	0.00	0.37	10.38	68.78	11.95	8.52
水地马铃薯	全氮（g/kg）	丰缺指标	≤0.44	0.44～0.69	0.69～0.93	0.93～1.46	1.46～1.70	>1.70
		面积（hm²）	107.1	12 964.1	40 150.4	59 563.2	4 409.6	2 415.1
		占比（%）	0.09	10.84	33.57	49.80	3.69	2.02
	有效磷（mg/kg）	丰缺指标	≤0.9	0.9～2.9	2.9～6.1	6.1～19.1	19.1～27.8	>27.8
		面积（hm²）		705.1	26 505.6	85 363.1	5 536.5	1 499.2
		占比（%）	0.00	0.59	22.16	71.37	4.63	1.25
	速效钾（mg/kg）	丰缺指标	≤37	37～65	65～95	95～168	168～203	>203
		面积（hm²）	2.5	481.0	11 736.1	78 205.0	16 619.3	12 565.6
		占比（%）	0.00	0.40	9.81	65.38	13.89	10.51

（续）

作物	土壤养分	项目		极低	低	中	高	极高
旱地马铃薯	全氮（g/kg）	丰缺指标	≤0.35	0.35～0.55	0.55～0.75	0.75～1.17	1.17～1.36	>1.36
		面积（hm^2）	16.6	1 998.1	18 289.8	72 898.4	14 898.4	11 508.2
		占比（%）	0.01	1.67	15.29	60.95	12.46	9.62
	有效磷（mg/kg）	丰缺指标	≤0.9	0.9～2.4	2.4～4.7	4.7～12.6	12.6～17.5	>17.5
		面积（hm^2）		247.5	9 592.0	85 690.7	15 233.3	8 846.0
		占比（%）	0.00	0.21	8.02	71.64	12.74	7.40
	速效钾（mg/kg）	丰缺指标	≤20	20～42	42～70	70～151	151～194	>194
		面积（hm^2）		3.1	1 137.3	75 256.1	27 823.7	15 389.3
		占比（%）	0.00	0.00	0.95	62.92	23.26	12.87

五、配方施肥量确定

从表 6-3 中分别查找各主栽作物土壤全氮、有效磷、速效钾面积分布达到 60%以上的土测值范围，然后再按照土测值范围查表 6-2 中对应的最佳施肥量，提出制定配方的 N、P_2O_5、K_2O 用量。

配方设计不包含追肥部分。氮肥视生产实际确定，水地分为基肥和追肥施入，旱地一次性施入，磷、钾肥全部做基（种）肥，配方施肥量见表 6-4。

表 6-4　固阳县不同作物配方施肥量

作物	土壤养分	面积>60%丰缺范围	计算配方每 667m^2施肥量（kg）			
			N		P_2O_5	K_2O
			追肥	基（种）肥		
水地玉米	全氮（g/kg）	0.65～1.42	3.8	5.6		
	有效磷（mg/kg）	5.9～18.0			7.5	
	速效钾（mg/kg）	96～176				2.5
水地马铃薯	全氮（g/kg）	0.69～1.46	3.3	4.9		
	有效磷（mg/kg）	6.1～19.1			4.5	
	速效钾（mg/kg）	95～168				5.2
旱地马铃薯	全氮（g/kg）	0.75～1.17		7		
	有效磷（mg/kg）	4.7～12.6			3.4	
	速效钾（mg/kg）	70～151				3.3

六、配方计算及建议施肥量

在配方施肥量确定的基础上，配方中 N、P_2O_5、K_2O 含量可按以下公式计算：

$$配方中 N 含量=\frac{配方 N 施用量（kg/hm^2）}{配方（N+P_2O_5+K_2O）总施用量（kg/hm^2）}×配方中（N+P_2O_5+K_2O）总量（\%）$$

$$配方中 P_2O_5 含量=\frac{配方 P_2O_5 施用量（kg/hm^2）}{配方（N+P_2O_5+K_2O）总施用量（kg/hm^2）}×配方中（N+P_2O_5+K_2O）总量（\%）$$

$$配方中 K_2O 含量=\frac{配方 K_2O 施用量（kg/hm^2）}{配方（N+P_2O_5+K_2O）总施用量（kg/hm^2）}×配方中（N+P_2O_5+K_2O）总量（\%）$$

固阳县主栽作物配方及施肥建议见表 6-5 至表 6-6。

表 6-5　固阳县主栽作物配方

作物	配方（$N-P_2O_5-K_2O$,%）
玉米	17-21-7
水地马铃薯	15-19-11
旱地马铃薯	14-18-13

表 6-6　固阳县主栽作物施肥建议

作物	配方（$N-P_2O_5-K_2O$,%）	配方肥每 $667m^2$ 施用量建议（kg）					每 $667m^2$ 氮肥追施量（kg）
		极低	低	中	高	极高	
玉米	17-21-7	49.5	43.8	29.5	18.6	15.2	10～20
水地马铃薯	15-19-11	38.9	34.5	23.4	14.5	12.1	10～20
旱地马铃薯	14-18-13	28.3	25.6	18.9	13.6	12.2	5～15

七、养分平衡法推荐施肥量

养分平衡法施肥量确定的基本原理是“根据作物目标产量与土壤供肥量之差估算施肥量”，也就是说种植某种作物，根据地力条件，一般有个合理的预估目标产量，该产量的形成需要吸收土壤中一定量的养分，而土壤本身能够提供一定数量的养分，两者之间的差值，需要合理施肥来补充。计算公式为：

$$每 667m^2 施肥量=\frac{\frac{作物单位产量}{吸收养分量}×\frac{每 667m^2}{目标产量}-\frac{土壤养分}{测试值}×0.15×\frac{土壤养分}{校正系数}}{肥料养分含量×肥料利用率}$$

公式中涉及的目标产量、作物单位产量吸收养分量、土壤养分测试值、土壤养分校正系数、肥料养分含量、肥料利用率等施肥参数，需要通过试验确定。“3414”田间肥效试验将以上参数全部确定，只是由于试验中主栽作物品种仅为当地主栽品种，不同品种单位产量吸收养分量略有差异。

（一）相关参数

1. 目标产量　目标产量是依据前 3 年平均产量，按照 10%～15%增产率确定的。

2. 作物单位产量养分吸收量　根据“3414”田间肥效试验，明确了玉米、水地马铃薯、旱地马铃薯单位产量吸收养分量。

3. 土壤养分测试值　耕地的土壤养分检测值，在播种前用S形采样法采集耕层20cm土样10个，用四分法采集0.5kg的土样，分别测试土壤样品的全氮、有效磷、速效钾含量，即为土壤养分测试值。

4. 土壤养分校正系数　“3414”田间试验已经确定了各主栽作物土壤养分校正系数。根据确定的结果可以看出，不同土壤养分丰缺指标下，土壤养分校正系数不同。

5. 肥料利用率　“3414”田间试验已经确定了各主栽作物肥料利用率。

6. 肥料养分含量　肥料养分含量在包装袋上明确标注，各种养分均以百分比表示N、P_2O_5、K_2O的含量。

（二）合理推荐施肥量的确定

将上述参数代入养分平衡法施肥量计算公式中，即可确定推荐施肥量。只是应用这种方法与肥料效应函数法计算的肥料施用量有一定的差异，所以在确定合理施肥量时，要几种方法相互比较、验证。

第二节　测土配方施肥技术推广

推广测土配方施肥技术主要采用两种方法，一是制定并发放测土配方施肥建议卡，农民按卡购肥、施肥；二是与企业合作生产配方肥，建立示范方与示范区，推动配方肥下地。

一、制作并发放施肥建议卡

由于采集的土壤样品基本是3.33～13.33hm^{2}为一个取样单元，因此，一个土样基本代表3.33～13.33hm^{2}的土壤养分状况和施肥措施。

（一）确定土壤养分状况

按照各主栽作物的土壤养分丰缺指标对固阳县耕地养分进行统计，将面积较小的养分进行归并，便于制订配方。表6-7是固阳县耕地土壤按照各主栽作物丰缺程度确定的划分标准。

表6-7　固阳县土壤全氮、有效磷、速效钾高中低划分标准

作物	养分	养分状况	养分范围	每667m^{2}最佳施肥量（kg）
玉米	全氮（g/kg）	低	≤0.65	≥11.6
		中	0.65～1.42	5.5～11.6
		高	＞1.42	＜5.5
	有效磷（mg/kg）	低	≤2.8	≥10.4
		中	2.8～18	4.4～10.4
		高	＞18	＜4.4
	有效钾（mg/kg）	低	≤64	≥3.2
		中	64～176	2.2～3.2
		高	＞176	＜2.2

（续）

作物	养分	养分状况	养分范围	每 667m² 最佳施肥量（kg）
水地马铃薯	全氮（g/kg）	低	≤0.69	≥10.7
		中	0.69～1.46	6.3～10.7
		高	>1.46	<6.3
	有效磷（mg/kg）	低	≤2.9	≥7.4
		中	2.9～19.1	3.2～7.4
		高	>19.1	<3.2
	速效钾（mg/kg）	低	≤65	≥5.9
		中	65～168	3.4～5.9
		高	>168	<3.4
旱地马铃薯	全氮（g/kg）	低	≤0.55	≥9.2
		中	0.55～1.17	6.0～9.2
		高	>1.17	<6.0
	有效磷（mg/kg）	低	≤2.4	≥5.1
		中	2.4～12.6	2.7～5.1
		高	>12.6	<2.7
	有效钾（mg/kg）	低	≤42	≥4.6
		中	42～151	2.7～4.6
		高	>151	<2.7

固阳县耕地土壤全氮、有效磷、速效钾按照高、中、低 3 个等级划分，并按照土壤氮、磷、钾配比进行归类，最后确定几个主要养分配比，这些养分配比基本包括各主栽作物主要种植区域土壤养分状况（表 6-8）。

表 6-8　固阳县主栽作物土壤氮、磷、钾养分配比

作物	玉米	水地马铃薯	旱地马铃薯
土壤养分状况（全氮、有效磷、速效钾）	低、中、低	低、中、中	低、中、中
	中、高、高	中、中、中	中、中、中
	中、中、高	中、中、高	中、中、高
	中、中、中	中、高、高	中、高、高

（二）制订施肥措施

根据玉米、水地马铃薯、旱地马铃薯目标产量、最佳施肥范围及单位经济产量吸收量确定配方肥施用量和施用方法，其中水地氮肥按照 60%、40%的基肥和追肥占比施入，旱地马铃薯氮肥一次性施入；磷肥用配方肥确定，作为基肥一次性施入；钾肥作为基肥一次性施入。

推荐措施共有两种，推荐方案一是“大配方、小调整”，应用配方肥，氮和钾不足用碳酸氢铵、尿素、硫酸钾进行补足；推荐方案二是农民自行购买肥料，应用的是磷酸二铵、碳酸氢铵、尿素、硫酸钾。

1. 玉米　按照玉米的丰缺指标将耕地土壤养分主要划分为4种状况，确定了两种施肥方案，推荐施肥方案一是施用配方肥，推荐施肥方案二是农民自行购买磷酸二铵、尿素、硫酸钾等配合施入。不论是哪种方案，在玉米大喇叭口期都进行氮肥追肥（表6-9）。

表6-9　水地玉米施肥推荐参考

养分配比	每667m²目标产量（kg）	推荐方案一（以每667m²计）					推荐方案二（以每667m²计）				
		基肥			种肥	追肥	基肥			种肥	追肥
		有机肥	硫酸钾	碳酸氢铵	玉米配方肥	尿素	有机肥	硫酸钾	碳酸氢铵	磷酸二铵	尿素
氮低、磷中、钾中	550	1 000	2.5	17	30	12	1 000	7	35	14	12
	450	1 000	1.5	13	25	10	1 000	5	28	12	10
	350	1 000	0	9	20	8	1 000	3	21	10	8
氮中、磷中、钾中	550	1 000	2.5	15	30	11	1 000	7	31	14	11
	450	1 000	1.5	6.5	25	9	1 000	5	23	12	9
	350	1 000	—	—	20	7	1 000	3	15	10	7
氮中、磷中、钾高	550	—	—	—	—	—	1 000	—	31	14	12
	450	—	—	—	—	—	1 000	—	25	12	10
	350	—	—	—	—	—	1 000	—	19	10	8
氮中、磷高、钾高	550	—	—	—	—	—	1 000	—	35	11	12
	450	—	—	—	—	—	1 000	—	28	9	10
	350	—	—	—	—	—	1 000	—	21	7	8

2. 水地马铃薯　按照水地马铃薯的丰缺指标将耕地土壤养分主要划分为4种状况，确定了两种施肥方案，推荐施肥方案一是施用配方肥，推荐施肥方案二是农民自行购买磷酸二铵、尿素、硫酸钾等配合施入。不论是哪种方案，在水地马铃薯开花期都进行氮肥、钾肥追肥（表6-10）。

表6-10　水地马铃薯施肥推荐参考

养分配比	每667m²目标产量（kg）	推荐方案一（以每667m²计）					推荐方案二（以每667m²计）				
		基肥			追肥		基肥			追肥	
		有机肥	水地马铃薯配方肥	碳酸氢铵	硫酸钾	尿素	有机肥	磷酸二铵	碳酸氢铵	硫酸钾	尿素
氮低、磷中、钾中	3 000	2 000	41	10	4	12	2 000	17	30	13	12
	2 000	2 000	30	12	3.5	10	2 000	12	27	10	10
	1 500	2 000	25	10	1.5	8	2 000	10	22	7	8

（续）

养分配比	每 667m² 目标产量（kg）	推荐方案一（以每 667m² 计）					推荐方案二（以每 667m² 计）				
		基肥			追肥		基肥			追肥	
		有机肥	水地马铃薯配方肥	碳酸氢铵	硫酸钾	尿素	有机肥	磷酸二铵	碳酸氢铵	硫酸钾	尿素
氮中、磷中、钾中	3 000	2 000	41	3	4	10	2 000	17	27	13	10
	2 000	2 000	30	5	3.5	8	2 000	12	20	10	8
	1 500	2 000	25	0	1.5	5	2 000	10	12	7	5
氮中、磷中、钾高	3 000	—	—	—	—	—	2 000	17	27	3	10
	2 000	—	—	—	—	—	2 000	12	20	2	8
	1 500	—	—	—	—	—	2 000	10	12	1	5
氮中、磷高、钾高	3 000	—	—	—	—	—	2 000	13	27	3	10
	2 000	—	—	—	—	—	2 000	9	20	2	8
	1 500	—	—	—	—	—	2 000	8	12	1	5

3. 旱地马铃薯 按照旱地马铃薯的丰缺指标将耕地土壤养分主要划分为 4 种状况，确定了两种施肥方案，推荐施肥方案一是施用配方肥，推荐施肥方案二是农民自行购买磷酸二铵、尿素、硫酸钾等配合施入。旱地马铃薯均为一次性施肥，播前将所有肥料作为基肥一次施入（表 6-11）。

表 6-11 旱地马铃薯施肥推荐参考

养分配比	每 667m² 目标产量（kg）	推荐方案一（以每 667m² 计）				推荐方案二（以每 667m² 计）			
		基肥				基肥			
		有机肥	硫酸钾	尿素	旱地马铃薯配方肥	有机肥	硫酸钾	尿素	磷酸二铵
氮低、磷中、钾中	1 250	1 000	0	15	36	1 000	10	21	14
	750	1 000	0	14	25	1 000	8	18	10
	500	1 000	0	12	19	1 000	4	15	8
氮中、磷中、钾中	1 250	1 000	0	12	36	1 000	10	17	14
	750	1 000	0	10	25	1 000	8	14	10
	500	1 000	0	7	19	1 000	4	10	8
氮中、磷中、钾高	1 250	—	—	—	—	1 000	2.5	17	14
	750	—	—	—	—	1 000	—	14	10
	500	—	—	—	—	1 000	—	10	8
氮中、磷高、钾高	1 250	—	—	—	—	1 000	2.5	17	11
	750	—	—	—	—	1 000	—	14	7
	500	—	—	—	—	1 000	—	10	6

(三) 填制施肥建议卡

填制施肥建议卡采用两种方法，一是根据地块土壤全氮、有效磷、速效钾养分含量，确定目标产量后，根据肥料效应函数法计算所需的氮、磷、钾量，用所需的磷确定配方肥或者磷酸二铵的施用量，其余氮肥和钾肥不足用尿素、硫酸钾补充；二是根据以上内容将耕地进行分区，之后将各地块的土壤养分按照分区的标准确定，按照以上确定的施肥措施填制施肥建议卡。

(四) 施肥建议卡主要内容

施肥建议卡包括地块的基本信息、土壤养分的基本信息、施肥信息、技术服务的基本信息。

1. 地块的基本信息　主要包括农户姓名、所在乡镇、村、地块位置、面积。

2. 土壤养分的基本信息　土壤养分的基本信息基本反映了地块的地力状况，包括有机质、全氮、有效磷、速效钾含量及 pH。同时，标注了各养分含量的高低，简明易懂。

3. 施肥信息　施肥信息也就是推荐施肥，包括两种方案，一种是施用配方肥，另一种是农民自行购置肥料配合施用。方案中明确了种植作物、目标产量、各肥料的施用量以及施用方法。

4. 技术服务的基本信息　建议卡上明确标注了出具配方卡的单位、电话、联系人，如果农民遇到技术问题，可以随时联系解决。

(五) 发放施肥建议卡

施肥建议卡的发放主要是在冬季和春播前，一是结合农民轮训发放到农民手中；二是通过乡镇农牧办结合良种补贴等项目发放到农民手中。2007—2012 年，固阳县共发放 7.8 万份施肥建议卡。

二、配方肥生产、供应

首先是将玉米、水地马铃薯、旱地马铃薯的配方进行公布，之后在自治区统一认定配方肥定点生产企业，并与其合作生产配方肥。

在配方肥供应方面，实行统一协调、统一质量监控、统一标识，肥料直接配送到户的方式，确保了配方肥质量安全、价格优惠和及时配送。在全县各乡镇建立配方肥销售网络，各销售点统一牌匾、统一价格，推动配方肥下地。2007—2012 年，全县共应用配方肥 4.071 万 t，应用面积为 15.6 万 hm^2。

第三节　应用效果评价

为验证施肥配方、评价测土配方施肥技术效果，在大面积测土配方施肥田中每 667hm^2 设置 1～2 个对比校正试验示范点。通过田间对比示范，综合比较肥料投入、作物产量、经济效益、肥料利用率等指标，客观评价测土配方施肥效益，为测土配方施肥技术参数的校正及进一步优化施肥配方提供依据。

一、试验点数量及分布

2007—2015 年，累计实施三区校正试验 223 个，其中玉米 72 个、水地马铃薯 92 个、旱地马铃薯 57 个、滴灌马铃薯 2 个。三区校正试验分布在不同土壤类型、不同土壤肥力等级的耕地上（表 6-12）。

表 6-12　三区校正试验

年份	三区校正试验数量（个）				合计
	玉米	水地马铃薯	旱地马铃薯	滴灌马铃薯	
2007	14	16	17		47
2008		11	10		21
2009		12	13		25
2010	10	10	10		30
2011	10	6	4		20
2012	10	10			20
2013	10	7	3		20
2014	10	10			20
2015	8	10		2	20
合计	72	92	57	2	223

二、试验设计

（一）试验处理

校正试验分别安排在高、中、低肥力水平地块，耕地肥力按照产量水平及土壤测定结果确定。地块具有一定的代表性，确保校正试验结果具有代表性。校正试验设 3 个处理，即常规施肥处理（对照）、测土配方施肥处理、不施肥处理（空白对照）（图 6-1）。

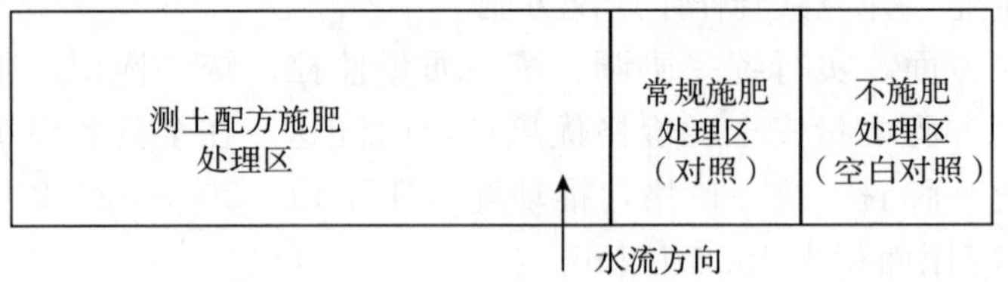

图 6-1　三区校正试验示范田平面示意

（二）试验小区面积及田间排列

其中测土配方施肥、常规施肥处理面积不少于 200m²，不施肥处理（空白对照）不少于 30m²。其他参照一般肥料试验要求。

（三）施肥种类、数量及方法

供试作物品种：玉米试验品种为承单 22，马铃薯试验品种为克新 1 号。

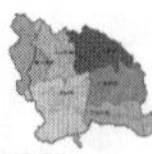

供试肥料品种：玉米配方肥（17-18-21）、尿素（46%）、碳酸氢铵（17%）、旱地马铃薯配方肥（17-18-21）、水地马铃薯配方肥（15-19-11）。

测土配方施肥区（配方区）：由技术人员依据试验点土测值、目标产量，结合测土配方施肥推荐施肥配方，确定施肥量。

常规施肥区（常规区）：由技术人员走访试验地块农户，按照常规施肥量确定。

不施肥区（空白区）：不施任何肥料，作为空白对照。

（四）田间管理

氮肥、磷肥、钾肥随播前耕翻做基肥施入。分区灌溉、防止串肥，按时灌溉、追肥，及时防治病虫草害。其他管理同一般肥料试验要求。

三、试验结果分析

（一）分析方法与依据

增产增收效果以不施肥处理（空白）区为对照，分别进行测土配方施肥、常规施肥的相关计算，以《测土配方施肥技术规范》规定的相关计算方法为计算依据。

产品价格、肥料价格均按照当地当年平均价格计算。

1. 增产率　配方施肥产量与对照（常规施肥或者不施肥处理）产量的差值占对照产量的百分比。

$$增产率(A)=\frac{Y_p-Y_k(或Y_c)}{Y_k(或Y_c)}\times 100\%$$

式中：A 为增产率（%）；Y_p为测土配方施肥区每 667m^{2}产量（kg）；Y_k为不施肥区（空白区）每 667m^{2}产量（kg）；Y_c为常规施肥区每 667m^{2}产量（kg）。

2. 增收　首先是根据各处理产量、产品价格、肥料用量、肥料价格计算各处理产值与施肥成本，然后计算配方施肥比对照（不施肥或常规施肥）新增纯收益。

$$I=[Y_p-Y_k(或Y_c)]\times P_y-\sum_{i=0}^{n}F_iP_i$$

式中：I 为测土配方施肥比对照（空白或常规施肥）每 667m^{2}增加的收益（元）；Y_p为测土配方施肥区每 667m^{2}产量（kg）；Y_k、Y_c分别为空白区、常规施肥区每 667m^{2}产量（kg）；P_y为农产品的单价（元/kg）；F_i为肥料每 667m^{2}施用量（kg）；P_i为肥料的单价（元/kg）。

3. 产出投入比　简称产投比，是施肥新增纯收益与施肥成本之比。可以同时计算配方施肥和习惯施肥的产投比，之后进行比较。如果产投比小于 1，表明投资亏本；产投比大于 1，表明投资有盈利。

$$D=\frac{[Y_p(或Y_c)-Y_k]\times P_y-\sum_{i=0}^{n}F_iP_i}{\sum_{i=0}^{n}F_iP_i}$$

式中：D 为产投比；Y_p为测土配方施肥区每 667m^{2}产量（kg）；Y_k、Y_c分别为空白、常规施肥区每 667m^{2}产量（kg）；P_y为农产品的单价（元/kg）；F_i为肥料每 667m^{2}施用量（kg）；P_i为肥料的单价（元/kg）。

固阳县三区校正试验玉米价格 1.6 元/kg、马铃薯价格 0.9 元/kg；氮、磷、钾肥价格分别为 4.35 元/kg、5.0 元/kg、5.33 元/kg。

4. 施肥效应 施肥效应是单位面积每增施 1kg 肥料产生的增产效果。

$$施肥效应=\frac{配方施肥产量或常规施肥产量-不施肥产量}{配方施肥肥料用量或常规施肥肥料用量}$$

（二）增产率分析

各年份玉米、水地马铃薯、旱地马铃薯三区校正试验增产率见表 6-13。玉米测土配方施肥区每 667m^{2}产量平均 621kg，常规施肥区每 667m^{2}产量平均 550kg，配方施肥区比常规施肥区每 667m^{2}增产 71kg，增产率为 12.9%；水地马铃薯测土配方施肥区每 667m^{2}产量平均 2 494kg，常规施肥区每 667m^{2}产量平均 2 038kg，配方施肥区比常规施肥区每 667m^{2}增产 456kg，增产率为 22.4%；旱地马铃薯测土配方施肥区每 667m^{2}产量平均 858kg，常规施肥区每 667m^{2}产量 754kg，配方施肥区比常规施肥区每 667m^{2}增产 104kg，增产率为 13.8%。

表 6-13 三区校正试验增产率

作物	年份	试验数量（个）	测土配方施肥区（以每 667m^{2}计）				常规施肥区（以每 667m^{2}计）				空白区	增产率（%）		
			产量（kg）	施N量（kg）	施P_2O_5量（kg）	施K_2O量（kg）	产量（kg）	施N量（kg）	施P_2O_5量（kg）	施K_2O量（kg）	每 667m^{2}产量（kg）	常规区－空白区	配方区－空白区	配方区－常规区
玉米	2007	14	510	5.9	4.5	1.4	463	8.6	4.6	0.0	366	26.5	39.3	10.2
	2010	10	630	8.6	6.7	2.5	556	9.5	5.4	0.0	422	31.7	49.5	13.5
	2011	10	544	8.6	4.5	2.8	433	8.0	8.0	0.0	313	38.3	74.0	25.8
	2012	10	680	10.1	6.3	3.6	610	10.1	6.3	0.0	412	48.0	65.0	11.5
	2013	10	529	9.9	8.3	2.7	453	7.6	4.9	0.1	258	75.6	105.0	16.8
	2014	10	638	9.9	7.3	3.0	586	8.1	6.6	2.1	368	59.1	73.2	8.9
	2015	8	921	9.6	6.9	2.9	842	8.1	6.3	2.1	369	128.3	149.7	9.3
	平均		621	8.7	6.2	2.6	550	8.6	5.9	0.5	358	53.6	73.5	12.9
水地马铃薯	2007	16	1 370	5.1	6.1	2.1	1 321	9.4	2.3	0.0	1 093	20.9	25.3	3.7
	2008	11	1 785	8.0	5.0	2.1	1 663	9.2	1.1	0.0	1 397	19.0	27.8	7.3
	2009	12	1 497	10.7	5.7	2.3	1 340	8.8	0.9	0.0	974	37.6	53.7	11.7
	2010	10	1 836	8.5	8.2	4.1	1 550	9.9	4.1	0.0	1 261	22.9	45.6	18.5
	2011	6	3 137	15.1	13.3	7.7	2 431	12.1	9.2	0.0	1 538	58.0	103.9	29.0
	2012	10	3 283	16.6	12.4	5.5	2 258	10.3	4.6	2.2	1 496	50.9	119.5	45.4
	2013	7	3 171	13.7	9.6	4.8	2 614	9.5	5.8	0.0	1 700	53.8	86.6	21.3
	2014	10	3 272	22.8	8.7	10.6	2 499	18.4	8.2	8.8	1 588	57.4	106.0	30.9
	2015	10	2 508	20.7	10.3	8.2	1 976	15.3	11.2	5.3	1 387	42.5	80.8	26.9
	平均		2 494	13.9	9.1	5.3	2 038	12.3	5.2	1.9	1 464	39.2	70.4	22.4

（续）

作物	年份	试验数量（个）	测土配方施肥区（以每667m²计）				常规施肥区（以每667m²计）				空白区	增产率（%）		
			产量（kg）	施N量（kg）	施P_2O_5量（kg）	施K_2O量（kg）	产量（kg）	施N量（kg）	施P_2O_5量（kg）	施K_2O量（kg）	每667m²产量（kg）	常规区－空白区	配方区－空白区	配方区－常规区
旱地马铃薯	2007	17	508	3.4	4.2	1.4	467	8.6	0.3	0.0	364	28.3	39.6	8.8
	2008	10	1 418	7.9	4.3	4.1	1 295	9.3	1.0	0.0	992	30.5	42.9	9.5
	2009	13	666	8.1	4.0	2.5	605	8.6	0.4	0.0	472	28.2	41.1	10.1
	2010	10	749	9.0	10.5	3.3	602	10.1	4.6	0.0	489	23.1	53.3	24.5
	2011	4	1 390	9.7	6.4	3.7	1 159	11.2	6.9	0.0	925	25.3	50.3	19.9
	2013	3	1 450	9.7	4.6	3.5	1 183	8.5	0.0	0.0	833	42.0	74.0	22.5
	平均		858	7.0	5.5	2.7	754	9.2	1.6	0.0	585	28.9	46.7	13.8

（三）增收效果分析

各年份玉米、水地马铃薯、旱地马铃薯三区校正试验增收见表6-14。总体分析，各作物测土配方施肥的肥料投入都大于常规施肥肥料投入，主要是由于增加了钾肥的施用量，但是投入增加产量也显著增加，经济效益明显高于常规施肥。玉米测土配方施肥区每667m²平均肥料投入83.1元、平均收入910.6元，常规施肥区每667m²平均肥料投入69.7元、平均收入809.9元，配方施肥区比常规施肥区每667m²增加肥料投入13.4元，而收入却增加100.7元；水地马铃薯测土配方施肥区每667m²平均肥料投入134.5元、平均收入2 110.3元，常规施肥区每667m²平均肥料投入90.0元、平均收入为1 744.5元，配方施肥区比常规施肥区每667m²增加肥料投入44.5元，而收入却增加365.8元；旱地马铃薯测土配方施肥区每667m²平均肥料投入72.4元、平均收入699.4元，常规施肥区每667m²平均肥料投入48.1元、平均收入630.2元，配方施肥区比常规施肥区每667m²增加肥料投入24.3元，而收入却增加69.2元。

表6-14　三区校正试验增收效果分析

作物	年份	试验数量（个）	配方施肥区（以每667m²计）			常规施肥区（以每667m²计）			空白区	每667m²增收（元）		
			产量收入（元）	肥料投入（元）	纯收入（元）	产量收入（元）	肥料投入（元）	纯收入（元）	每667m²收入（元）	常规区－空白区	配方区－空白区	配方区－常规区
玉米	2007	14	816.0	55.6	760.4	740.8	60.4	680.4	585.6	94.8	174.8	80.0
	2010	10	1 008.6	83.9	924.8	888.8	68.3	820.5	674.9	145.6	249.9	104.3
	2011	10	870.7	74.6	796.1	692.3	74.7	617.6	500.5	117.1	295.6	178.5
	2012	10	1 088.0	94.2	993.8	976.0	75.3	900.7	659.4	241.4	334.4	93.0
	2013	10	846.4	99.1	747.3	724.8	57.9	666.9	412.8	254.1	334.5	80.4
	2014	10	1 020.0	95.0	925.0	936.8	79.2	857.6	588.8	268.8	336.2	67.4
	2015	8	1 473.0	91.9	1 381.1	1 347.2	77.6	1 269.6	590.0	679.6	791.1	111.5
	平均		993.7	83.1	910.6	879.7	69.7	809.9	573.4	236.6	337.3	100.7

（续）

作物	年份	试验数量（个）	配方施肥区（以每667m²计）			常规施肥区（以每667m²计）			空白区	每667m²增收（元）		
			产量收入（元）	肥料投入（元）	纯收入（元）	产量收入（元）	肥料投入（元）	纯收入（元）	每667m²收入（元）	常规区－空白区	配方区－空白区	配方区－常规区
水地马铃薯	2007	16	1 233.0	63.9	1 169.1	1 188.9	52.4	1 136.5	983.7	152.8	185.4	32.6
	2008	11	1 606.5	71.0	1 535.5	1 496.7	45.5	1 451.2	1 257.3	193.9	278.2	84.3
	2009	12	1 347.3	87.3	1 260.0	1 206.0	42.8	1 163.2	876.6	286.6	383.4	96.8
	2010	10	1 652.1	99.8	1 552.4	1 394.6	63.9	1 330.6	1 134.5	196.2	417.9	221.8
	2011	6	2 823.0	173.2	2 649.8	2 187.6	98.6	2 089.0	1 384.5	704.5	1 265.3	560.8
	2012	10	2 954.7	163.6	2 791.1	2 032.2	79.5	1 952.7	1 346.4	606.3	1 444.7	838.4
	2013	7	2 854.3	133.0	2 721.3	2 352.9	70.5	2 282.3	1 530.0	752.3	1 191.3	439.0
	2014	10	2 944.8	199.4	2 745.4	2 249.1	167.8	2 081.3	1 429.2	652.1	1 316.2	664.1
	2015	10	2 256.8	185.3	2 071.5	1 778.6	151.0	1 627.7	1 248.0	379.7	823.5	443.8
	平均		2 244.9	134.5	2 110.3	1 834.5	90.0	1 744.5	1 317.7	426.8	792.6	365.8
旱地马铃薯	2007	17	457.2	43.3	413.9	420.3	38.9	381.4	327.6	53.8	86.3	32.6
	2008	10	1 276.2	77.7	1 198.5	1 165.5	45.5	1 120.0	892.8	227.2	305.7	78.4
	2009	13	599.4	68.6	530.8	544.5	39.4	505.1	424.8	80.3	106.0	25.8
	2010	10	674.4	109.3	565.1	541.8	67.0	474.8	440.0	34.8	125.1	90.3
	2011	4	1 251.0	93.9	1 157.1	1 043.3	83.2	960.1	832.5	127.6	324.6	197.0
	2013	3	1 305.0	83.9	1 221.2	1 065.0	37.0	1 028.0	750.0	278.0	471.2	193.1
	平均		771.8	72.4	699.4	678.3	48.1	630.2	526.3	103.9	173.1	69.2

（四）产出投入比分析

各年份玉米、水地马铃薯、旱地马铃薯三区校正试验产投比见表 6-15。从产投比结果可见，测土配方施肥区、常规施肥区与空白区比较产投比均大于 1。

表 6-15　三区校正试验产投比分析

作物	年份	试验数量（个）	产投比	
			配方区/空白区	常规区/空白区
玉米	2007	14	3.14	1.57
	2010	10	2.98	2.13
	2011	10	3.96	1.57
	2012	10	3.55	3.21
	2013	10	3.37	4.39
	2014	10	3.54	3.40
	2015	8	8.61	8.76
	平均		3.98	3.32

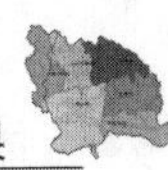

（续）

作物	年份	试验数量（个）	产投比	
			配方区/空白区	常规区/空白区
水地马铃薯	2007	16	2.90	2.92
	2008	11	3.92	4.26
	2009	12	4.39	6.70
	2010	10	4.19	3.07
	2011	6	7.30	7.14
	2012	10	8.83	7.62
	2013	7	8.96	10.67
	2014	10	6.60	3.88
	2015	10	4.44	2.52
	平均		5.83	5.50
旱地马铃薯	2007	17	2.00	1.38
	2008	10	3.93	5.00
	2009	13	1.55	2.04
	2010	10	1.14	0.52
	2011	4	3.46	1.53
	2013	3	5.62	7.52
	平均		2.38	2.35

（五）施肥效应分析

各年份玉米、水地马铃薯、旱地马铃薯三区校正试验肥料效应见表6-16，玉米配方施肥区肥料效应为14.72，常规施肥肥料效应为12.56；水地马铃薯配方施肥区肥料效应为36.48，常规施肥肥料效应为33.46；旱地马铃薯配方施肥区肥料效应为17.86，常规施肥肥料效应为16.41。可见，应用测土配方施肥技术后，1kg化肥生产的农产品质量明显增加。

表6-16　三区校正试验施肥效应分析

作物	年份	试验数量（个）	肥料效应	
			配方施肥	常规施肥
玉米	2007	14	12.20	7.35
	2010	10	11.77	8.98
	2011	10	14.59	7.50
	2012	10	13.45	12.10
	2013	10	12.94	15.54
	2014	10	13.42	12.99
	2015	8	28.40	28.79
	平均		14.72	12.56

（续）

作物	年份	试验数量（个）	肥料效应	
			配方施肥	常规施肥
水地马铃薯	2007	16	20.83	19.49
	2008	11	25.70	25.83
	2009	12	27.97	37.73
	2010	10	27.68	20.53
	2011	6	44.28	41.89
	2012	10	51.77	44.56
	2013	7	52.44	59.59
	2014	10	39.96	25.75
	2015	10	28.59	18.52
	平均		36.48	33.46
旱地马铃薯	2007	17	16.00	11.57
	2008	10	26.13	29.42
	2009	13	13.29	14.78
	2010	10	11.41	7.68
	2011	4	23.50	12.94
	2013	3	34.64	41.18
	平均		17.86	16.41

第七章

主要作物施肥技术

第一节　玉米施肥技术

玉米是固阳县主栽作物之一，近年来玉米播种面积为1.07万hm^2，占固阳县总播面积的10%左右。种植方式以水浇地、旱地为主，其中水浇地面积较大，机械覆膜、播种，机械收获。种植品种根据无霜期主要有哲单7号、哲单37、四单十九、承单22、大地1号、种星7号、包玉2号。水浇地每667m^2产量一般为350～650kg。

一、玉米需肥规律

玉米是一种高产作物，植株高大，根系发达，需要养分多。每生产100kg玉米籽粒，需要吸收氮2.0～4.0kg、五氧化二磷0.7～1.5kg、氧化钾1.5～4.0kg。玉米吸收养分的数量和比例不同，主要是由于品种特性、土壤条件、产量水平以及栽培方式不同，在确定具体施肥量时，要综合分析考虑。

玉米不同生育阶段，对养分的吸收数量和比例变化很大。玉米苗期植株小，生长慢，对养分吸收的数量少，速度慢；拔节、孕穗到抽穗开花期，是玉米营养生长和生殖生长同时并进的阶段，生长速度快，吸收养分的数量也多，是吸肥的关键时期；开花授粉以后，吸收数量虽多，但吸收速度逐渐减慢。

玉米苗期吸氮量占总吸收量的2.1%，中期（拔节至抽穗开花）占51.2%，后期占46.7%。玉米吸收磷素量，从占干物重的百分比来看，各生育期比较平稳，而累积吸收量则逐渐上升。玉米吸磷量，苗期占1.1%，中期占63.9%，后期占35.0%。玉米吸收钾素量，以苗期占干物重的百分比最高，以后随植株生长逐渐下降，其累积吸钾量在拔节后迅速上升，至开花期已达顶峰，以后吸收很少。

玉米营养临界期：玉米磷素营养临界期在3叶期，一般是种子营养转向土壤营养的时期。玉米氮素临界期比磷稍后，通常在营养生长转向生殖生长的时期。临界期对养分需求并不大，但养分要全面，比例要适宜。这个时期营养元素过多过少或者不平衡，对玉米生长发育都将产生明显不良影响，而且以后无论怎样补充缺乏的营养元素都无济于事。玉米最大效率期在大喇叭口期，这是玉米养分吸收最快最大的时期，这期间玉米需要养分的绝对数量和相对数量都最大，吸收速度也最快，肥料的作用最大，此时肥料施用量适宜，玉米增产效果最明显。

二、玉米缺素症状

缺氮：幼苗矮化、瘦弱、叶丛黄绿；叶片从叶尖开始变黄，沿叶片中脉发展，形成一个V形黄化部分；致全株黄化，后下部叶尖枯死且边缘黄绿色；缺氮严重的或关键期缺氮，果穗小，顶部籽粒不充实，蛋白质含量低。

缺磷：嫩株敏感，植株矮化；叶尖、叶缘失绿呈紫红色，后叶端枯死或变成暗紫褐色；根系不发达，雌穗授粉受阻，籽粒不充实，果穗少或歪曲。

缺钾：下部叶片的叶尖、叶缘呈黄色或似火红焦枯，后期植株易倒伏，果穗小，顶部发育不良。

缺镁：幼苗上部叶片发黄。叶脉间出现黄白相间的褪绿条纹，下部老叶片尖端和边缘呈紫红色；缺镁严重的叶边缘、叶尖枯死，全株叶脉间出现黄绿条纹或矮化。

缺锌：严重的幼苗出土后在2周内显症，叶片具浅白条纹，后中脉两侧出现一个白化宽带组织区，且中脉和边缘仍为绿色，有时叶缘、叶鞘呈褐色或红色。

缺硫：植株矮化、叶丛发黄，成熟期延迟，与缺氮症状相似。

缺铁：上部叶片叶脉间出现浅绿色至白色或全叶变色。

缺硼：嫩叶叶脉间出现不规则白色斑点，各斑点可融合成白色条纹；严重的节间伸长受抑或不能抽雄及吐丝。

缺钙：当土壤缺钙时，幼苗叶片不能抽出或不展开，有的叶尖黏合在一起呈梯状，植株呈轻微黄绿色或引致矮化。

缺锰：幼叶脉间组织慢慢变黄，形成黄绿相间条纹，叶片弯曲下披，有别于缺镁症状。

三、施肥原则

(1) 有机肥、化肥合理配施，增施有机肥，加强秸秆还田，合理施用化肥。

(2) 施足基肥和基肥为主、追肥为辅，磷肥和钾肥作为基肥在播种前全部施用，氮肥60%作为基肥，40%作为追肥。

(3) 测土配方施肥，结合土壤供肥特性、玉米需肥规律、肥料特性，进行测土配方施肥，全面配合施用氮、磷、钾三要素肥料。

(4) 注重中微肥的施用，尤其是锌肥的施用，根据土壤中微量元素含量以及玉米长势，合理施用中微肥。

四、推荐施肥技术及方法

1. 增施有机肥，秸秆还田　每667m^2施用有机肥1 000～1 500kg，或者秸秆还田3 000kg。

2. 测土配方，施足基肥和种肥　基肥和种肥以化肥为主，根据土壤养分情况，计算各肥料施用量。氮、磷、钾肥施用量根据目标产量、丰缺指标进行确定。一般单产5 250～7 500kg/hm^2，氮、磷、钾肥施用总量（纯量）为345～270kg/hm^2，N：P_2O_5：K_2O=1.2：1.0：0.4，折合尿素12～240kg/hm^2、磷酸二铵225～300kg/hm^2、硫酸钾60～90kg/hm^2。

基肥施用方法：播种前将所有硫酸钾、有机肥及60%氮肥作为基肥一次施入；磷酸二铵作为种肥结合机械播种施入，种肥分离。

3. 适时追肥　其余40%氮肥在拔节期、大喇叭口期分别施入，施用方法是穴施或者沟施。

4. 合理施用中微肥　根据土壤中微量元素含量以及玉米长势，补充中微肥，尤其是锌肥。施用方法：做基肥施用或者是叶面喷施。

第二节　水地马铃薯施肥技术

水地马铃薯是固阳县主栽作物之一，近年来水地马铃薯播种面积为2 000hm^2，占固阳县总播面积的2%左右。水地马铃薯机械或人工播种，机械收获。种植品种根据市场需求选用专用型、淀粉加工型、菜用型、鲜食型品种，目前市场上需求的专用型品种主要有大西洋、夏波蒂等，淀粉加工型品种有克新6号、克新4号等，菜用、鲜食型品种主要有费乌瑞它、早大白、台湾红皮等。水浇地每667m^2产量一般为1 250～3 000kg。

一、水地马铃薯需肥规律

马铃薯需肥量较大。每生产1 000kg马铃薯，需要吸收氮4.8～6kg、磷1～3kg、钾10.3～13kg，其养分吸收比例为1∶0.37∶2.15。马铃薯不同生育时期吸收养分种类和数量不同。

从发芽到幼苗期，养分吸收量占全生育期养分吸收总量的25%左右。

块茎膨大期，由于茎叶大量生长和块茎的迅速形成，养分吸收量较多，占总量的50%左右。

淀粉积累期，养分的吸收量减少，占总量的25%左右。

二、水地马铃薯缺素症状

缺氮：开花前显症，植株矮小，生长弱，叶色淡绿，继而发黄，到生长后期，基部小叶的叶缘完全失去叶绿素而皱缩，有时呈火烧状，叶片脱落。

缺磷：早期缺磷影响根系发育和幼苗生长；孕蕾至开花期缺磷，叶部皱缩，色呈深绿，严重时基部叶变淡紫色，植株僵立，叶柄、小叶及叶缘朝上，不向水平展开，小叶面积缩小，色暗绿。缺磷过多时，生长大受影响，薯块内部易发生铁锈色痕迹。

缺钾：植株缺钾的症状出现较迟，一般到块茎形成期才呈现出来。钾不足时叶片皱缩，叶片边缘和叶尖萎缩，甚至呈枯焦状，枯死组织棕色，叶脉间具青铜色斑点，茎上部节间缩短，茎叶过早干缩，严重的产量降低。

缺镁：老叶开始生黄色斑点，后变成乳白色至黄色或橙红至紫色，且在叶中间或叶缘上生黄化斑，老叶脱落。

三、施肥原则

马铃薯施肥原则为前促、中控、后保。

前期应尽可能地使马铃薯早生快发，多分枝，形成一定的丰产苗架，施肥上以氮、磷肥为主。出苗后60d内将90%的肥料施入；封垄之后控制茎叶生长，不让其疯长，促使其转入地下块茎形成与膨大。后期不能使叶色过早落黄，以保持叶片光合作用效率，多制造养分供地下块茎膨大。施肥上以钾肥为主，适当补施氮肥。

（1）有机肥、化肥合理配施，增施有机肥，合理施用化肥。

（2）施足基肥，追肥为辅。60％氮肥、全部磷肥和50％钾肥作为基肥在播种前一次施入，40％氮肥和50％钾肥作为追肥适期施入。

（3）适时追施氮、钾肥。在马铃薯开花期开始，追施其余50％钾肥和40％氮肥，钾肥和氮肥要分次施入，每次追肥量较小，基本2～4次追施完毕。改变以往一次性施肥。

（4）注重中微肥的施用。根据土壤中微量元素含量以及水地马铃薯长势，合理施用中微肥。

四、推荐施肥技术及方法

1. 重施有机肥 每667m^2施用腐熟的有机肥1 000～1 500kg。

2. 测土配方，施足基肥 水地马铃薯施肥水平应根据土壤的养分、目标产量指标来确定。水地马铃薯产量为18 750～45 000kg/hm^2，在施用有机肥15 000～22 500kg/hm^2的基础上，施用氮、磷、钾肥255～345kg/hm^2，三要素最佳比例为N∶P_2O_5∶K_2O＝1∶0.6∶1.2。其中施用磷酸二铵165～225kg/hm^2、尿素195～270kg/hm^2、硫酸钾120～180 kg/hm^2。如果单产高于45 000kg/hm^2，氮、磷、钾肥施用量要加大，平均每增加1 000kg产量，氮、磷、钾肥总量增加7～9kg。

基肥施用方法：播种前将所有有机肥、磷肥及50％钾肥、60％氮肥作为基肥一次施入。

3. 适时追肥 其余40％氮肥、50％钾肥在马铃薯开花期分2～4次分别施入，施用方法是穴施。

4. 合理施用中微肥 根据土壤中微量元素含量以及水地马铃薯长势，补充中微肥。

施用方法：做基肥施用或者是叶面喷施。

第三节 旱地马铃薯施肥技术

旱地马铃薯是固阳县主栽作物之一，近年来旱地马铃薯播种面积为0.87万hm^2，占固阳县总播种面积的9％左右。由于旱作，产量低，因此多为人工播种，人工或者机械收获。种植品种主要有克新1号、费乌瑞它、早大白。每667m^2产量一般为400～1 000kg。如果年降水量大，每667m^2产量可超过1 000kg。

一、旱地马铃薯需肥规律

旱地马铃薯需肥规律同水地马铃薯需肥规律。

二、旱地马铃薯缺素症状

旱地马铃薯缺素症状同水地马铃薯缺素症状。

三、施肥原则

旱地马铃薯首先受灌溉限制，因此氮、磷、钾肥作为基肥一次性在播种前施入，根据降雨情况，确定追肥，一般不追肥。

（1）有机肥、化肥合理配施，增施有机肥，合理施用化肥。

（2）施足基肥，氮肥、磷肥、钾肥全部作为基肥在播种前施用。

（3）注重中微肥的施用。根据土壤中微量元素含量以及旱地马铃薯长势，合理施用中微肥。

四、推荐施肥技术及方法

1. 重施有机肥　每667m^2施用腐熟的有机肥500～1 000kg。

2. 测土配方，施足基肥　旱地马铃薯施肥水平应根据土壤的养分、目标产量指标来确定。旱地马铃薯产量为6 000～15 000kg/hm^2，在施用有机肥7 500～15 000kg/hm^2的基础上，施用氮、磷、钾肥195～255kg/hm^2，三要素最佳比例为N∶P_2O_5∶K_2O＝0.8∶0.6∶1.0。其中施用磷酸二铵75～150kg/hm^2、尿素112.5～150kg/hm^2、硫酸钾90～120kg/hm^2。

基肥施用方法：播种前将所有有机肥、磷肥、钾肥和氮肥作为基肥一次施入。

3. 合理施用中微肥　根据土壤中微量元素含量以及旱地马铃薯长势，补充中微肥。

施用方法：做基肥施用或者是叶面喷施。

第八章

耕地土壤改良利用技术与主要作物高产栽培技术

第一节 耕地地力评价与改良利用

耕地培肥与改良利用研究是以耕地地力调查与质量评价为基础，通过耕地地力等级评价、土壤改良利用现状分析，结合固阳县农业区划情况进行的。在分析各耕地资源利用现状及其特点、各等级耕地属性、障碍因素等后，将固阳县耕地改良利用分成 3 个区，提出了切实可行的改良措施和利用方向。

一、耕地利用现状与特点

固阳县土地面积 4 904km^2，其中农业用地随着退耕还林还草、旱作区休闲轮作等原因，目前常年播种面积共计 119 609.5hm^2，农业用地中有效灌溉面积 14 100hm^2，保灌面积 10 800hm^2，主要集中在金山镇、下湿壕镇、银号镇、西斗铺镇。耕地面积大，但是基本以旱作为主，造成单产不高、总产较低。

二、耕地地力与改良利用划分

（一）耕地地力等级划分

耕地地力等级划分的主要目的是为了便于比较和了解耕地的地力状况，同时体现生产应用的直观性。依据耕地地力评价技术规程和对耕地地力影响较大、与农业生产密切相关的有关因素，将固阳县耕地划分为 5 个等级（表 8-1）。

表 8-1 固阳县耕地地力等级结果

评价结果	一级	二级	三级	四级	五级
面积（hm^2）	13 022.0	26 800.0	40 003.3	24 625.1	15 159.0
比例（%）	10.9	22.4	33.4	20.6	12.7

不同等级耕地对于利用方式的适宜性是有差别的，一级地到五级地对种植业来说，其适宜性是逐渐变化的，从一级地的最适宜发展到五级地的不适宜，对于发展牧业由不适宜转变为最适宜；而宜牧耕地则位于两者之间。

（二）耕地改良利用分区划分

耕地改良利用分区，要因地制宜，因土适用，合理利用和配置耕地资源，充分发挥各类耕地的生产潜力，坚持用地与养地相结合，近期与长远相结合的原则进行。

以耕地地力评价等级为单元，以土壤组合类型、肥力水平、改良方向和主要改良措

施的一致性为主要依据，同时结合耕地的适宜性、生产性能、存在的问题以及地貌、气候、水文和生态等因素综合考虑进行分区。

固阳县分为3个改良利用区，第一类区包括一级和二级两个等级耕地，第二类区为三级和四级耕地，第三类为五级耕地，对应的适宜性分别利于发展农业、农牧结合。其中第一类和第二类是宜农耕地，分别适合发展高产高效基本农田、旱作稳产基本农田，第三类为宜农宜牧双宜性耕地。

由表8-2可知，高产高效基本农田主要以栗钙土为主，其次是灰褐土，由于固阳县草甸土面积较小，因此在高产高效基本农田中草甸土面积占比较小；旱作稳产基本农田主要以栗钙土和灰褐土为主，栗钙土占比大，占72.9%；宜农宜牧双宜性耕地分布在栗钙土和灰褐土上，其中栗钙土面积大，占76.4%。

表8-2　不同改良利用分区土壤类型面积

土类	高产高效基本农田		旱作稳产基本农田		宜农宜牧双宜性耕地		合计	
	面积（hm^2）	占比（%）	面积（hm^2）	占比（%）	面积（hm^2）	占比（%）	面积（hm^2）	占比（%）
草甸土	1 397.5	3.5	1 329.7	2.1	0.0	0.0	2 727.2	2.3
灰褐土	7 861.7	19.7	16 171.3	25.0	3 577.1	23.6	27 610.2	23.1
栗钙土	30 562.8	76.7	47 127.4	72.9	11 581.9	76.4	89 272.1	74.6
合计	39 822.0	100.0	64 628.4	100.0	15 159.0	100.0	119 609.5	100.0

表8-3是高产高效基本农田、旱作稳产基本农田、宜农宜牧双宜性耕地土壤中的有机质、大量元素含量。各区域养分数据有一定的差异，其中旱作稳产基本农田有机质、大量元素含量较高，只是没有灌溉条件；高产高效基本农田有机质和大量元素含量居中，只是土壤有效土层厚度、灌溉条件等优于其他两个区域。

表8-3　不同改良利用分区土壤有机质和大量元素含量

改良利用区	高产高效基本农田	旱作稳产基本农田	宜农宜牧双宜性耕地	平均
有机质（g/kg）	15.1	18.8	16.5	17.3
全氮（g/kg）	0.92	1.10	0.98	1.02
碱解氮（mg/kg）	67.9	81.7	82.7	77.0
有效磷（mg/kg）	9.9	12.0	10.2	11.1
速效钾（mg/kg）	158	172	143	164

表8-4是高产高效基本农田、旱作稳产基本农田、宜农宜牧双宜性耕地土壤中的微量元素含量。各区域微量元素养分数据有一定的差异，其中旱作稳产基本农田、高产高效基本农田微量元素含量除钼和铁外均高于宜农宜牧双宜性耕地。

表8-4　不同改良利用分区土壤微量元素含量

改良利用区	高产高效基本农田	旱作稳产基本农田	宜农宜牧双宜性耕地	平均
有效硼（mg/kg）	0.84	0.89	0.69	0.85
有效钼（mg/kg）	0.12	0.12	0.13	0.12

（续）

改良利用区	高产高效基本农田	旱作稳产基本农田	宜农宜牧双宜性耕地	平均
有效锌（mg/kg）	1.12	1.00	0.77	1.02
有效铜（mg/kg）	0.90	0.84	0.74	0.85
有效铁（mg/kg）	7.75	8.17	8.48	8.06
有效锰（mg/kg）	10.19	10.21	9.72	10.15

第二节　耕地地力建设与污染防治对策及建议

一、耕地地力建设与土壤改良利用对策及建议

（一）建立高产高效基本农田

该区域包括评价结果的一级地、二级地，地势平缓，大多分布在平地、丘坡麓，障碍因素少，土体深厚，理化性状优良，肥力水平较高，且灌溉条件好，生产力水平高。

目前，高产高效基本农田部分区域虽然地下水位低，灌溉条件好，但是水利设施配套不完善或者短缺，旱作农业仍然占比较大；没有建立好的轮作制度，马铃薯每年种植面积较大，普遍重茬，近年来病虫害发生率明显提高，更主要的是养分消耗单一，使土壤中某些养分长期得不到补偿，各种养分失衡，土壤结构遭到破坏，生产性能变劣；肥料施用方法大多趋于一致，管理粗放。

（二）旱作稳产基本农田

该区域包括评价结果的三级地、四级地。耕地主要分布在丘坡麓，耕地肥力水平较高，生产潜力较大，但是由于缺乏水资源，灌溉受限。因此基本都是旱作，存在一定的障碍因素。

旱作稳产基本农田耕地多为旱坡耕地，土层浅薄，耕层浅，不利于作物生长，极易发生旱灾，水土流失严重；农田基础设施薄弱，农业生产科技含量低；农田水利设施不配套，基本靠天吃饭；管理粗放，种植作物单一，肥料施用不合理，土壤理化性状变劣，养分含量下降。

（三）宜农宜牧双宜性耕地

该区域包括评价结果的五级地，耕地全部分布在丘坡面和丘坡麓，耕地障碍因素多，肥力水平差异较大。

风蚀沙化、水土流失是本区耕地土壤的主要障碍因素。一是本区耕地多为旱坡耕地，土层浅薄，砾石含量高，不利于作物生长，极易发生旱灾，农业生产不能保证。二是耕层浅，不利于保水保肥，影响产量的提高。三是水土流失严重，本区耕地大部分是旱坡耕地，由于农田基础设施薄弱，有不同程度的水土流失现象，其中以沙尘风蚀为主，由于多年风蚀使表土层细土被刮走而变薄，土壤耕层养分含量较低。四是耕作粗放，土壤肥力下降。该区耕地面积多属典型旱作农业区，长期以来有机肥施用量少，化肥施用不合理，管理粗放，随着开垦年限的增加，土壤理化性状变劣，养分含量下降。五是缺乏合理的轮作，土地用养失调。六是农田基础设施差。

二、耕地污染防治对策与建议

固阳县历来以农业、畜牧业为主，工业不发达，环境污染较轻，大部分耕地符合发展绿色食品生产环境条件，农业生产中化肥施用量相对较少，农药的使用量也少。尤其随着包头市“南菜北薯”战略的实施，近几年节水灌溉面积增加，集中打造马铃薯产业基地，是全市马铃薯绿色食品生产基地。但是近年来，采矿、农产品加工等中小型工业项目建成投产，工业“三废”（废水、废气、固体废弃物）排放，局部地区不仅地下水下降，还造成了严重的土壤、水源污染。

（一）建立耕地环境质量监测体系

对耕地和环境污染问题要高度重视，采取有效措施，加大环境保护力度，加强环境监测，建立耕地环境质量监测体系，定期监测，及时发现问题，解决问题。

（二）加强宣传和加大农业执法力度

加大农业行政执法力度，加强化肥、农药使用方面的管理，减轻耕地污染，促进农业可持续发展。

（三）控制“三废”排放

对于工业企业要控制“三废”排放，排放前要进行净化处理，达到国家规定的排放标准。

三、耕地资源的合理配置与种植业结构调整对策及建议

（一）种植业结构中存在的主要问题

固阳县种植业结构单一，主栽作物为马铃薯和玉米，经济作物和饲料作物种植面积小。由于全县耕地近90%是旱地，是完全依靠自然降水的雨养农业，灌溉是农业主要限制因素。但是有相当部分耕地地下水资源丰富，如果加大节水设施建设，扩大可灌溉耕地面积，可以有效提高农业产量和产值。由于特有的一家一户生产经营方式，农业产业化水平低。

（二）农业结构调整的对策与建议

固阳县气候特点适合种植马铃薯，在打造马铃薯主产业的同时，调整种植业结构，因地制宜，合理布局。在坡耕地建立厚墙体温室，加大蔬菜种植面积，加大经济作物和饲料作物种植面积，规模发展；在旱坡耕地加大饲料作物种植面积，带动畜牧业发展，形成规模化生产。充分发挥马铃薯、畜牧业优势，加大相关产品的加工业发展，发展相应工业，实现马铃薯和畜牧业产业化生产发展。

第三节　固阳县水浇地玉米单产8 250kg/hm^{2}栽培模式

一、播前准备

于4月上旬将农机具检修、种子精选、发芽试验、农药品种选用、化肥用量确定、地块落实等项工作做好。

二、备耕整地

进行秋翻的地块主要是早春耙耱保墒，达到播种标准；没有秋翻的地块，进行机械翻耕，之后轻耙。

三、适时播种

由于固阳县4月底至5月初温度不稳定，播种适宜时间基本是5月初。机械播种，采用覆膜技术，提高地温，且保墒。种植密度根据品种确定。

四、平衡施肥

肥料的品种主要为有机肥、配方肥或者掺混肥料、单质氮肥或者氮、钾二元肥料。在配方肥或者掺混肥料品种的选择上，应选择添加锌的品种。肥料用量根据土壤养分状况确定。

每公顷氮、磷、钾肥总用量为255～360kg，其中氮、磷、钾肥的比例约为4.5∶3∶1。首先，在平整土地时，每公顷施用腐熟的有机肥15 000kg，同时将部分配方肥或者磷、钾肥和有机肥一起均匀撒施、翻入土壤中；其次在播种时，结合机械播种每公顷施入配方肥或者掺混肥料150～300kg，配方肥或者掺混肥料要求粒度均匀一致，方便机械施用；第三，在玉米拔节期、大喇叭口期结合灌溉，采用穴施或者沟施的方法追施单质氮肥或者氮、钾肥，每公顷用量150～300kg。

五、田间管理

玉米整个生育期根据降水量和土壤墒情进行合理灌溉；适时进行中耕除草，可用除草剂，也可进行人工或者机械除草；整个生育期利用药剂防治红蜘蛛、玉米螟等病虫害。

六、适时收获

当玉米进入蜡熟期，玉米籽粒含水量约为15%时进行收获，可采用机械或者人工收获。

第四节　固阳县水浇地马铃薯单产37 500kg/hm² 栽培模式

一、播前准备

（一）品种选择

选择高产优质、抗逆性强、适应性广、商品性好、抗（耐）病虫害的品种；要求薯块完整，薯皮洁净，色泽鲜艳，无病无虫无冻伤。

（二）种薯处理

播前淘汰带病种薯和畸形种薯，将种薯放置阴凉处见风催芽，当薯芽伸出0.5～1cm

时，对种薯进行按芽切块，应尽量采用平分顶芽的切块方法，每个薯块切成30～50g，从顶端纵切，每块2～3个芽眼。切种时应注意细菌性病，特别是环腐病的切具传染，一旦发现有病薯，应及时对切具用0.2%高锰酸钾消毒，或在食盐水中煮沸消毒，淘汰环腐病、软腐病、晚疫病及病毒病薯块。

二、备耕整地

选择地势相对平坦，最大角度不超过15°的耕地，在4月中旬规划好种植小区，要求耕细整平、根除根茬、土块细碎，保证田面平整。

三、种子处理

由于马铃薯播种后出苗迟，因此对马铃薯种块进行催芽处理以达到缩短出苗期，从而增加产量的目的。采用的是赤霉素催芽技术。首先配制赤霉素，先用少量乙醇溶解赤霉素，然后再用水稀释至需要的赤霉素浓度，一般赤霉素浓度为1～10mg/kg；其次是用赤霉素浸泡或者喷洒种子，整薯催芽时用5～10mg/kg的浓度浸泡5～10min，切块马铃薯种子用1～3mg/kg赤霉素溶液喷洒或短时间浸泡。

浸种的马铃薯种子，在播种前需要药剂拌种，通常采用甲基硫菌灵和科博处理种薯，拌后晾晒装袋待种。

四、适时播种

固阳县马铃薯的播种日期应以4月25日至5月25日为宜，结合当地降水和气温确定播种时间，一般土壤10cm地温稳定在8℃左右时即可。主要采用机播，根据马铃薯品种确定每667m^2株数，一般行距90cm，株距15～20cm，每667m^2定植3 700～4 600株为宜。

五、平衡施肥

肥料的品种主要为有机肥、配方肥或者掺混肥料、单质氮肥或者氮、钾二元肥料。肥料用量根据土壤养分状况确定。

一般每公顷目标产量37 500kg，氮、磷、钾施用量为28～35kg，其中氮、磷、钾比例约为1∶0.3∶1。

首先，每公顷施入腐熟的有机肥15 000～30 000kg作为基肥，结合翻地施入；播种时，每公顷根据土壤养分施入300～600kg配方肥或者掺混肥料，结合机械播种进行穴施或者沟施；在马铃薯现蕾期、膨大期结合灌溉每公顷施入150～300kg氮肥或者氮、钾肥。

六、田间管理

马铃薯目标产量为每公顷37 500kg，需水总量为240m^3左右，具体灌溉次数和每次灌水量，需根据不同生育期需水特性、土壤含水量、降水量进行确定；出苗后立即逐块逐垄检查，发现缺苗严重时立即补种，补种时可挑选已发芽的薯块进行整薯播种；出苗

5%～10%进行第一次中耕培土，培土厚度5cm左右，马铃薯植株达20～25cm时，进行第二次中耕培土，厚度3～5cm，马铃薯第二次中耕培土后15d左右进行第一次人工拔大草，以后视情况再组织第二次、第三次人工拔大草。

七、病虫害防治

马铃薯主要病害有病毒病、晚疫病、早疫病、环腐病、黑胫病；主要虫害有地老虎、金针虫、蛴螬、蚜虫、草地螟。病虫害防治要根据"预防为主，综合防治"的植保方针，采用以抗（耐）病虫品种为主，生物防治、物理防治与化学防治相结合的综合防治措施。

生物药剂推荐使用阿维菌素、浏阳霉素、武夷霉素、苏云金杆菌（BT）、农抗120、核型多角体病毒、白僵菌、齐螨素、绿菜宝、威敌、多抗霉素等；推广使用高压汞灯、黑光灯、频振灯等杀虫灯；采用性诱剂及高效、低毒、低残留的化学药剂进行防治。

晚疫病：69%锰锌·烯酰水分散粒剂1 380～1 725g/hm^{2}喷雾，或80%代森锰锌可湿性粉剂999.6～1 500g/hm^{2}喷雾。

环腐病：36%甲基硫菌灵悬浮剂800倍液浸种，或95%敌磺钠可溶性粉剂2 250g/hm^{2}拌种。

地下害虫：5%丁硫克百威颗粒剂2 250～3 000g/hm^2，混土撒施。

蚜虫：50%辟蚜雾可湿性粉剂150～270g/hm^2，或25%快杀灵乳油750～900g/hm^2。

八、适时收获、窖藏

于10月初植株完全枯死后，块茎停止增重，表皮形成较厚的木栓层时，及时收获，可采用机械收获或者人工收获。

收获过程中要去杂去劣，晾晒后剔除病烂薯，入窖储藏。

参考文献

包头市土壤肥料工作站，1994. 包头市土壤［M］. 呼和浩特：内蒙古人民出版社.
郑海春，2005. 扎兰屯市耕地［M］. 北京：中国农业出版社.
郑海春，2013. 牙克石市耕地与科学施肥［M］. 北京：中国农业出版社.

附录 1　耕地资源数据册

附表 1　固阳县耕地土壤类型面积统计表

土类	亚类	土属	土种	面积及占比		各乡镇分布面积（hm^2）					
				面积（hm^2）	占比（%）	怀朔镇	银号镇	兴顺西镇	西斗铺镇	金山镇	下湿壕镇
草甸土	灰色草甸土	淤黑沙土	壤底淤黑沙土	19.3	0.02	19.3					
			淤黑沙土	94.2	0.08	28.8	65.3				
		淤黑土	淤黑土	378.2	0.32	342.2		36.1			
	盐化草甸土	盐化黑沙土	轻盐淤黑沙土	96.6	0.08			11.4	85.2		
			中盐淤黑沙土	469.7	0.39			181.8	287.9		
		盐化淤黑土	轻盐淤黑土	1 327.4	1.11	960.7		366.7			
			中盐淤黑土	341.9	0.29	327.9		14.1			
灰褐土	粗骨性灰褐土	石质土	石质土	2 980.9	2.49	282.4	668.9	603.5	467.3	284.8	674.0
	淋溶灰褐土	淋溶灰褐土	薄体淋溶灰褐土	25.6	0.02						25.6
			厚体淋溶灰褐土	32.5	0.03						32.5
			淋溶灰褐土	172.6	0.14		160.6			1.1	11.0
	生草灰褐土	黑土	薄体黑土	6.1	0.01		6.1				
			黑土	63.4	0.05		58.2				5.1
			厚体黑土	136.9	0.11		133.1				3.8
	碳酸盐灰褐土	褐红土	褐红土	144.7	0.12					15.6	129.1
			砾质褐红土	75.5	0.06		46.3			29.2	
			轻度侵蚀褐红土	60.5	0.05	33.2	27.3				
			中度侵蚀褐红土	71.9	0.06	19.2	0.5		52.3		

（续）

土类	亚类	土属	土种	面积及占比		各乡镇分布面积（hm^2）					
				面积（hm^2）	占比（%）	怀朔镇	银号镇	兴顺西镇	西斗铺镇	金山镇	下湿壕镇
灰褐土	碳酸盐灰褐土	褐黄土	褐红黄土	152.5	0.13		141.9			10.6	
			褐黄土	2 043.8	1.71		52.6	2.9	4.2	275.6	1 708.5
			轻度侵蚀褐黄土	2 695.8	2.25		19.4			1 100.0	1 576.4
			中度侵蚀褐黄土	192.8	0.16					151.1	41.8
		褐淤土	薄体褐淤土	207.2	0.17				83.4		123.8
			褐淤土	1 026.9	0.86	289.2	22.6	222.4	334.4	12.4	145.9
			厚体褐淤土	1 276.8	1.07		67.7		374.9	51.5	782.7
			沙壤质褐淤土	139.4	0.12				118.2	21.2	
		灰褐土	薄体灰褐土	6 053.6	5.06	502.2	1 818.4	315.7	1 012.1	905.0	1 500.3
			厚体灰褐土	5 819.7	4.87	285.5	1 173.9	1.8	466.6	148.2	3 743.7
			灰褐土	3 493.5	2.92	656.6	1 585.6	124.2	33.7	643.5	450.0
			侵蚀薄体灰褐土	341.0	0.29			207.5	133.5		
			侵蚀厚体灰褐土	131.5	0.11		113.2	5.7	12.6		
			侵蚀灰褐土	265.3	0.22			69.7	195.5		
栗钙土	草甸栗钙土	潮淤土	潮淤土	755.6	0.63	353.6	109.5			40.7	251.7
	淡栗钙土	淡红黄土	薄层淡红黄土	493.1	0.41	8.6		345.6	136.9		2.0
			淡红黄土	1 885.6	1.58	119.7		1 167.7	598.1		
			厚层淡红黄土	41.3	0.03				41.3		
			砾质淡红黄土	429.3	0.36			265.2	164.0		
		淡栗淤土	淡栗淤土	642.5	0.54			192.1	450.3		
			厚层淡栗淤土	119.5	0.10			20.2	99.3		
			砾质淡栗淤土	378.9	0.32			75.2	303.8		
			沙壤质淡栗淤土	375.7	0.31			285.7	90.0		

（续）

土类	亚类	土属	土种	面积及占比		各乡镇分布面积（hm²）					
				面积（hm²）	占比（%）	怀朔镇	银号镇	兴顺西镇	西斗铺镇	金山镇	下湿壕镇
栗钙土	淡栗钙土	黄灰土	薄层黄灰土	2 995.9	2.50	7.6		1 706.5	1 281.8		
			厚层黄灰土	172.4	0.14				172.4		
			黄灰土	1 285.7	1.07			832.4	453.3		
			砾壤质黄灰土	771.5	0.65			550.3	221.2		
			砾质厚层黄灰土	23.6	0.02				23.6		
			砾质黄灰土	694.3	0.58			446.4	248.0		
	栗钙土	红黄土	薄层红黄土	5 938.5	4.96	635.0	244.1	859.7	2 989.3	1 210.5	
			薄层砾质侵蚀红黄土	545.2	0.46		2.9		39.0	503.3	
			薄层侵蚀红黄土	903.9	0.76	362.3			4.5	537.1	
			红黄土	20 154.2	16.85	8 070.7	1 751.1	7 337.3	1 403.4	1 486.2	105.5
			厚层红黄土	3 734.2	3.12	2 325.4	632.0	469.8	104.9	202.2	
			厚层侵蚀红黄土	679.4	0.57		38.5			640.9	
			砾质薄层红黄土	1 176.1	0.98			167.9		1 008.3	
			砾质红黄土	4 247.4	3.55	51.9		2 163.4	512.1	1 520.1	
			砾质厚层红黄土	429.9	0.36	29.8		203.2		196.9	
			砾质侵蚀红黄土	107.8	0.09					107.8	
			侵蚀红黄土	1 474.9	1.23	305.4	178.0	61.5	190.3	739.7	
		黄黑土	薄层黄黑土	9 049.5	7.57	4 355.4	1 830.1	1 868.1	594.0	125.7	276.2
			厚层黄黑土	2 910.8	2.43	1 196.9	1 106.3	134.3	225.7		247.7
			黄黑土	6 434.3	5.38	2 550.0	1 453.8	1 627.6	278.8		524.1
			砾质薄层黄黑土	254.1	0.21	67.8	1.3	185.0			
			砾质厚层黄黑土	44.0	0.04				44.0		

（续）

土类	亚类	土属	土种	面积及占比		各乡镇分布面积（hm²）					
				面积（hm²）	占比（%）	怀朔镇	银号镇	兴顺西镇	西斗铺镇	金山镇	下湿壕镇
栗钙土	栗钙土	黄黑土	砾质黄黑土	1 140.1	0.95	70.9	248.6	456.5	364.2		
			沙壤质黄黑土	1 242.0	1.04	83.9		593.5	66.9	27.7	470.0
		黄沙土	薄层黄沙土	1 213.0	1.01	138.2	204.5	8.9	188.5	575.3	97.7
			厚层黄沙土	896.4	0.75	357.2		7.9		531.3	
			黄沙土	2 743.1	2.29	502.6	945.3	8.9	174.8	1 083.9	27.7
			砾质黄沙土	337.4	0.28					328.5	8.9
		黄土	黄土	2 441.9	2.04	54.5	610.2	7.9	390.1	632.1	747.2
			轻度侵蚀黄土	353.7	0.30		5.3			348.4	
			中度侵蚀黄土	107.3	0.09	9.6				49.1	48.6
		栗淤土	薄层栗淤土	477.7	0.40	303.7			131.8	0.2	42.0
			厚层栗淤土	5 223.7	4.37	725.8	269.0	566.5	1 625.9	1 701.9	334.7
			栗沙土	109.5	0.09		60.1			49.3	
			栗淤土	2 426.7	2.03	568.9	79.3	602.6	223.1	490.8	462.0
			砾质栗淤土	1 018.6	0.85			167.7	510.7	340.3	
			沙壤质栗淤土	391.6	0.33					391.6	
合计				119 609.5	100.00	27 002.5	15 931.3	25 548.9	18 007.5	18 519.3	14 600.0

附表 2　固阳县不同土壤类型养分含量统计表

土类	亚类	土属	土种	pH	有机质 (g/kg)	全氮 (g/kg)	碱解氮 (mg/kg)	有效磷 (mg/kg)	全磷 (g/kg)	速效钾 (mg/kg)	全钾 (g/kg)	缓效钾 (mg/kg)	有效硫 (mg/kg)	有效硅 (mg/kg)	有效铜 (mg/kg)	有效铁 (mg/kg)	有效锰 (mg/kg)	有效锌 (mg/kg)	有效硼 (mg/kg)	有效钼 (mg/kg)	阳离子交换量 (cmol/kg)
草甸土	灰色草甸土	淤黑沙土	壤底淤黑沙土	8.33	10.71	0.67	61.1	5.8	0.10	116	17.17	556	12.11	119.50	0.48	5.01	7.30	0.49	0.93	0.10	7.85
			淤黑沙土	8.21	14.05	0.85	74.8	10.8	0.16	158	20.52	799	12.52	104.04	0.78	9.28	8.53	0.87	0.62	0.16	9.81
		淤黑土	淤黑土	8.28	16.94	0.97	75.5	12.4	0.15	182	19.15	897	27.63	120.59	0.89	7.91	8.84	0.84	0.67	0.15	10.63
	盐化草甸土	盐化黑沙土	轻盐淤黑沙土	8.23	17.12	1.11	69.1	8.4	0.16	153	19.54	758	16.39	137.40	0.92	6.15	8.67	0.90	0.84	0.11	10.75
			中盐淤黑沙土	8.24	17.51	1.13	73.2	8.2	0.15	148	18.13	791	12.17	140.21	0.84	6.47	8.95	0.89	1.36	0.12	10.45
		盐化淤黑土	轻盐淤黑土	8.25	15.08	0.93	65.6	9.5	0.15	147	18.84	672	22.45	116.04	0.82	6.74	8.32	0.72	0.81	0.13	10.11
			中盐淤黑土	8.30	15.26	0.87	72.9	8.3	0.15	117	18.41	675	25.74	133.62	0.68	6.97	7.11	0.66	0.68	0.12	10.80
灰褐土	粗骨性灰褐土	石质土	石质土	8.15	19.34	1.12	83.8	12.7	0.18	184	21.60	905	24.01	133.69	0.90	8.57	11.29	1.16	0.96	0.12	12.63
	淋溶灰褐土	淋溶灰褐土	薄体淋溶灰褐土	8.00	22.14	1.40	101.7	9.3	0.25	130	20.70	859	20.08	153.00	0.67	12.73	6.88	0.86	0.83	0.12	14.81
			厚体淋溶灰褐土	8.03	22.7	1.37	98.1	13.0	0.25	158	20.87	887	18.94	154.63	0.83	12.16	10.22	1.16	0.83	0.13	15.88
			淋溶灰褐土	8.02	20.56	1.27	100.9	12.8	0.22	149	21.73	875	19.67	140.56	0.97	10.53	13.34	1.23	0.71	0.13	13.50
	生草灰褐土	黑土	薄体黑土	7.80	40.44	2.17	125.8	26.0	0.24	265	21.22	1 298	21.99	160.50	1.06	18.02	18.92	1.91	1.37	0.13	15.45
			黑土	8.08	28.57	1.55	111.7	18.0	0.22	273	29.85	1 208	20.38	182.17	0.73	11.96	13.56	1.27	0.99	0.10	14.20
			厚体黑土	7.98	33.42	1.71	117.9	21.7	0.25	333	27.72	1 223	20.19	181.18	0.84	12.97	13.50	1.62	1.46	0.12	13.98
	碳酸盐灰褐土	褐红土	褐红土	8.03	19.68	1.15	90.1	7.3	0.19	126	21.41	696	20.40	147.80	1.20	10.41	12.44	1.10	0.49	0.12	14.91
			砾质褐红土	8.24	14.99	0.91	62.3	8.5	0.13	174	22.20	945	18.52	102.68	0.46	4.99	7.52	0.89	0.79	0.11	11.00
			轻度侵蚀褐红土	8.09	17.74	1.08	88.1	13.9	0.19	165	23.79	801	43.51	115.56	0.76	11.46	11.95	0.90	0.83	0.13	15.92
			中度侵蚀褐红土	8.14	19.92	1.20	92.0	18.6	0.18	214	19.62	911	39.36	126.17	0.98	9.24	10.52	1.17	1.06	0.14	13.20
		褐黄土	褐红黄土	8.17	16.06	0.94	78.5	8.3	0.16	139	24.96	910	15.87	112.69	0.65	8.92	10.01	0.66	0.74	0.14	14.29
			褐黄土	8.13	16.94	1.03	87.6	8.6	0.19	139	20.59	747	23.69	129.59	1.07	10.79	11.06	1.13	0.67	0.12	12.96

（续）

土类	亚类	土属	土种	pH	有机质 (g/kg)	全氮 (g/kg)	碱解氮 (mg/kg)	有效磷 (mg/kg)	全磷 (g/kg)	速效钾 (mg/kg)	全钾 (g/kg)	缓效钾 (mg/kg)	有效硫 (mg/kg)	有效硅 (mg/kg)	有效铜 (mg/kg)	有效铁 (mg/kg)	有效锰 (mg/kg)	有效锌 (mg/kg)	有效硼 (mg/kg)	有效钼 (mg/kg)	阳离子交换量 (cmol/kg)
灰褐土	碳酸盐灰褐土	褐黄土	轻度侵蚀褐黄土	8.2	15.24	0.95	70.4	8.7	0.15	137	20.41	718	21.78	115.76	0.94	8.87	10.66	1.08	0.59	0.12	12.27
			中度侵蚀褐黄土	8.19	14.53	0.83	69.2	8.3	0.14	159	22.45	839	23.00	103.22	0.73	7.40	9.88	1.00	0.71	0.12	11.21
		褐淤土	薄体褐淤土	8.2	15.63	0.89	76.7	7.6	0.17	167	18.53	827	32.63	117.32	1.03	9.49	10.73	1.30	0.86	0.12	12.05
			褐淤土	8.19	16.97	0.98	76.5	9.3	0.17	157	19.79	798	25.12	140.93	0.91	7.06	9.64	0.90	0.89	0.13	11.83
			厚体褐淤土	8.18	18.20	1.06	81.5	11.0	0.21	180	21.00	942	23.41	131.20	0.87	8.84	9.52	1.13	0.79	0.12	12.92
			沙壤质褐淤土	8.28	13.46	0.77	62.5	8.7	0.17	150	19.11	786	22.86	110.37	0.98	6.23	10.43	0.96	0.94	0.12	12.47
		灰褐土	薄体灰褐土	8.14	19.67	1.11	87.5	12.6	0.18	183	22.15	882	23.20	130.00	0.85	9.37	11.19	1.11	0.85	0.12	12.52
			厚体灰褐土	8.08	22.86	1.29	101.1	14.5	0.21	209	22.80	978	21.99	146.67	0.82	10.41	11.03	1.17	0.91	0.12	14.48
			灰褐土	8.1	19.96	1.12	89.4	13.4	0.18	181	22.71	903	23.40	133.41	0.77	9.67	11.16	1.06	0.95	0.12	12.89
			侵蚀薄体灰褐土	8.25	17.08	0.96	72.0	12.1	0.15	173	19.16	906	25.95	126.90	0.91	6.41	9.78	1.03	1.05	0.13	12.59
			侵蚀厚体灰褐土	8.17	19.30	1.17	64.6	13.8	0.15	189	21.69	950	21.35	145.13	0.91	7.73	10.97	0.96	1.00	0.13	14.41
			侵蚀灰褐土	8.2	15.00	0.88	59.5	10.9	0.16	185	19.41	919	23.72	115.74	0.97	6.38	10.53	1.07	1.13	0.13	13.60
栗钙土	草甸栗钙土	潮淤土	潮淤土	8.24	16.24	1.00	81.3	12.7	0.18	141	21.07	784	27.65	131.88	0.98	9.50	10.74	1.07	0.70	0.11	12.52
	淡栗钙土	淡红黄土	薄层淡红黄土	8.26	17.31	1.08	74.0	9.4	0.16	151	18.22	819	15.14	135.36	0.87	6.54	8.41	0.94	1.20	0.14	9.90
			淡红黄土	8.21	16.87	1.10	69.9	8.7	0.15	159	18.53	781	17.41	144.67	0.84	6.21	8.88	0.92	0.95	0.11	9.77
			厚层淡红黄土	8.3	19.82	1.20	74.3	9.6	0.15	167	17.59	791	5.03	110.67	0.89	6.45	7.84	0.78	1.08	0.11	9.54
			砾质淡红黄土	8.27	18.12	1.23	72.7	8.2	0.16	166	17.60	787	11.64	148.96	0.85	5.64	8.19	0.86	0.97	0.11	9.19
		淡栗淤土	淡栗淤土	8.26	18.27	1.17	76.9	9.7	0.15	157	18.44	779	12.96	140.22	0.91	6.43	8.86	0.89	0.94	0.12	9.50
			厚层淡栗淤土	8.22	18.62	1.15	68.8	9.3	0.15	151	18.37	680	11.73	139.75	0.95	7.30	9.30	0.90	0.53	0.10	8.70
			砾质淡栗淤土	8.22	18.05	1.09	73.2	6.4	0.14	151	18.07	724	7.82	146.85	0.97	7.00	8.15	0.68	1.01	0.11	9.98
			沙壤质淡栗淤土	8.26	16.64	1.07	71.6	6.2	0.14	146	17.78	717	12.18	166.63	0.79	5.95	9.19	0.77	0.97	0.11	10.17

（续）

土类	亚类	土属	土种	pH	有机质(g/kg)	全氮(g/kg)	碱解氮(mg/kg)	有效磷(mg/kg)	全磷(g/kg)	速效钾(mg/kg)	全钾(g/kg)	缓效钾(mg/kg)	有效硫(mg/kg)	有效硅(mg/kg)	有效铜(mg/kg)	有效铁(mg/kg)	有效锰(mg/kg)	有效锌(mg/kg)	有效硼(mg/kg)	有效钼(mg/kg)	阳离子交换量(cmol/kg)
栗钙土	淡栗钙土	黄灰土	薄层黄灰土	8.2	17.63	1.10	71.2	8.7	0.15	146	18.60	723	13.45	148.47	0.89	6.43	8.71	0.89	0.91	0.12	9.67
			厚层黄灰土	8.24	17.15	1.01	65.2	6.7	0.14	132	18.50	664	6.72	133.27	0.95	6.93	7.68	0.78	0.85	0.11	9.85
			黄灰土	8.19	17.80	1.13	65.2	9.8	0.15	144	18.74	777	17.94	143.67	0.84	6.59	9.09	0.99	0.98	0.13	9.52
			砾壤质黄灰土	8.25	17.78	1.10	66.9	6.7	0.14	139	18.85	767	12.16	157.58	0.94	6.65	8.41	0.91	1.28	0.12	10.02
			砾质厚层黄灰土	8.30	15.82	0.93	67.2	7.9	0.13	156	17.59	746	5.63	136.00	0.88	5.20	7.57	0.90	1.12	0.10	10.90
			砾质黄灰土	8.20	17.01	1.09	64.4	9.6	0.15	144	18.92	747	15.24	152.63	0.77	6.23	8.76	0.97	1.09	0.12	9.87
	栗钙土	红黄土	薄层红黄土	8.21	13.95	0.86	65.9	9.0	0.14	155	20.39	710	25.87	112.05	0.87	6.80	9.62	1.03	0.89	0.12	10.94
			薄层砾质侵蚀红黄土	8.22	13.29	0.81	68.3	7.2	0.13	166	22.45	775	23.50	99.16	0.61	5.33	8.37	0.84	0.73	0.11	10.49
			薄层侵蚀红黄土	8.28	12.50	0.80	70.5	10.3	0.12	164	21.41	706	24.34	100.10	0.67	6.04	9.18	1.09	0.64	0.11	9.27
			红黄土	8.21	15.23	0.92	70.4	9.4	0.15	144	20.50	713	24.31	123.79	0.80	7.20	9.20	0.87	0.84	0.13	11.24
			厚层红黄土	8.25	15.55	0.94	65.8	9.3	0.14	148	20.59	697	23.69	124.73	0.79	7.03	9.42	0.94	0.83	0.14	10.59
			厚层侵蚀红黄土	8.22	12.93	0.78	69.0	8.7	0.13	144	23.74	715	25.75	97.07	0.88	7.07	11.06	0.98	0.68	0.11	9.58
			砾质薄层红黄土	8.17	16.55	0.95	64.9	11.5	0.13	159	24.32	733	28.22	127.70	0.86	7.66	10.66	1.46	1.04	0.12	10.67
			砾质红黄土	8.14	15.95	0.96	61.1	11.3	0.14	158	21.73	723	25.74	128.94	0.83	6.57	9.50	1.09	0.98	0.13	10.93
			砾质厚层红黄土	8.23	16.29	1.00	58.9	11.0	0.13	145	23.12	708	20.46	139.02	0.75	6.21	8.93	1.09	0.93	0.12	12.14
			砾质侵蚀红黄土	8.25	13.58	0.83	92.9	9.0	0.16	195	23.74	871	22.99	91.88	0.97	7.99	12.77	1.33	0.65	0.10	11.78
			侵蚀红黄土	8.24	12.71	0.78	79.4	8.7	0.16	167	23.28	746	23.96	101.24	0.83	7.01	10.36	1.00	0.70	0.13	9.60
		黄黑土	薄层黄黑土	8.21	17.19	1.02	77.2	12.4	0.17	152	20.47	825	21.66	129.44	0.80	7.45	9.14	0.82	0.75	0.13	10.82
			厚层黄黑土	8.17	19.64	1.18	94.1	14.0	0.18	163	22.30	921	21.45	147.32	0.90	8.68	11.05	0.83	0.74	0.13	12.15
			黄黑土	8.15	19.16	1.12	78.6	13.4	0.17	172	21.26	878	21.52	139.52	0.86	7.93	10.14	0.93	0.79	0.13	11.35

（续）

土类	亚类	土属	土种	pH	有机质（g/kg）	全氮（g/kg）	碱解氮（mg/kg）	有效磷（mg/kg）	全磷（g/kg）	速效钾（mg/kg）	全钾（g/kg）	缓效钾（mg/kg）	有效硫（mg/kg）	有效硅（mg/kg）	有效铜（mg/kg）	有效铁（mg/kg）	有效锰（mg/kg）	有效锌（mg/kg）	有效硼（mg/kg）	有效钼（mg/kg）	阳离子交换量（cmol/kg）
栗钙土	栗钙土	黄黑土	砾质薄层黄黑土	8.20	14.34	0.92	57.9	10.4	0.16	117	20.76	700	22.94	121.35	0.69	5.63	7.33	0.84	0.80	0.12	9.89
			砾质厚层黄黑土	8.25	13.93	0.81	52.2	5.6	0.12	149	19.63	614	19.61	104.73	1.13	7.42	9.61	0.87	1.04	0.13	12.08
			砾质黄黑土	8.21	17.76	1.06	81.2	12.4	0.17	146	21.03	855	23.95	143.53	0.85	8.11	9.69	0.96	1.12	0.12	11.23
			沙壤质黄黑土	8.26	15.35	0.96	63.4	12.2	0.14	148	20.01	728	27.07	135.65	0.85	7.03	9.14	1.02	0.78	0.12	10.14
		黄沙土	薄层黄沙土	8.24	14.35	0.87	71.1	9.0	0.15	142	19.95	686	21.29	113.09	0.91	7.51	11.32	1.01	0.61	0.11	12.24
			厚层黄沙土	8.17	14.92	0.90	61.0	7.7	0.14	125	22.27	753	28.88	112.76	1.07	9.16	12.15	1.16	0.80	0.12	10.62
			黄沙土	8.27	13.45	0.81	58.9	8.1	0.13	133	20.16	686	22.30	109.07	0.94	7.47	11.13	1.10	0.68	0.11	11.29
			砾质黄沙土	8.28	12.85	0.79	52.0	7.8	0.10	121	19.62	531	16.98	99.41	0.82	7.26	12.53	0.99	0.71	0.10	10.44
		黄土	黄土	8.18	15.40	0.91	72.8	8.6	0.15	132	21.46	700	22.24	124.13	0.86	8.23	10.57	1.06	0.68	0.13	11.46
			轻度侵蚀黄土	8.27	12.89	0.76	50.1	9.5	0.12	137	20.96	767	24.12	94.65	0.91	9.04	10.24	1.23	0.70	0.12	9.84
			中度侵蚀黄土	8.17	17.41	1.08	77.3	7.5	0.16	138	20.41	667	22.47	136.65	0.98	8.96	9.65	0.97	0.86	0.12	11.29
		栗淤土	薄层栗淤土	8.39	15.35	0.93	70.9	8.7	0.16	132	18.93	698	22.83	123.77	0.82	7.43	8.71	0.75	0.71	0.10	10.93
			厚层栗淤土	8.24	15.20	0.92	70.0	11.2	0.16	168	21.16	814	25.40	113.21	0.95	8.65	10.50	1.19	0.87	0.13	10.92
			栗沙土	8.35	11.61	0.68	73.6	8.2	0.15	112	21.06	591	14.26	97.16	0.72	6.80	8.59	0.85	0.57	0.11	12.77
			栗淤土	8.22	14.90	0.93	71.4	9.9	0.15	159	21.20	759	25.98	117.73	0.88	7.17	9.70	1.02	0.79	0.12	10.73
			砾质栗淤土	8.24	14.40	0.88	63.4	9.0	0.14	159	19.92	796	25.42	112.01	0.92	7.62	9.18	1.09	1.08	0.11	10.45
			沙壤质栗淤土	8.27	11.76	0.70	46.4	10.6	0.11	143	21.02	768	17.56	93.67	0.80	7.24	11.32	0.97	0.73	0.11	9.18

附表 3　固阳县各乡镇不同土壤类型养分含量统计表

怀朔镇不同土壤类型养分平均含量

土类	亚类	土属	土种	pH	有机质 (g/kg)	全氮 (g/kg)	碱解氮 (mg/kg)	有效磷 (mg/kg)	全磷 (g/kg)	速效钾 (mg/kg)	全钾 (g/kg)	缓效钾 (mg/kg)	有效硫 (mg/kg)	有效硅 (mg/kg)	有效铜 (mg/kg)	有效铁 (mg/kg)	有效锰 (mg/kg)	有效锌 (mg/kg)	有效硼 (mg/kg)	有效钼 (mg/kg)	阳离子交换量 (cmol/kg)
草甸土	灰色草甸土	淤黑沙土	壤底淤黑沙土	8.33	10.71	0.67	61.1	5.8	0.10	116	17.17	556	12.11	119.50	0.48	5.01	7.30	0.49	0.93	0.10	7.85
			淤黑沙土	8.31	13.46	0.78	76.5	13.3	0.13	186	17.23	797	8.41	105.18	0.75	7.25	7.06	1.05	0.51	0.20	9.63
		淤黑土	淤黑土	8.28	16.90	0.97	75.1	12.4	0.15	182	19.17	898	27.66	119.11	0.89	7.91	8.81	0.83	0.67	0.15	10.53
	盐化草甸土	盐化淤黑土	轻盐淤黑土	8.28	14.76	0.90	65.1	8.6	0.14	144	18.56	676	23.25	110.45	0.82	7.01	8.40	0.68	0.76	0.13	9.93
			中盐淤黑土	8.30	15.34	0.87	73.4	8.4	0.15	117	18.37	678	26.01	133.95	0.68	7.03	7.11	0.66	0.67	0.12	10.77
灰褐土	粗骨性灰褐土	石质土	石质土	8.21	15.81	0.95	64.1	11.4	0.16	144	20.87	862	21.62	116.10	0.75	6.42	8.38	0.85	0.76	0.11	8.99
	碳酸盐灰褐土	褐红土	轻度侵蚀褐红土	8.02	18.88	1.14	90.4	16.3	0.19	157	21.65	843	58.93	114.78	0.67	11.28	11.18	1.01	0.82	0.15	15.02
			中度侵蚀褐红土	8.05	18.95	1.14	92.5	16.5	0.20	160	21.75	848	56.83	113.00	0.63	11.15	11.03	0.90	0.86	0.15	15.53
		褐淤土	褐淤土	8.23	16.15	0.97	73.6	9.2	0.14	140	18.86	722	22.72	141.83	0.72	6.45	9.35	0.80	0.85	0.13	10.26
		灰褐土	薄体灰褐土	8.07	16.43	0.97	75.6	11.5	0.15	141	20.34	768	31.13	121.85	0.55	7.60	9.05	0.84	0.64	0.14	10.80
			厚体灰褐土	8.09	16.73	0.99	78.5	10.4	0.15	139	20.52	766	31.63	118.50	0.55	7.60	8.89	0.82	0.76	0.14	11.81
			灰褐土	8.06	17.00	1.00	76.8	12.6	0.17	157	20.69	827	35.67	126.07	0.62	8.46	9.87	0.85	0.75	0.14	11.34
栗钙土	草甸栗钙土	潮淤土	潮淤土	8.34	15.87	0.95	76.8	7.9	0.15	127	19.01	719	34.21	129.50	0.87	8.49	9.11	0.64	0.79	0.08	12.15
	淡栗钙土	淡红黄土	薄层淡红黄土	8.30	13.85	0.79	69.9	8.0	0.14	134	17.86	696	8.31	106.00	0.78	6.54	6.36	0.83	0.74	0.20	9.38
			淡红黄土	8.33	11.94	0.74	71.5	5.3	0.14	93	17.8	597	10.58	104.33	0.76	6.56	6.39	0.79	1.10	0.14	9.63
		黄灰土	薄层黄灰土	8.27	15.50	0.88	88.8	9.0	0.17	110	20.64	662	16.12	134.33	0.90	5.98	7.71	0.76	1.07	0.15	10.07
	栗钙土	红黄土	薄层红黄土	8.23	12.76	0.79	66.0	5.9	0.12	99	18.56	598	15.28	118.63	0.60	5.67	7.28	0.69	0.73	0.15	8.79
			薄层侵蚀红黄土	8.26	15.31	0.89	71.2	8.5	0.15	120	18.04	613	16.09	118.58	0.72	7.61	8.89	0.68	0.99	0.11	9.48
			红黄土	8.27	14.74	0.87	70.4	8.2	0.15	122	18.33	661	20.84	120.25	0.71	6.87	7.77	0.68	0.76	0.14	9.95

（续）

土类	亚类	土属	土种	pH	有机质 (g/kg)	全氮 (g/kg)	碱解氮 (mg/kg)	有效磷 (mg/kg)	全磷 (g/kg)	速效钾 (mg/kg)	全钾 (g/kg)	缓效钾 (mg/kg)	有效硫 (mg/kg)	有效硅 (mg/kg)	有效铜 (mg/kg)	有效铁 (mg/kg)	有效锰 (mg/kg)	有效锌 (mg/kg)	有效硼 (mg/kg)	有效钼 (mg/kg)	阳离子交换量 (cmol/kg)
栗钙土	栗钙土	红黄土	厚层红黄土	8.28	14.57	0.87	66.6	8.2	0.14	128	18.13	640	21.67	110.18	0.80	6.75	8.22	0.70	0.76	0.17	9.69
			砾质红黄土	8.29	14.49	0.89	69.2	11.5	0.16	124	20.76	650	16.25	129.71	0.74	6.01	6.99	0.81	0.94	0.13	10.79
			砾质厚层红黄土	8.50	12.75	0.74	59.8	6.9	0.15	123	19.49	754	23.69	106.50	0.82	8.48	6.38	0.62	0.32	0.11	10.40
			侵蚀红黄土	8.25	15.20	0.90	83.1	10.0	0.13	155	17.65	702	15.94	112.29	0.78	6.51	7.62	1.01	0.81	0.28	9.86
		黄黑土	薄层黄黑土	8.31	15.10	0.88	69.8	11.0	0.16	139	19.00	766	21.27	108.88	0.76	7.24	7.52	0.71	0.64	0.14	9.26
			厚层黄黑土	8.32	15.25	0.89	73.2	11.3	0.16	152	18.40	754	22.60	116.59	0.77	7.58	7.37	0.73	0.72	0.13	9.63
			黄黑土	8.27	15.24	0.92	69.8	10.5	0.16	145	19.88	845	21.34	116.86	0.80	7.69	7.95	0.77	0.71	0.12	9.97
			砾质薄层黄黑土	8.28	13.32	0.85	63.3	8.7	0.16	113	20.94	762	25.68	109.12	0.79	6.04	7.38	0.84	0.77	0.11	9.54
			砾质黄黑土	8.34	14.37	0.95	66.3	9.7	0.17	128	21.70	773	28.69	133.88	0.71	7.29	8.14	0.80	1.11	0.12	10.20
			沙壤质黄黑土	8.40	18.61	1.00	68.0	22.4	0.18	206	18.27	858	19.63	94.00	0.87	7.42	7.32	0.92	0.31	0.16	7.91
		黄沙土	薄层黄沙土	8.31	16.79	0.94	75.1	14.0	0.17	148	19.31	764	30.83	127.13	0.81	8.04	8.48	0.70	0.69	0.11	10.55
			厚层黄沙土	8.19	13.66	0.84	69.3	7.9	0.12	110	17.98	602	24.57	146.13	0.62	5.36	7.85	0.76	0.95	0.12	9.61
			黄沙土	8.21	14.82	0.87	75.6	7.8	0.13	122	18.47	672	21.36	146.00	0.68	6.97	8.42	0.72	0.92	0.11	10.88
		黄土	黄土	8.18	12.63	0.77	68.7	5.9	0.12	128	18.56	667	21.47	122.25	0.40	5.16	5.65	0.73	0.46	0.14	8.16
			中度侵蚀黄土	8.20	11.60	0.71	81.5	6.4	0.11	121	16.74	648	18.41	129.00	0.54	6.00	7.99	0.39	1.16	0.10	8.90
		栗淤土	薄层栗淤土	8.40	15.56	0.93	73.2	9.1	0.16	124	18.76	693	23.85	123.35	0.80	7.71	8.58	0.69	0.73	0.10	10.69
			厚层栗淤土	8.29	14.57	0.91	68.8	10.5	0.16	156	19.47	757	25.23	111.85	0.76	7.29	7.89	0.71	0.64	0.12	10.04
			栗淤土	8.33	13.49	0.79	66.9	9.9	0.16	116	19.17	669	18.03	106.26	0.71	6.97	6.75	0.71	0.56	0.13	9.03

金山镇不同土壤类型养分平均含量

土类	亚类	土属	土种	pH	有机质(g/kg)	全氮(g/kg)	碱解氮(mg/kg)	有效磷(mg/kg)	全磷(g/kg)	速效钾(mg/kg)	全钾(g/kg)	缓效钾(mg/kg)	有效硫(mg/kg)	有效硅(mg/kg)	有效铜(mg/kg)	有效铁(mg/kg)	有效锰(mg/kg)	有效锌(mg/kg)	有效硼(mg/kg)	有效钼(mg/kg)	阳离子交换量(cmol/kg)
灰褐土	粗骨性灰褐土	石质土	石质土	8.26	14.27	0.84	58.5	10.4	0.12	158	21.91	747	23.48	109.74	0.93	7.95	12.10	1.34	0.88	0.12	10.71
	淋溶灰褐土	淋溶灰褐土	淋溶灰褐土	8.30	15.09	0.93	57.8	12.9	0.10	129	20.83	680	17.93	107.00	0.80	7.48	9.68	1.12	0.49	0.11	12.00
	碳酸盐灰褐土	褐红土	褐红土	8.20	10.40	0.70	49.5	3.8	0.15	110	26.09	650	30.23	106.00	0.90	5.23	8.49	0.68	0.56	0.11	10.65
			砾质褐红土	8.21	13.98	0.86	60.9	6.5	0.12	169	22.18	917	18.83	94.45	0.45	4.40	6.44	0.76	0.73	0.10	12.39
		褐黄土	褐红黄土	8.15	16.48	0.97	56.8	6.5	0.10	158	20.32	847	21.50	133.00	0.60	4.63	7.51	0.62	1.03	0.26	13.77
			褐黄土	8.29	11.37	0.68	71.2	6.4	0.11	133	20.50	652	25.78	100.55	1.08	10.87	11.39	1.11	0.61	0.11	11.91
			轻度侵蚀褐黄土	8.28	12.01	0.72	55.7	7.9	0.11	128	20.40	690	22.81	94.48	0.86	7.97	10.01	0.98	0.57	0.11	10.86
			中度侵蚀褐黄土	8.22	12.99	0.79	65.0	7.3	0.14	158	22.54	862	23.02	98.04	0.72	6.75	9.30	0.98	0.69	0.12	11.02
		褐淤土	褐淤土	8.23	11.17	0.72	154.2	10.7	0.17	171	21.85	913	18.46	105.50	0.89	9.38	13.75	1.54	0.88	0.12	15.40
			厚体褐淤土	8.21	13.53	0.83	58.3	6.4	0.12	184	22.26	857	19.75	95.33	0.43	4.64	6.55	0.75	0.75	0.10	11.32
			沙壤质褐淤土	8.37	9.88	0.60	50.9	6.3	0.11	108	19.74	559	22.64	106.44	0.80	7.00	11.16	0.74	0.24	0.11	11.18
		灰褐土	薄体灰褐土	8.28	13.19	0.80	60.1	8.7	0.11	139	21.69	682	22.85	99.39	0.86	8.09	10.72	1.07	0.67	0.11	10.48
			厚体灰褐土	8.30	11.91	0.70	52.2	6.9	0.12	135	20.10	614	16.88	104.19	0.87	7.60	9.32	1.18	0.43	0.11	10.52
			灰褐土	8.30	10.53	0.65	55.9	8.2	0.11	130	20.79	682	19.74	90.65	0.69	7.26	8.65	0.92	0.68	0.12	9.20
栗钙土	草甸栗钙土	潮淤土	潮淤土	8.18	16.03	0.87	80.2	18.4	0.20	136	26.25	719	25.22	133.10	0.89	9.38	12.11	1.97	0.79	0.10	8.63
	栗钙土	红黄土	薄层红黄土	8.28	13.13	0.81	64.9	9.9	0.11	149	23.04	685	24.16	103.71	0.76	6.65	10.62	1.23	0.91	0.11	9.41
			薄层砾质侵蚀红黄土	8.21	13.53	0.83	68.9	7.4	0.13	169	22.81	780	23.63	99.28	0.60	5.31	8.41	0.84	0.76	0.10	10.52
			薄层侵蚀红黄土	8.29	12.05	0.78	69.9	10.8	0.11	173	22.20	721	24.91	97.13	0.66	5.79	9.24	1.17	0.58	0.11	9.16
			红黄土	8.27	13.44	0.79	64.1	9.1	0.11	137	23.58	649	22.94	102.22	0.88	7.68	11.91	1.15	0.76	0.12	9.24

（续）

土类	亚类	土属	土种	pH	有机质 (g/kg)	全氮 (g/kg)	碱解氮 (mg/kg)	有效磷 (mg/kg)	全磷 (g/kg)	速效钾 (mg/kg)	全钾 (g/kg)	缓效钾 (mg/kg)	有效硫 (mg/kg)	有效硅 (mg/kg)	有效铜 (mg/kg)	有效铁 (mg/kg)	有效锰 (mg/kg)	有效锌 (mg/kg)	有效硼 (mg/kg)	有效钼 (mg/kg)	阳离子交换量 (cmol/kg)
栗钙土	栗钙土	红黄土	厚层红黄土	8.23	19.52	1.09	56.3	11.5	0.12	189	24.90	786	33.05	137.74	0.83	8.19	12.11	1.78	1.13	0.11	10.36
			厚层侵蚀红黄土	8.21	12.98	0.79	70.0	8.8	0.13	145	23.88	715	26.08	97.05	0.88	7.13	11.21	1.00	0.69	0.11	9.64
			砾质薄层红黄土	8.19	16.35	0.93	65.8	11.5	0.13	165	25.14	748	27.71	124.58	0.86	8.01	11.10	1.58	1.08	0.12	10.54
			砾质红黄土	8.16	15.36	0.92	65.8	9.9	0.12	166	25.16	807	25.18	111.59	0.87	7.43	11.30	1.46	1.15	0.12	10.02
			砾质厚层红黄土	8.22	17.26	0.98	59.3	10.0	0.12	155	24.30	782	21.46	137.85	0.77	6.49	10.17	1.31	0.98	0.12	12.13
			砾质侵蚀红黄土	8.25	13.58	0.83	92.9	9.0	0.16	195	23.74	871	22.99	91.88	0.97	7.99	12.77	1.33	0.65	0.10	11.78
			侵蚀红黄土	8.22	12.22	0.75	82.1	9.0	0.16	170	24.68	749	25.28	96.00	0.81	7.30	11.04	1.03	0.66	0.11	9.18
		黄黑土	薄层黄黑土	8.22	16.38	0.94	66.3	13.1	0.11	179	20.73	706	24.09	123.75	1.14	8.71	14.44	1.40	0.96	0.11	12.09
			沙壤质黄黑土	8.35	11.51	0.68	46.0	5.9	0.07	162	20.67	628	55.39	108.38	0.92	8.37	11.48	0.98	0.58	0.12	9.31
		黄沙土	薄层黄沙土	8.22	14.07	0.84	62.9	7.2	0.12	129	19.63	622	19.35	109.40	0.97	7.14	12.36	1.19	0.64	0.11	12.72
			厚层黄沙土	8.16	15.27	0.91	58.5	7.6	0.15	130	23.54	798	30.10	102.22	1.21	10.31	13.49	1.28	0.75	0.12	10.89
			黄沙土	8.26	13.14	0.78	55.5	8.0	0.12	135	21.13	662	23.57	100.25	0.97	7.40	12.26	1.29	0.66	0.11	11.45
			砾质黄沙土	8.31	12.41	0.76	51.1	8.2	0.10	122	19.51	524	17.76	95.50	0.80	7.08	12.20	1.00	0.67	0.10	10.20
		黄土	黄土	8.25	15.41	0.87	59.4	11.2	0.12	154	23.26	751	23.81	114.20	0.86	7.56	11.06	1.58	1.05	0.15	10.28
			轻度侵蚀黄土	8.29	12.41	0.74	47.1	9.1	0.12	135	20.66	749	24.24	91.57	0.90	8.92	9.91	1.23	0.69	0.12	9.64
			中度侵蚀黄土	8.34	12.74	0.75	57.7	9.5	0.11	156	20.15	647	19.88	92.20	0.49	5.34	5.58	0.80	0.84	0.11	8.80
		栗淤土	薄层栗淤土	8.30	14.89	0.89	56.9	4.6	0.11	223	22.61	854	20.09	102.00	0.34	3.58	6.35	0.93	0.66	0.09	10.80
			厚层栗淤土	8.23	14.63	0.86	71.6	11.5	0.15	175	24.16	852	28.29	103.11	0.98	10.41	12.20	1.49	0.91	0.12	10.16
			栗沙土	8.41	10.92	0.66	42.6	7.3	0.10	114	18.61	568	17.28	91.73	0.73	5.87	8.78	0.99	0.57	0.09	8.97
			栗淤土	8.23	14.04	0.88	79.6	10.8	0.14	180	23.89	780	25.99	96.31	0.86	7.64	10.61	1.21	0.82	0.11	10.11
			砾质栗淤土	8.22	14.25	0.83	62.1	9.4	0.11	160	21.35	801	27.50	104.62	0.78	8.28	8.54	1.14	1.18	0.11	9.99
			沙壤质栗淤土	8.27	11.76	0.70	46.4	10.6	0.11	143	21.02	768	17.56	93.67	0.80	7.24	11.32	0.97	0.73	0.11	9.18

西斗铺镇不同土壤类型养分平均含量

土类	亚类	土属	土种	pH	有机质(g/kg)	全氮(g/kg)	碱解氮(mg/kg)	有效磷(mg/kg)	全磷(g/kg)	速效钾(mg/kg)	全钾(g/kg)	缓效钾(mg/kg)	有效硫(mg/kg)	有效硅(mg/kg)	有效铜(mg/kg)	有效铁(mg/kg)	有效锰(mg/kg)	有效锌(mg/kg)	有效硼(mg/kg)	有效钼(mg/kg)	阳离子交换量(cmol/kg)
草甸土	盐化草甸土	盐化黑沙土	轻盐淤黑沙土	8.26	19.76	1.28	80.7	9.9	0.14	190	18.18	879	8.97	130.00	1.01	5.37	7.73	0.82	0.90	0.11	8.77
			中盐淤黑沙土	8.26	17.93	1.10	74.5	8.6	0.15	153	18.03	789	8.83	131.36	0.90	6.49	8.37	0.83	1.27	0.12	10.26
灰褐土	粗骨性灰褐土	石质土	石质土	8.29	16.35	0.96	77.4	11.9	0.18	191	18.56	892	27.32	110.38	1.03	7.12	10.00	1.20	1.17	0.12	11.19
	碳酸盐灰褐土	褐红土	中度侵蚀褐红土	8.20	20.81	1.25	92.5	20.7	0.17	252	17.82	950	29.18	136.00	1.23	7.95	10.19	1.41	1.23	0.13	11.31
		褐黄土	褐黄土	8.20	13.14	0.77	66.9	5.4	0.17	150	21.35	761	12.07	110.00	1.16	7.12	8.37	1.28	0.58	0.11	13.05
		褐淤土	薄体褐淤土	8.29	13.52	0.83	78.1	7.4	0.16	155	17.50	844	33.78	103.17	0.95	6.73	10.04	1.20	1.04	0.12	11.98
			褐淤土	8.28	13.59	0.81	71.2	7.7	0.17	161	18.29	857	25.64	113.83	1.05	6.07	9.47	0.97	0.95	0.13	12.33
			厚体褐淤土	8.27	15.29	0.91	74.2	10.7	0.18	188	18.87	935	25.66	111.45	1.16	7.95	11.18	1.29	0.92	0.11	11.79
			沙壤质褐淤土	8.26	14.57	0.82	66.0	9.5	0.18	163	18.91	856	22.92	111.59	1.04	5.99	10.20	1.03	1.16	0.12	12.87
		灰褐土	薄体灰褐土	8.28	13.85	0.86	74.0	9.7	0.16	164	18.25	769	23.26	100.88	0.89	6.38	8.58	1.09	0.83	0.13	11.94
			厚体灰褐土	8.30	11.63	0.75	68.3	7.1	0.16	163	18.42	693	20.72	89.07	0.79	5.80	8.10	1.03	0.62	0.13	13.08
			灰褐土	8.32	15.18	0.88	77.7	7.9	0.17	139	18.46	748	19.73	113.56	0.92	6.06	8.73	0.93	1.02	0.13	11.07
			侵蚀薄体灰褐土	8.38	16.90	0.97	82.0	12.4	0.17	162	18.35	858	23.74	110.39	0.98	6.93	9.37	1.06	1.12	0.12	9.80
			侵蚀厚体灰褐土	8.40	15.36	0.89	65.5	9.0	0.18	144	19.52	802	23.90	111.00	1.02	6.44	8.24	1.10	1.03	0.12	13.15
			侵蚀灰褐土	8.25	13.87	0.83	60.0	10.3	0.17	173	18.89	862	21.75	104.59	1.04	6.65	10.80	1.10	1.06	0.12	11.80
栗钙土	淡栗钙土	淡红黄土	薄层淡红黄土	8.30	18.77	1.13	85.7	9.5	0.16	162	17.29	794	11.02	108.67	1.01	6.40	8.28	0.90	1.32	0.13	8.81
			淡红黄土	8.27	17.71	1.17	74.8	10.3	0.16	186	18.56	860	13.25	109.15	1.03	6.80	8.23	0.96	1.07	0.12	9.24
			厚层淡红黄土	8.30	19.82	1.20	74.3	9.6	0.15	167	17.59	791	5.03	110.67	0.89	6.45	7.84	0.78	1.08	0.11	9.54
			砾质淡红黄土	8.29	19.87	1.30	85.3	9.7	0.16	183	17.51	859	8.44	111.80	1.03	5.89	7.75	0.82	1.09	0.12	8.75
		淡栗淤土	淡栗淤土	8.25	19.01	1.22	78.1	10.4	0.15	168	18.44	802	11.00	130.06	0.96	6.58	8.96	0.92	0.82	0.11	9.12

（续）

土类	亚类	土属	土种	pH	有机质 (g/kg)	全氮 (g/kg)	碱解氮 (mg/kg)	有效磷 (mg/kg)	全磷 (g/kg)	速效钾 (mg/kg)	全钾 (g/kg)	缓效钾 (mg/kg)	有效硫 (mg/kg)	有效硅 (mg/kg)	有效铜 (mg/kg)	有效铁 (mg/kg)	有效锰 (mg/kg)	有效锌 (mg/kg)	有效硼 (mg/kg)	有效钼 (mg/kg)	阳离子交换量 (cmol/kg)
栗钙土	淡栗钙土	淡栗淤土	厚层淡栗淤土	8.23	19.05	1.16	70.2	9.7	0.14	152	18.37	685	10.80	134.82	0.99	7.51	9.18	0.90	0.57	0.10	8.58
			砾质淡栗淤土	8.22	18.17	1.10	72.9	6.4	0.14	152	18.09	727	7.86	146.26	0.97	7.02	8.20	0.68	1.01	0.11	9.95
			沙壤质淡栗淤土	8.35	17.22	1.02	74.5	6.7	0.13	156	17.17	762	6.52	148.23	0.90	6.20	8.25	0.61	1.02	0.12	10.13
		黄灰土	薄层黄灰土	8.26	18.35	1.13	72.0	8.5	0.14	154	18.38	731	8.78	141.28	0.97	6.78	8.41	0.83	0.79	0.11	9.52
			厚层黄灰土	8.24	17.15	1.01	65.2	6.7	0.14	132	18.50	664	6.72	133.27	0.95	6.93	7.68	0.78	0.85	0.11	9.85
			黄灰土	8.24	18.93	1.16	73.1	10.4	0.14	157	18.34	716	9.70	132.83	0.92	6.86	9.35	0.90	0.51	0.11	8.83
			砾壤质黄灰土	8.28	17.59	1.07	64.7	6.5	0.13	138	19.01	757	5.80	156.17	0.94	6.77	7.40	0.87	0.95	0.11	10.27
			砾质厚层黄灰土	8.30	15.82	0.93	67.2	7.9	0.13	156	17.59	746	5.63	136.00	0.88	5.20	7.57	0.90	1.12	0.10	10.90
			砾质黄灰土	8.26	18.31	1.14	70.4	8.8	0.14	148	18.37	733	7.27	135.14	0.89	6.56	8.19	0.81	1.10	0.11	10.24
	栗钙土	红黄土	薄层红黄土	8.23	13.80	0.86	65.4	8.2	0.15	170	18.32	751	27.50	107.30	0.99	6.95	8.94	1.07	0.97	0.13	11.59
			薄层砾质侵蚀红黄土	8.30	9.67	0.62	61.8	4.1	0.11	125	16.16	714	21.12	96.20	0.74	5.24	7.51	0.92	0.36	0.13	10.36
			薄层侵蚀红黄土	8.20	11.94	0.77	85.9	4.7	0.12	118	14.86	724	47.30	96.25	0.77	5.39	9.03	0.92	0.57	0.14	11.25
			红黄土	8.22	14.38	0.91	63.8	8.6	0.15	166	18.80	794	32.73	121.90	0.99	6.81	8.43	1.04	1.06	0.13	10.84
			厚层红黄土	8.15	17.15	1.03	54.2	15.6	0.12	195	20.10	803	36.78	156.46	0.84	5.94	9.01	1.10	1.29	0.12	14.17
			砾质红黄土	8.22	15.11	0.89	56.4	8.3	0.13	162	19.44	796	23.82	116.34	0.98	7.58	9.27	0.99	1.04	0.12	10.86
			侵蚀红黄土	8.31	13.86	0.89	73.3	6.9	0.16	179	18.92	800	21.34	117.38	0.96	5.71	8.39	0.93	0.89	0.13	12.17
		黄黑土	薄层黄黑土	8.46	12.79	0.87	76.7	8.1	0.18	151	17.32	826	21.28	102.62	0.98	5.87	8.09	0.98	1.10	0.12	9.71
			厚层黄黑土	8.44	17.74	0.99	100.4	13.8	0.17	139	17.19	819	21.13	110.94	1.02	6.66	9.05	0.91	1.27	0.13	8.76
			黄黑土	8.28	16.55	0.96	86.6	8.6	0.17	141	17.46	887	23.00	109.40	1.22	6.88	9.05	0.96	1.51	0.13	9.04
			砾质厚层黄黑土	8.25	13.93	0.81	52.2	5.6	0.12	149	19.63	614	19.61	104.73	1.13	7.42	9.61	0.87	1.04	0.13	12.08

（续）

土类	亚类	土属	土种	pH	有机质(g/kg)	全氮(g/kg)	碱解氮(mg/kg)	有效磷(mg/kg)	全磷(g/kg)	速效钾(mg/kg)	全钾(g/kg)	缓效钾(mg/kg)	有效硫(mg/kg)	有效硅(mg/kg)	有效铜(mg/kg)	有效铁(mg/kg)	有效锰(mg/kg)	有效锌(mg/kg)	有效硼(mg/kg)	有效钼(mg/kg)	阳离子交换量(cmol/kg)
栗钙土	栗钙土	黄黑土	砾质黄黑土	8.24	16.50	0.96	90.8	8.1	0.17	139	17.19	909	30.28	103.88	1.26	7.04	9.09	0.98	1.78	0.13	8.74
			沙壤质黄黑土	8.35	16.48	0.95	109.3	10.4	0.17	147	17.41	871	18.03	106.25	1.04	6.23	8.59	0.97	1.11	0.13	7.83
		黄沙土	薄层黄沙土	8.38	16.71	1.03	82.1	16.0	0.19	227	17.01	921	23.45	103.07	1.18	8.96	13.51	1.42	1.05	0.09	11.66
			黄沙土	8.28	14.09	0.83	56.1	9.7	0.14	180	17.15	911	23.19	107.67	1.29	8.90	12.01	1.26	1.12	0.11	9.71
		黄土	黄土	8.30	18.04	1.07	71.2	8.9	0.15	152	18.19	901	8.83	114.25	1.15	7.71	8.92	0.98	1.53	0.14	10.15
		栗淤土	薄层栗淤土	8.30	14.33	0.90	44.3	8.8	0.13	151	17.56	760	21.19	100.50	1.18	7.21	9.81	1.07	0.90	0.14	13.30
			厚层栗淤土	8.31	14.56	0.91	66.1	12.2	0.16	186	17.84	859	23.54	104.32	1.08	7.34	9.75	1.26	1.08	0.13	10.86
			栗淤土	8.35	13.26	0.89	65.3	10.1	0.17	179	16.76	730	24.74	95.37	0.82	6.18	8.12	1.13	0.94	0.12	10.96
			砾质栗淤土	8.28	14.00	0.87	65.3	7.9	0.16	160	18.15	812	22.12	110.45	1.09	7.31	10.14	1.07	0.98	0.11	10.42

下湿壕镇不同土壤类型养分平均含量

土类	亚类	土属	土种	pH	有机质(g/kg)	全氮(g/kg)	碱解氮(mg/kg)	有效磷(mg/kg)	全磷(g/kg)	速效钾(mg/kg)	全钾(g/kg)	缓效钾(mg/kg)	有效硫(mg/kg)	有效硅(mg/kg)	有效铜(mg/kg)	有效铁(mg/kg)	有效锰(mg/kg)	有效锌(mg/kg)	有效硼(mg/kg)	有效钼(mg/kg)	阳离子交换量(cmol/kg)
灰褐土	粗骨性灰褐土	石质土	石质土	8.01	24.29	1.40	108.2	12.8	0.26	168	21.29	920	20.50	160.32	1.03	11.53	11.98	1.27	0.77	0.13	15.80
	淋溶灰褐土	淋溶灰褐土	薄体淋溶灰褐土	8.00	22.14	1.40	101.7	9.3	0.25	130	20.70	859	20.08	153.00	0.67	12.73	6.88	0.86	0.83	0.12	14.81
			厚体淋溶灰褐土	8.03	22.70	1.37	98.1	13.0	0.25	158	20.87	887	18.94	154.63	0.83	12.16	10.22	1.16	0.83	0.13	15.88
			淋溶灰褐土	8.05	20.66	1.30	110.1	13.8	0.25	147	20.70	783	20.73	126.83	0.99	10.70	11.64	1.38	0.58	0.13	14.20
	生草灰褐土	黑土	黑土	7.80	44.81	2.11	121.6	19.5	0.31	370	24.68	1089	27.84	197.50	0.75	17.11	18.98	1.63	2.43	0.14	15.20
			厚体黑土	7.80	40.91	1.95	125.9	28.1	0.35	288	25.48	1389	20.43	194.33	1.18	14.48	16.79	2.02	1.21	0.13	17.17

（续）

土类	亚类	土属	土种	pH	有机质 (g/kg)	全氮 (g/kg)	碱解氮 (mg/kg)	有效磷 (mg/kg)	全磷 (g/kg)	速效钾 (mg/kg)	全钾 (g/kg)	缓效钾 (mg/kg)	有效硫 (mg/kg)	有效硅 (mg/kg)	有效铜 (mg/kg)	有效铁 (mg/kg)	有效锰 (mg/kg)	有效锌 (mg/kg)	有效硼 (mg/kg)	有效钼 (mg/kg)	阳离子交换量 (cmol/kg)
灰褐土	碳酸盐灰褐土	褐红土	褐红土	8.01	21.11	1.22	96.4	7.8	0.19	129	20.70	703	18.88	154.23	1.25	11.21	13.05	1.16	0.48	0.13	15.57
		褐黄土	褐黄土	8.06	20.67	1.26	99.1	10.1	0.23	142	20.47	805	23.31	151.06	1.11	11.23	11.05	1.18	0.72	0.13	14.05
			轻度侵蚀褐黄土	8.08	19.59	1.24	89.9	9.7	0.21	150	20.36	754	20.51	143.34	1.07	10.09	11.53	1.21	0.63	0.13	14.07
			中度侵蚀褐黄土	8.03	25.75	1.13	99.4	14.9	0.15	169	21.72	672	22.79	141.00	0.80	12.17	14.08	1.18	0.82	0.14	12.56
		褐淤土	薄体褐淤土	8.04	19.26	1.00	74.3	7.8	0.19	189	20.32	800	30.65	141.57	1.17	14.23	11.93	1.47	0.54	0.13	12.17
			褐淤土	8.03	26.16	1.38	111.3	10.0	0.34	160	19.79	1062	17.44	158.00	1.14	11.73	11.43	1.05	0.62	0.13	14.66
			厚体褐淤土	8.06	21.51	1.24	90.9	11.6	0.25	173	20.78	948	25.29	148.77	0.91	10.82	8.59	1.15	0.66	0.13	14.33
		灰褐土	薄体灰褐土	8.04	24.16	1.38	107.4	12.4	0.25	170	21.23	947	21.34	162.54	1.00	11.98	11.50	1.17	0.81	0.13	15.38
			厚体灰褐土	8.00	26.29	1.50	113.5	14.8	0.26	186	21.88	1031	20.06	172.12	0.95	12.40	11.09	1.19	0.80	0.13	17.44
			灰褐土	8.04	24.97	1.43	108.0	13.7	0.24	177	22.63	1029	20.64	165.94	0.87	12.15	10.73	1.13	0.84	0.13	17.16
栗钙土	草甸栗钙土	潮淤土	潮淤土	8.14	14.31	0.98	66.2	13.9	0.17	121	19.10	658	22.08	129.45	1.16	9.06	11.03	1.26	0.36	0.13	10.63
	淡栗钙土	淡红黄土	薄层淡红黄土	8.15	25.83	1.79	129.0	7.5	0.24	155	23.10	1295	12.80	211.00	0.72	12.91	6.58	0.72	1.16	0.12	22.55
	栗钙土	红黄土	红黄土	7.90	17.67	1.26	66.8	7.0	0.14	147	20.99	609	14.54	141.00	1.22	7.61	13.73	1.31	0.95	0.10	12.88
		黄黑土	薄层黄黑土	8.12	19.92	1.25	72.1	5.1	0.15	124	20.64	698	26.51	176.73	1.16	10.93	11.82	0.99	0.70	0.14	13.59
			厚层黄黑土	8.09	18.48	1.39	72.6	4.7	0.15	119	20.73	634	17.57	169.31	1.18	8.76	12.66	1.01	0.74	0.12	14.03
			黄黑土	8.08	20.72	1.30	73.4	6.1	0.17	137	20.43	678	21.53	166.85	1.03	9.84	11.92	1.01	0.76	0.13	14.38
			沙壤质黄黑土	8.26	12.45	0.81	53.6	6.1	0.13	121	19.67	616	20.59	139.39	1.03	7.63	10.48	1.04	0.46	0.12	9.52
		黄沙土	薄层黄沙土	8.28	12.81	0.93	60.5	4.7	0.13	135	20.22	566	12.94	143.20	0.99	5.71	10.47	1.09	0.32	0.11	11.18
			黄沙土	8.17	15.57	0.98	59.9	5.7	0.11	114	20.87	571	12.46	129.67	1.03	8.35	13.67	1.03	0.63	0.10	11.87
			砾质黄沙土	7.95	17.27	1.11	61.5	4.7	0.11	116	20.64	601	9.09	138.50	1.05	9.10	15.75	0.86	1.08	0.09	12.80
		黄土	黄土	8.13	17.74	1.14	76.3	6.5	0.16	127	19.95	684	27.05	156.59	1.21	10.23	11.72	1.09	0.54	0.13	12.86

（续）

土类	亚类	土属	土种	pH	有机质(g/kg)	全氮(g/kg)	碱解氮(mg/kg)	有效磷(mg/kg)	全磷(g/kg)	速效钾(mg/kg)	全钾(g/kg)	缓效钾(mg/kg)	有效硫(mg/kg)	有效硅(mg/kg)	有效铜(mg/kg)	有效铁(mg/kg)	有效锰(mg/kg)	有效锌(mg/kg)	有效硼(mg/kg)	有效钼(mg/kg)	阳离子交换量(cmol/kg)
栗钙土	栗钙土	黄土	中度侵蚀黄土	8.11	19.49	1.23	84.0	6.9	0.18	133	20.77	676	23.68	153.07	1.18	10.47	11.22	1.07	0.85	0.13	12.34
		栗淤土	薄层栗淤土	8.27	13.70	0.98	65.2	5.8	0.15	187	20.66	666	12.17	151.67	1.05	5.46	10.36	1.23	0.39	0.11	12.37
			厚层栗淤土	8.10	19.85	1.26	72.7	5.2	0.16	120	20.05	587	19.81	164.59	1.03	8.22	11.46	0.96	0.63	0.13	14.80
			栗淤土	8.12	17.16	1.17	77.7	6.7	0.17	126	20.00	664	27.59	161.91	1.18	8.81	11.93	1.04	0.61	0.13	13.45

兴顺西镇不同土壤类型养分平均含量

土类	亚类	土属	土种	pH	有机质(g/kg)	全氮(g/kg)	碱解氮(mg/kg)	有效磷(mg/kg)	全磷(g/kg)	速效钾(mg/kg)	全钾(g/kg)	缓效钾(mg/kg)	有效硫(mg/kg)	有效硅(mg/kg)	有效铜(mg/kg)	有效铁(mg/kg)	有效锰(mg/kg)	有效锌(mg/kg)	有效硼(mg/kg)	有效钼(mg/kg)	阳离子交换量(cmol/kg)
草甸土	灰色草甸土	淤黑土	淤黑土	7.90	19.41	1.13	94.7	12.0	0.15	168	18.37	842	26.05	199.00	0.94	8.12	10.44	1.19	0.86	0.20	15.90
	盐化草甸土	盐化黑沙土	轻盐淤黑沙土	8.21	14.81	0.95	59.0	7.2	0.18	120	20.72	651	22.89	143.88	0.85	6.83	9.49	0.96	0.78	0.12	12.49
			中盐淤黑沙土	8.23	16.88	1.16	71.2	7.4	0.15	141	18.28	793	17.18	153.50	0.75	6.44	9.82	0.98	1.50	0.13	10.73
		盐化淤黑土	轻盐淤黑土	8.08	16.65	1.08	68.0	14.3	0.17	163	20.18	656	18.54	143.31	0.82	5.46	7.93	0.91	1.06	0.13	10.99
			中盐淤黑土	8.35	12.71	0.84	55.6	6.6	0.15	111	19.72	583	17.02	122.50	0.58	4.94	7.02	0.83	0.84	0.12	11.95
灰褐土	粗骨性灰褐土	石质土	石质土	8.09	17.71	1.03	62.8	12.3	0.14	183	20.51	874	29.97	144.54	0.88	5.98	10.38	1.00	1.06	0.13	13.47
	碳酸盐灰褐土	褐黄土	褐黄土	8.15	13.60	0.78	64.4	6.2	0.15	152	20.82	788	16.54	117.00	1.10	6.74	8.62	1.34	0.69	0.14	14.50
		褐淤土	褐淤土	8.15	17.60	1.04	65.6	9.8	0.14	153	20.98	663	29.27	159.62	0.85	6.30	8.82	0.75	0.88	0.12	11.24
		灰褐土	薄体灰褐土	8.11	21.16	1.15	69.8	13.8	0.14	200	20.24	890	40.15	145.08	0.94	6.42	10.86	0.99	0.84	0.13	12.37
			厚体灰褐土	8.30	17.20	1.05	65.2	11.2	0.14	187	19.73	1014	15.65	168.00	0.93	6.72	11.43	1.21	0.78	0.14	10.57
			灰褐土	7.90	14.99	0.87	64.5	8.5	0.15	149	21.09	790	38.23	132.67	0.91	5.46	9.70	0.87	1.20	0.12	15.17

（续）

土类	亚类	土属	土种	pH	有机质 (g/kg)	全氮 (g/kg)	碱解氮 (mg/kg)	有效磷 (mg/kg)	全磷 (g/kg)	速效钾 (mg/kg)	全钾 (g/kg)	缓效钾 (mg/kg)	有效硫 (mg/kg)	有效硅 (mg/kg)	有效铜 (mg/kg)	有效铁 (mg/kg)	有效锰 (mg/kg)	有效锌 (mg/kg)	有效硼 (mg/kg)	有效钼 (mg/kg)	阳离子交换量 (cmol/kg)
灰褐土	碳酸盐灰褐土	灰褐土	侵蚀薄体灰褐土	8.13	17.23	0.96	63.6	11.8	0.13	183	19.85	946	27.82	140.87	0.86	5.97	10.12	1.01	0.99	0.14	14.94
			侵蚀厚体灰褐土	8.12	21.65	1.26	58.1	13.6	0.13	250	20.91	1 087	27.46	135.50	0.98	6.78	12.50	1.10	1.24	0.13	14.03
			侵蚀灰褐土	8.10	17.02	0.96	58.6	11.9	0.12	205	20.34	1 020	27.24	135.56	0.83	5.90	10.05	1.04	1.24	0.13	16.79
栗钙土	淡栗钙土	淡红黄土	薄层淡红黄土	8.24	15.78	1.02	59.5	9.5	0.16	142	18.82	827	20.27	159.89	0.75	6.23	8.96	1.00	1.16	0.14	10.13
			淡红黄土	8.17	16.47	1.07	66.3	7.7	0.15	144	18.54	734	20.61	171.27	0.71	5.78	9.44	0.91	0.86	0.11	10.15
			砾质淡红黄土	8.22	15.20	1.12	51.5	5.6	0.16	137	17.75	668	16.98	210.89	0.56	5.23	8.91	0.93	0.75	0.09	9.93
		淡栗淤土	淡栗淤土	8.26	16.83	1.06	74.6	8.3	0.15	135	18.44	733	16.77	159.94	0.80	6.16	8.66	0.84	1.18	0.13	10.23
			厚层淡栗淤土	8.10	13.80	0.96	54.3	5.1	0.16	133	18.40	632	21.95	194.00	0.54	4.98	10.55	0.90	0.13	0.09	10.00
			砾质淡栗淤土	8.30	13.26	0.83	83.9	5.7	0.14	110	17.20	610	6.29	170.00	0.78	6.13	6.49	0.61	0.85	0.10	11.30
			沙壤质淡栗淤土	8.20	16.29	1.10	69.8	5.9	0.15	139	18.14	691	15.53	177.50	0.73	5.80	9.75	0.86	0.94	0.11	10.20
		黄灰土	薄层黄灰土	8.13	16.83	1.07	70.0	8.9	0.15	137	18.82	714	18.75	156.93	0.79	6.04	9.07	0.97	1.04	0.13	9.83
			黄灰土	8.16	17.07	1.11	60.1	9.4	0.15	135	18.99	816	23.26	150.66	0.79	6.42	8.92	1.04	1.28	0.14	9.96
			砾壤质黄灰土	8.23	17.90	1.12	68.4	6.8	0.14	139	18.74	774	16.45	158.53	0.94	6.57	9.10	0.94	1.51	0.13	9.86
			砾质黄灰土	8.16	16.11	1.05	60.3	10.2	0.15	142	19.30	758	20.80	164.85	0.70	6.00	9.16	1.09	1.09	0.13	9.62
	栗钙土	红黄土	薄层红黄土	8.05	16.50	0.97	60.0	10.5	0.14	147	20.68	702	30.38	144.30	0.90	6.02	9.22	0.86	0.90	0.13	12.87
			红黄土	8.16	16.99	1.03	62.9	10.7	0.15	155	20.39	738	27.69	147.87	0.85	6.38	9.12	0.93	0.99	0.13	11.97
			厚层红黄土	8.17	17.71	1.10	64.9	10.3	0.15	174	19.83	774	20.77	168.98	0.81	6.17	10.45	0.99	1.09	0.12	11.12
			砾质薄层红黄土	8.07	17.52	1.06	60.3	11.2	0.15	134	20.35	659	30.71	143.03	0.87	5.93	8.54	0.91	0.88	0.13	11.29
			砾质红黄土	8.10	16.72	1.02	59.2	13.4	0.14	153	20.24	644	27.31	145.21	0.76	5.65	8.48	0.89	0.84	0.13	11.59
			砾质厚层红黄土	8.22	15.09	1.06	58.0	13.2	0.15	132	21.58	577	18.37	145.06	0.70	5.45	7.14	0.79	0.92	0.14	12.39
			侵蚀红黄土	8.15	17.49	1.09	67.4	12.3	0.15	159	20.08	642	36.52	171.50	0.79	5.41	9.01	1.44	1.70	0.11	10.75

（续）

土类	亚类	土属	土种	pH	有机质(g/kg)	全氮(g/kg)	碱解氮(mg/kg)	有效磷(mg/kg)	全磷(g/kg)	速效钾(mg/kg)	全钾(g/kg)	缓效钾(mg/kg)	有效硫(mg/kg)	有效硅(mg/kg)	有效铜(mg/kg)	有效铁(mg/kg)	有效锰(mg/kg)	有效锌(mg/kg)	有效硼(mg/kg)	有效钼(mg/kg)	阳离子交换量(cmol/kg)
栗钙土	栗钙土	黄黑土	薄层黄黑土	8.12	17.25	1.06	67.5	12.3	0.15	143	19.78	699	23.39	139.67	0.76	5.79	8.33	0.89	0.92	0.13	11.55
			厚层黄黑土	8.26	18.18	1.10	82.6	12.5	0.15	115	18.60	734	16.60	140.40	0.93	6.86	8.32	0.77	1.08	0.14	10.98
			黄黑土	8.11	16.81	0.99	64.1	11.7	0.15	154	19.94	727	22.45	137.33	0.78	5.74	8.72	0.91	0.84	0.14	11.11
			砾质薄层黄黑土	8.16	14.97	0.97	54.4	11.5	0.16	120	20.66	666	21.42	128.37	0.63	5.38	7.29	0.84	0.84	0.13	10.07
			砾质黄黑土	8.25	15.96	0.96	71.0	12.4	0.15	129	20.29	749	23.49	136.48	0.78	7.15	8.33	1.02	1.23	0.12	10.73
			沙壤质黄黑土	8.22	17.37	1.11	68.5	16.0	0.15	156	20.60	789	28.61	145.94	0.70	6.41	8.15	1.03	1.07	0.11	11.20
		黄沙土	薄层黄沙土	8.10	20.19	1.14	79.1	8.4	0.13	124	19.59	706	21.06	170.00	0.78	6.30	7.24	0.59	1.24	0.14	12.90
			厚层黄沙土	8.25	14.78	0.94	69.0	9.3	0.16	112	19.50	641	27.72	152.50	0.72	6.14	7.47	0.91	1.15	0.11	10.80
			黄沙土	7.90	19.78	1.16	94.3	11.7	0.15	182	18.30	909	27.52	202.00	0.90	8.02	10.64	1.37	0.82	0.19	15.70
		黄土	黄土	8.20	15.81	0.94	70.3	11.0	0.14	134	17.85	732	16.98	121.00	0.70	6.43	10.04	1.25	1.78	0.15	11.40
		栗淤土	厚层栗淤土	8.11	16.43	0.95	64.3	12.9	0.16	161	18.26	767	27.99	143.29	0.98	6.72	9.58	0.93	1.03	0.13	12.43
			栗淤土	8.16	16.89	0.99	59.5	10.2	0.16	163	20.01	813	32.98	145.33	0.93	5.82	9.31	0.88	0.97	0.13	11.29
			砾质栗淤土	8.21	16.66	1.08	61.8	11.6	0.18	148	20.61	714	29.22	149.88	0.85	5.92	8.15	0.92	0.99	0.12	12.51

银号镇不同土壤类型养分平均含量

土类	亚类	土属	土种	pH	有机质(g/kg)	全氮(g/kg)	碱解氮(mg/kg)	有效磷(mg/kg)	全磷(g/kg)	速效钾(mg/kg)	全钾(g/kg)	缓效钾(mg/kg)	有效硫(mg/kg)	有效硅(mg/kg)	有效铜(mg/kg)	有效铁(mg/kg)	有效锰(mg/kg)	有效锌(mg/kg)	有效硼(mg/kg)	有效钼(mg/kg)	阳离子交换量(cmol/kg)
草甸土	灰色草甸土	淤黑沙土	淤黑沙土	8.12	14.59	0.91	73.2	8.5	0.18	133	23.54	800	16.28	103.00	0.82	11.15	9.88	0.71	0.71	0.12	9.98
灰褐土	粗骨性灰褐土	石质土	石质土	8.08	22.83	1.32	101.8	15.0	0.21	212	25.04	1 006	20.86	145.77	0.72	10.17	12.78	1.12	0.93	0.12	13.10

（续）

土类	亚类	土属	土种	pH	有机质(g/kg)	全氮(g/kg)	碱解氮(mg/kg)	有效磷(mg/kg)	全磷(g/kg)	速效钾(mg/kg)	全钾(g/kg)	缓效钾(mg/kg)	有效硫(mg/kg)	有效硅(mg/kg)	有效铜(mg/kg)	有效铁(mg/kg)	有效锰(mg/kg)	有效锌(mg/kg)	有效硼(mg/kg)	有效钼(mg/kg)	阳离子交换量(cmol/kg)
灰褐土	淋溶灰褐土	淋溶灰褐土	淋溶灰褐土	7.80	22.98	1.37	95.0	9.9	0.19	164	25.26	1 248	17.36	198.50	0.99	11.54	20.25	0.83	1.23	0.13	12.15
	生草灰褐土	黑土	薄体黑土	7.80	40.44	2.17	125.8	26.0	0.24	265	21.22	1 298	21.99	160.50	1.06	18.02	18.92	1.91	1.37	0.13	15.45
			黑土	8.10	27.09	1.50	110.8	17.9	0.21	265	30.32	1 218	19.70	180.77	0.72	11.49	13.06	1.24	0.86	0.10	14.11
			厚体黑土	7.99	32.68	1.68	117.1	21.1	0.24	338	27.94	1 206	20.16	179.87	0.80	12.82	13.17	1.58	1.49	0.12	13.66
	碳酸盐灰褐土	褐红土	砾质褐红土	8.38	19.04	1.10	67.7	16.2	0.19	193	22.25	1 060	17.24	135.60	0.49	7.35	11.84	1.42	1.05	0.14	5.46
			轻度侵蚀褐红土	8.17	16.61	1.03	85.7	11.5	0.18	174	25.93	759	28.09	116.33	0.84	11.64	12.71	0.79	0.84	0.11	16.82
			中度侵蚀褐红土	8.10	17.59	1.14	86.4	11.4	0.18	162	23.72	887	40.76	110.00	0.69	10.66	10.77	0.61	0.68	0.13	17.10
		褐黄土	褐红黄土	8.18	15.97	0.94	83.0	8.6	0.17	135	25.93	923	14.70	108.48	0.66	9.81	10.53	0.67	0.68	0.12	14.40
			褐黄土	8.03	12.53	0.77	74.0	7.1	0.18	137	21.87	684	20.85	87.80	0.64	8.13	10.60	0.76	0.62	0.11	8.21
			轻度侵蚀褐黄土	8.20	15.82	1.21	83.3	8.6	0.17	85	24.30	779	14.65	181.67	0.61	8.83	11.00	0.60	0.42	0.11	17.97
		褐淤土	褐淤土	7.95	28.86	1.39	97.4	16.0	0.22	236	25.86	1 170	20.27	196.17	0.85	13.03	12.52	1.31	1.25	0.15	12.32
			厚体褐淤土	8.28	19.52	1.10	93.5	14.7	0.21	175	24.60	1 027	17.40	158.25	0.67	9.40	11.98	1.16	0.96	0.12	12.88
		灰褐土	薄体灰褐土	8.03	25.30	1.35	107.7	17.0	0.21	235	25.39	1 067	21.50	149.64	0.76	11.03	12.99	1.16	1.04	0.12	13.06
			厚体灰褐土	8.01	27.57	1.49	115.6	19.5	0.21	274	26.64	1 148	24.08	160.42	0.74	11.60	12.98	1.27	1.24	0.12	13.16
			灰褐土	8.03	24.49	1.32	106.2	17.0	0.21	219	24.55	1 011	22.37	146.60	0.76	11.15	13.12	1.17	1.10	0.13	13.36
			侵蚀厚体灰褐土	8.06	19.63	1.29	71.5	18.0	0.16	151	24.37	904	11.99	184.00	0.74	9.90	11.32	0.70	0.68	0.12	15.88
栗钙土	草甸栗钙土	潮淤土	潮淤土	8.24	20.16	1.24	114.7	16.2	0.22	203	24.60	1 158	25.02	139.57	0.98	12.31	12.56	0.99	0.99	0.13	19.00
	栗钙土	红黄土	薄层红黄土	8.16	13.87	0.89	80.1	8.7	0.15	138	22.45	665	21.68	106.49	0.74	8.33	11.47	0.72	0.55	0.11	10.71
			薄层砾质侵蚀红黄土	8.30	11.53	0.73	52.7	4.5	0.16	119	22.95	683	24.80	104.00	0.89	6.98	9.49	0.65	0.48	0.12	8.80
			红黄土	8.16	14.77	0.90	90.6	10.0	0.17	155	23.38	759	20.91	105.35	0.73	9.04	10.32	0.76	0.64	0.12	13.76

（续）

土类	亚类	土属	土种	pH	有机质 (g/kg)	全氮 (g/kg)	碱解氮 (mg/kg)	有效磷 (mg/kg)	全磷 (g/kg)	速效钾 (mg/kg)	全钾 (g/kg)	缓效钾 (mg/kg)	有效硫 (mg/kg)	有效硅 (mg/kg)	有效铜 (mg/kg)	有效铁 (mg/kg)	有效锰 (mg/kg)	有效锌 (mg/kg)	有效硼 (mg/kg)	有效钼 (mg/kg)	阳离子交换量 (cmol/kg)
栗钙土	栗钙土	红黄土	厚层红黄土	8.26	13.33	0.87	73.2	8.5	0.16	139	23.56	691	21.02	113.12	0.72	7.60	9.60	0.81	0.55	0.12	11.65
			厚层侵蚀红黄土	8.30	12.05	0.66	52.6	6.1	0.16	118	21.45	720	20.62	97.43	0.89	6.21	8.75	0.66	0.55	0.13	8.66
			侵蚀红黄土	8.32	12.36	0.69	52.5	5.5	0.15	112	22.44	670	21.23	108.75	0.87	6.87	9.58	0.73	0.49	0.12	9.07
		黄黑土	薄层黄黑土	8.05	22.50	1.31	105.5	16.8	0.21	192	25.02	1 111	20.12	165.95	0.86	9.68	13.08	0.88	0.71	0.13	13.34
			厚层黄黑土	8.03	23.38	1.40	112.4	17.4	0.21	184	26.35	1 111	21.50	172.32	0.94	9.86	13.93	0.87	0.65	0.13	14.28
			黄黑土	8.03	26.45	1.47	105.8	22.3	0.23	245	25.32	1 156	20.53	165.02	0.88	9.98	13.90	1.14	0.73	0.13	12.54
			砾质薄层黄黑土	8.20	12.78	0.79	69.3	7.9	0.16	109	20.74	669	22.24	119.00	0.78	5.93	7.66	0.92	0.27	0.11	10.70
			砾质黄黑土	8.05	24.24	1.40	106.0	15.8	0.20	199	25.08	1 118	19.78	189.08	0.82	11.51	14.07	0.83	0.43	0.14	14.39
		黄沙土	薄层黄沙土	8.18	13.18	0.80	76.1	7.6	0.16	122	21.63	657	21.58	112.47	0.74	7.48	10.11	0.71	0.41	0.12	12.46
			黄沙土	8.30	12.90	0.79	61.4	7.3	0.14	99	20.76	588	19.87	113.07	0.72	6.70	8.83	0.70	0.35	0.12	12.03
		黄土	黄土	8.14	14.34	0.83	81.2	8.4	0.16	118	21.81	666	19.37	113.49	0.73	8.15	10.51	0.72	0.46	0.13	12.14
			轻度侵蚀黄土	7.90	25.21	1.46	125.9	17.8	0.22	208	28.46	1 217	21.05	172.67	1.23	11.94	18.43	1.07	0.91	0.13	14.97
		栗淤土	厚层栗淤土	8.22	16.31	0.89	80.5	12.0	0.18	151	23.57	884	18.34	122.32	0.72	8.78	9.84	0.87	0.68	0.13	12.38
			栗沙土	8.25	12.64	0.71	120.0	9.6	0.22	110	24.72	626	9.73	105.30	0.71	8.19	8.30	0.63	0.56	0.13	18.47
			栗淤土	8.14	14.40	0.85	70.5	8.5	0.18	116	22.86	875	13.30	137.00	0.64	8.53	10.37	0.76	0.48	0.12	10.83

附表 4 固阳县及各乡镇耕地养分分级面积统计表

固阳县耕地养分分级面积统计表

有机质	分级标准（g/kg）	＞40	30～40	20～30	10～20	6～10	≤6	
	面积（hm²）	737.6	2 330.2	18 376.1	91 849.7	6 273	42.7	
	占比（%）	0.6	1.9	15.4	76.8	5.2	0	
全氮	分级标准（g/kg）	＞2.0	1.5～2.0	1.0～1.5	0.75～1.0	0.5～0.75	≤0.5	
	面积（hm²）	1 077.7	4 732.2	47 115.2	46 379.9	19 298.2	1 006.3	
	占比（%）	0.9	4	39.4	38.8	16.1	0.8	
碱解氮	分级标准（mg/kg）	＞250	200～250	150～200	100～150	50～100	≤50	
	面积（hm²）		26.1	753.3	13 412.1	95 578.5	9 839.6	
	占比（%）		0	0.6	11.2	79.9	8.2	
有效磷	分级标准（mg/kg）	＞40	20～40	10～20	5～10	3～5	≤3	
	面积（hm²）	510.9	5 578.2	36 976.4	63 710.7	11 980.9	852.4	
	占比（%）	0.4	4.7	30.9	53.3	10	0.7	
速效钾	分级标准（mg/kg）	＞200	150～200	100～150	50～100	30～50	≤30	
	面积（hm²）	13 331.2	30 858.6	59 146.9	16 248.3	24.5		
	占比（%）	11.1	25.8	49.5	13.6	0		
缓效钾	分级标准（mg/kg）	＞400	350～400	300～350	250～300	200～250	150～200	≤150
	面积（hm²）	119 227.2	355.1	27.2				
	占比（%）	99.7	0.3	0				
有效硫	分级标准（mg/kg）	＞50	40～50	30～40	20～30	15～20	10～15	≤10
	面积（hm²）	2 270.4	2 995	11 397.8	43 499.6	34 041.3	17 657.7	7 747.8
	占比（%）	1.9	2.5	9.5	36.4	28.5	14.8	6.5
有效硅	分级标准（mg/kg）	＞600	500～600	400～500	300～400	200～300	100～200	≤100
	面积（hm²）					4 080.8	91 194.1	24 334.6
	占比（%）					3.4	76.2	20.3
有效硼	分级标准（mg/kg）	＞2.0	1.0～2.0	0.5～1.0	0.2～0.5	≤0.2		
	面积（hm²）	2 246.4	31 705.4	60 431	23 375.9	1 850.8		
	占比（%）	1.9	26.5	50.5	19.5	1.5		
有效钼	分级标准（mg/kg）	＞0.5	0.2～0.5	0.15～0.2	0.1～0.15	≤0.1		
	面积（hm²）	135.9	2 231.1	12 426.1	90 242.4	14 574		
	占比（%）	0.1	1.9	10.4	75.4	12.2		
有效锌	分级标准（mg/kg）	＞0.5	0.2～0.5	0.15～0.2	0.1～0.15	≤0.1		
	面积（hm²）	353.5	35 500.1	77 830.2	5 854.5	71.3		
	占比（%）	0.3	29.7	65.1	4.9	0.1		

（续）

有效铜	分级标准（mg/kg）	>1.8	1.0～1.8	0.2～1.0	0.1～0.2	≤0.1		
	面积（hm^2）	204	25 723.3	93 682.1				
	占比（%）	0.2	21.5	78.3				
有效铁	分级标准（mg/kg）	>20.0	10.0～20.0	4.5～10.0	2.5～4.5	≤2.5		
	面积（hm^2）	656.2	17 768	97 372.5	3 812.7			
	占比（%）	0.5	14.9	81.4	3.2			
有效锰	分级标准（mg/kg）	>30.0	15.0～30.0	5.0～15.0	1.0～5.0	≤1.0		
	面积（hm^2）		7 417.3	110 949.4	1 242.8			
	占比（%）		6.2	92.8	1			

怀朔镇耕地养分分级面积统计表

有机质	分级标准（g/kg）	>40	30～40	20～30	10～20	6～10	≤ 6	
	面积（hm^2）			1 548.9	25 158.2	295.4		
	占比（%）			5.7	93.2	1.1		
全氮	分级标准（g/kg）	>2.0	1.5～2.0	1.0～1.5	0.75～1.0	0.5～0.75	≤0.5	
	面积（hm^2）		1.7	6 333	15 488.1	5 179.8		
	占比（%）		0	23.5	57.4	19.2		
碱解氮	分级标准（mg/kg）	>250	200～250	150～200	100～150	50～100	≤50	
	面积（hm^2）				606.8	25 010	1 385.7	
	占比（%）				2.2	92.6	5.1	
有效磷	分级标准（mg/kg）	>40	20～40	10～20	5～10	3～5	≤3	
	面积（hm^2）		1 156.2	6 309.4	18 048.6	1 487.6	0.7	
	占比（%）		4.3	23.4	66.8	5.5	0	
速效钾	分级标准（mg/kg）	>200	150～200	100～150	50～100	30～50	≤30	
	面积（hm^2）	1 632.5	4 953.7	14 290.4	6 125.9			
	占比（%）	6	18.3	52.9	22.7			
缓效钾	分级标准（mg/kg）	>400	350～400	300～350	250～300	200～250	150～200	≤150
	面积（hm^2）	26 986.5	16.1					
	占比（%）	99.9	0.1					
有效硫	分级标准（mg/kg）	>50	40～50	30～40	20～30	15～20	10～15	≤10
	面积（hm^2）	719.8	429.5	2 596.9	8 055.6	10 112.3	4 248.7	839.9
	占比（%）	2.7	1.6	9.6	29.8	37.4	15.7	3.1
有效硅	分级标准（mg/kg）	>600	500～600	400～500	300～400	200～300	100～200	≤100
	面积（hm^2）					561.2	21 097.2	5 344.2
	占比（%）					2.1	78.1	19.8

（续）

有效硼	分级标准（mg/kg）	>2.0	1.0～2.0	0.5～1.0	0.2～0.5	≤0.2		
	面积（hm²）	15.5	5 555.8	16 085.3	5 078.1	268		
	占比（%）	0.1	20.6	59.6	18.8	1		
有效钼	分级标准（mg/kg）	>0.5	0.2～0.5	0.15～0.2	0.1～0.15	≤0.1		
	面积（hm²）	135.9	1 894.7	4 446.2	17 543.7	2 982		
	占比（%）	0.5	7	16.5	65	11		
有效锌	分级标准（mg/kg）	>0.5	0.2～0.5	0.15～0.2	0.1～0.15	≤0.1		
	面积（hm²）		1 261.2	23 581.67	2 159.66			
	占比（%）		4.7	87.3	8			
有效铜	分级标准（mg/kg）	>1.8	1.0～1.8	0.2～1.0	0.1～0.2	≤0.1		
	面积（hm²）		941.9	26 060.6				
	占比（%）		3.5	96.5				
有效铁	分级标准（mg/kg）	>20.0	10.0～20.0	4.5～10.0	2.5～4.5	≤2.5		
	面积（hm²）		1 360.8	24 974	667.7			
	占比（%）		5	92.5	2.5			
有效锰	分级标准（mg/kg）	>30.0	15.0～30.0	5.0～15.0	1.0～5.0	≤1.0		
	面积（hm²）		8.5	26 823.7	170.3			
	占比（%）		0	99.3	0.6			

金山镇耕地养分分级面积统计表

有机质	分级标准（g/kg）	>40	30～40	20～30	10～20	6～10	≤6	
	面积（hm²）	51.4	89.5	781.9	14 198.3	3 356.4	41.7	
	占比（%）	0.3	0.5	4.2	76.7	18.1	0.2	
全氮	分级标准（g/kg）	>2.0	1.5～2.0	1.0～1.5	0.75～1.0	0.5～0.75	≤0.5	
	面积（hm²）	107.9	61.8	2 095	7 703.4	7 567.5	983.8	
	占比（%）	0.6	0.3	11.3	41.6	40.9	5.3	
碱解氮	分级标准（mg/kg）	>250	200～250	150～200	100～150	50～100	≤50	
	面积（hm²）			76.1	929.4	12 092.1	5 421.7	
	占比（%）			0.4	5	65.3	29.3	
有效磷	分级标准（mg/kg）	>40	20～40	10～20	5～10	3～5	≤3	
	面积（hm²）	94	507.9	3 921.5	10 336.9	3 630.4	28.6	
	占比（%）	0.5	2.7	21.2	55.8	19.6	0.2	
速效钾	分级标准（mg/kg）	>200	150～200	100～150	50～100	30～50	≤30	
	面积（hm²）	1 931	3 304.8	8 997.2	4 283.2	3.1		
	占比（%）	10.4	17.8	48.6	23.1	0		

（续）

缓效钾	分级标准（mg/kg）	>400	350～400	300～350	250～300	200～250	150～200	≤150
	面积（hm^2）	18 299.6	219.7					
	占比（%）	98.8	1.2					
有效硫	分级标准（mg/kg）	>50	40～50	30～40	20～30	15～20	10～15	≤10
	面积（hm^2）	459.1	598.7	1679	7 900.7	4 944.2	2 891.5	46.2
	占比（%）	2.5	3.2	9.1	42.7	26.7	15.6	0.2
有效硅	分级标准（mg/kg）	>600	500～600	400～500	300～400	200～300	100～200	≤100
	面积（hm^2）					190.6	8 144.4	10 184.3
	占比（%）					1	44	55
有效硼	分级标准（mg/kg）	>2.0	1.0～2.0	0.5～1.0	0.2～0.5	≤0.2		
	面积（hm^2）	681.9	3 238.2	9 453.7	4 661.3	484.1		
	占比（%）	3.7	17.5	51	25.2	2.6		
有效钼	分级标准（mg/kg）	>0.5	0.2～0.5	0.15～0.2	0.1～0.15	≤0.1		
	面积（hm^2）		293.4	1 697	9 682.4	6 846.5		
	占比（%）		1.6	9.2	52.3	37		
有效锌	分级标准（mg/kg）	>0.5	0.2～0.5	0.15～0.2	0.1～0.15	≤0.1		
	面积（hm^2）	317.4	8 520.85	9 043.06	637.9	0.06		
	占比（%）	1.7	46	48.8	3.4	0		
有效铜	分级标准（mg/kg）	>1.8	1.0～1.8	0.2～1.0	0.1～0.2	≤0.1		
	面积（hm^2）	168.7	4 628.2	13 722.4				
	占比（%）	0.9	25	74.1				
有效铁	分级标准（mg/kg）	>20.0	10.0～20.0	4.5～10.0	2.5～4.5	≤2.5		
	面积（hm^2）	375.2	1 908.8	14 885.9	1 349.3			
	占比（%）	2	10.3	80.4	7.3			
有效锰	分级标准（mg/kg）	>30.0	15.0～30.0	5.0～15.0	1.0～5.0	≤1.0		
	面积（hm^2）		2 110.2	15 851.5	557.6			
	占比（%）		11.4	85.6	3			

西斗铺镇耕地养分分级面积统计表

有机质	分级标准（g/kg）	>40	30～40	20～30	10～20	6～10	≤6	
	面积（hm^2）		11.1	1 915.5	13 822.9	2 257.9	0.1	
	占比（%）		0.1	10.6	76.8	12.5	0	
全氮	分级标准（g/kg）	>2.0	1.5～2.0	1.0～1.5	0.75～1.0	0.5～0.75	≤0.5	
	面积（hm^2）		60.9	6 788.4	7 361.1	3 784.7	12.4	
	占比（%）		0.3	37.7	40.9	21	0.1	

（续）

碱解氮	分级标准（mg/kg）	＞250	200～250	150～200	100～150	50～100	≤50	
	面积（hm^2）				707	16 003.5	1 296.9	
	占比（%）				3.9	88.9	7.2	
有效磷	分级标准（mg/kg）	＞40	20～40	10～20	5～10	3～5	≤3	
	面积（hm^2）	75.8	328.3	4 878.5	9 145.7	3 275.5	303.7	
	占比（%）	0.4	1.8	27.1	50.8	18.2	1.7	
速效钾	分级标准（mg/kg）	＞200	150～200	100～150	50～100	30～50	≤30	
	面积（hm^2）	2 128	6 581.5	8 244.5	1 053.5			
	占比（%）	11.8	36.5	45.8	5.9			
缓效钾	分级标准（mg/kg）	＞400	350～400	300～350	250～300	200～250	150～200	≤150
	面积（hm^2）	18 007.5						
	占比（%）	100						
有效硫	分级标准（mg/kg）	＞50	40～50	30～40	20～30	15～20	10～15	≤10
	面积（hm^2）	244.6	981.9	1 563.8	5 178.1	3 260.2	3 041.4	3 737.7
	占比（%）	1.4	5.5	8.7	28.8	18.1	16.9	20.8
有效硅	分级标准（mg/kg）	＞600	500～600	400～500	300～400	200～300	100～200	≤100
	面积（hm^2）						11 942.2	6 065.2
	占比（%）						66.3	33.7
有效硼	分级标准（mg/kg）	＞2.0	1.0～2.0	0.5～1.0	0.2～0.5	≤0.2		
	面积（hm^2）	222	7 985.6	6 620.4	3 123.3	56.2		
	占比（%）	1.2	44.3	36.8	17.3	0.3		
有效钼	分级标准（mg/kg）	＞0.5	0.2～0.5	0.15～0.2	0.1～0.15	≤0.1		
	面积（hm^2）		34.7	1 782.9	14 852.5	1 337.4		
	占比（%）		0.2	9.9	82.5	7.4		
有效锌	分级标准（mg/kg）	＞0.5	0.2～0.5	0.15～0.2	0.1～0.15	≤0.1		
	面积（hm^2）	34.3	6 571.85	11 160.67	240.65			
	占比（%）	0.2	36.5	62	1.3			
有效铜	分级标准（mg/kg）	＞1.8	1.0～1.8	0.2～1.0	0.1～0.2	≤0.1		
	面积（hm^2）	29.4	8 045.3	9 932.8				
	占比（%）	0.2	44.7	55.2				
有效铁	分级标准（mg/kg）	＞20.0	10.0～20.0	4.5～10.0	2.5～4.5	≤2.5		
	面积（hm^2）		543.7	16 706.6	757.2			
	占比（%）		3	92.8	4.2			
有效锰	分级标准（mg/kg）	＞30.0	15.0～30.0	5.0～15.0	1.0～5.0	≤1.0		
	面积（hm^2）		241.6	17 765.8				
	占比（%）		1.3	98.7				

下湿壕镇耕地养分分级面积统计表

有机质	分级标准（g/kg）	>40	30～40	20～30	10～20	6～10	≤6	
	面积（hm^2）	204.3	943.4	6 983.2	6 353.7	115.3		
	占比（%）	1.4	6.5	47.8	43.5	0.8		
全氮	分级标准（g/kg）	>2.0	1.5～2.0	1.0～1.5	0.75～1.0	0.5～0.75	≤0.5	
	面积（hm^2）	420.5	2 716.3	8 838	2 469.4	155.8		
	占比（%）	2.9	18.6	60.5	16.9	1.1		
碱解氮	分级标准（mg/kg）	>250	200～250	150～200	100～150	50～100	≤50	
	面积（hm^2）			198.3	5 501.2	8 784.5	116.1	
	占比（%）			1.4	37.7	60.2	0.8	
有效磷	分级标准（mg/kg）	>40	20～40	10～20	5～10	3～5	≤3	
	面积（hm^2）	7.5	1 005.2	4 640	6 822.6	1 622.5	502.1	
	占比（%）	0.1	6.9	31.8	46.7	11.1	3.4	
速效钾	分级标准（mg/kg）	>200	150～200	100～150	50～100	30～50	≤30	
	面积（hm^2）	1 819.4	4 213.2	7 698.4	868.9			
	占比（%）	12.5	28.9	52.7	6			
缓效钾	分级标准（mg/kg）	>400	350～400	300～350	250～300	200～250	150～200	≤150
	面积（hm^2）	14 587.9	12.1					
	占比（%）	99.9	0.1					
有效硫	分级标准（mg/kg）	>50	40～50	30～40	20～30	15～20	10～15	≤10
	面积（hm^2）	75.2	99.8	957.4	6 393.3	4 308	2 339.5	426.8
	占比（%）	0.5	0.7	6.6	43.8	29.5	16	2.9
有效硅	分级标准（mg/kg）	>600	500～600	400～500	300～400	200～300	100～200	≤100
	面积（hm^2）					1 518.2	12 912.2	169.6
	占比（%）					10.4	88.4	1.2
有效硼	分级标准（mg/kg）	>2.0	1.0～2.0	0.5～1.0	0.2～0.5	≤0.2		
	面积（hm^2）	27	2 351.7	8 737.1	3 303.8	180.3		
	占比（%）	0.2	16.1	59.8	22.6	1.2		
有效钼	分级标准（mg/kg）	>0.5	0.2～0.5	0.15～0.2	0.1～0.15	≤0.1		
	面积（hm^2）			161.8	13 926.6	511.6		
	占比（%）			1.1	95.4	3.5		
有效锌	分级标准（mg/kg）	>0.5	0.2～0.5	0.15～0.2	0.1～0.15	≤0.1		
	面积（hm^2）	1.02	8 951.19	5 502.28	137.55	7.96		
	占比（%）	0	61.3	37.7	0.9	0.1		
有效铜	分级标准（mg/kg）	>1.8	1.0～1.8	0.2～1.0	0.1～0.2	≤0.1		
	面积（hm^2）	3.7	8 883.8	5 712.5				
	占比（%）	0	60.8	39.1				

（续）

有效铁	分级标准（mg/kg）	＞20.0	10.0～20.0	4.5～10.0	2.5～4.5	≤2.5		
	面积（hm²）	277.5	7 510.1	6 796.7	15.6			
	占比（%）	1.9	51.4	46.6	0.1			
有效锰	分级标准（mg/kg）	＞30.0	15.0～30.0	5.0～15.0	1.0～5.0	≤1.0		
	面积（hm²）		1 971.6	12 123.3	505.1			
	占比（%）		13.5	83	3.5			

兴顺西镇耕地养分分级面积统计表

有机质	分级标准（g/kg）	＞40	30～40	20～30	10～20	6～10	≤6	
	面积（hm²）		8.4	2 950.8	22 586	3.7		
	占比（%）		0	11.5	88.4	0		
全氮	分级标准（g/kg）	＞2.0	1.5～2.0	1.0～1.5	0.75～1.0	0.5～0.75	≤0.5	
	面积（hm²）		158.7	15 533	9 445	412.2		
	占比（%）		0.6	60.8	37	1.6		
碱解氮	分级标准（mg/kg）	＞250	200～250	150～200	100～150	50～100	≤50	
	面积（hm²）			4.7	499.8	23 925.8	1 118.6	
	占比（%）			0	2	93.6	4.4	
有效磷	分级标准（mg/kg）	＞40	20～40	10～20	5～10	3～5	≤3	
	面积（hm²）	4.2	570	11 803.4	12 572.8	597.5	1	
	占比（%）	0	2.2	46.2	49.2	2.3	0	
速效钾	分级标准（mg/kg）	＞200	150～200	100～150	50～100	30～50	≤30	
	面积（hm²）	1 991.8	8 636.7	13 814.6	1 105.8			
	占比（%）	7.8	33.8	54.1	4.3			
缓效钾	分级标准（mg/kg）	＞400	350～400	300～350	250～300	200～250	150～200	≤150
	面积（hm²）	25 548.9						
	占比（%）	100						
有效硫	分级标准（mg/kg）	＞50	40～50	30～40	20～30	15～20	10～15	≤10
	面积（hm²）	745.7	719.9	3 601.6	10 040.3	6 446.1	2 729.4	1 266
	占比（%）	2.9	2.8	14.1	39.3	25.2	10.7	5
有效硅	分级标准（mg/kg）	＞600	500～600	400～500	300～400	200～300	100～200	≤100
	面积（hm²）					590.6	24 954.9	3.4
	占比（%）					2.3	97.7	0
有效硼	分级标准（mg/kg）	＞2.0	1.0～2.0	0.5～1.0	0.2～0.5	≤0.2		
	面积（hm²）	659.6	10 490.4	12 618.6	1 493.3	287		
	占比（%）	2.6	41.1	49.4	5.8	1.1		

（续）

有效钼	分级标准（mg/kg）	>0.5	0.2～0.5	0.15～0.2	0.1～0.15	≤0.1		
	面积（hm^2）		8.3	4 091.9	19 769.6	1 679.1		
	占比（%）		0	16	77.4	6.6		
有效锌	分级标准（mg/kg）	>0.5	0.2～0.5	0.15～0.2	0.1～0.15	≤0.1		
	面积（hm^2）	0.06	5 806.37	19 167.43	574.05	0.96		
	占比（%）	0	22.7	75	2.2	0		
有效铜	分级标准（mg/kg）	>1.8	1.0～1.8	0.2～1.0	0.1～0.2	≤0.1		
	面积（hm^2）	1.4	2 343.3	23 204.2				
	占比（%）	0	9.2	90.8				
有效铁	分级标准（mg/kg）	>20.0	10.0～20.0	4.5～10.0	2.5～4.5	≤2.5		
	面积（hm^2）	2.7	98.8	24 424.4	1 022.9			
	占比（%）	0	0.4	95.6	4			
有效锰	分级标准（mg/kg）	>30.0	15.0～30.0	5.0～15.0	1.0～5.0	≤1.0		
	面积（hm^2）		0.6	25 538.6	9.7			
	占比（%）		0	100	0			

银号镇耕地养分分级面积统计表

有机质	分级标准（g/kg）	>40	30～40	20～30	10～20	6～10	≤6	
	面积（hm^2）	481.9	1 277.9	4 195.8	9 730.5	244.3	0.9	
	占比（%）	3.0	8.0	26.3	61.1	1.5	0.0	
全氮	分级标准（g/kg）	>2.0	1.5～2.0	1.0～1.5	0.75～1.0	0.5～0.75	≤0.5	
	面积（hm^2）	549.3	1 732.9	7 527.9	3 913	2 198.2	10.1	
	占比（%）	3.4	10.9	47.3	24.6	13.8	0.1	
碱解氮	分级标准（mg/kg）	>250	200～250	150～200	100～150	50～100	≤50	
	面积（hm^2）		26.1	474.2	5 167.9	9 762.5	500.6	
	占比（%）		0.2	3.0	32.4	61.3	3.1	
有效磷	分级标准（mg/kg）	>40	20～40	10～20	5～10	3～5	≤3	
	面积（hm^2）	329.4	2 010.7	5 423.7	6 784.1	1 367.3	16.3	
	占比（%）	2.1	12.6	34.0	42.6	8.6	0.1	
速效钾	分级标准（mg/kg）	>200	150～200	100～150	50～100	30～50	≤30	
	面积（hm^2）	3 828.4	3 168.7	6 101.8	2 811	21.4		
	占比（%）	24.0	19.9	38.3	17.6	0.1		
缓效钾	分级标准（mg/kg）	>400	350～400	300～350	250～300	200～250	150～200	≤150
	面积（hm^2）	15 796.9	107.3	27.2				
	占比（%）	99.2	0.7	0.2				

（续）

有效硫	分级标准（mg/kg）	＞50	40～50	30～40	20～30	15～20	10～15	≤10
	面积（hm²）	26.1	165.3	999.2	5 931.7	4 970.6	2 407.2	1 431.2
	占比（%）	0.2	1.0	6.3	37.2	31.2	15.1	9
有效硅	分级标准（mg/kg）	＞600	500～600	400～500	300～400	200～300	100～200	≤100
	面积（hm²）					1 220.2	12 143.2	2 567.9
	占比（%）					7.7	76.2	16.1
有效硼	分级标准（mg/kg）	＞2.0	1.0～2.0	0.5～1.0	0.2～0.5	≤0.2		
	面积（hm²）	640.3	2 083.7	6 915.9	5 716	575.3		
	占比（%）	4	13.1	43.4	35.9	3.6		
有效钼	分级标准（mg/kg）	＞0.5	0.2～0.5	0.15～0.2	0.1～0.15	≤0.1		
	面积（hm²）			246.3	14 467.6	1 217.5		
	占比（%）			1.5	90.8	7.6		
有效锌	分级标准（mg/kg）	＞0.5	0.2～0.5	0.15～0.2	0.1～0.15	≤0.1		
	面积（hm²）	0.71	4 388.6	9 375.05	2 104.68	62.27		
	占比（%）	0	27.5	58.8	13.2	0.4		
有效铜	分级标准（mg/kg）	＞1.8	1.0～1.8	0.2～1.0	0.1～0.2	≤0.1		
	面积（hm²）	0.8	880.9	15 049.6				
	占比（%）	0	5.5	94.5				
有效铁	分级标准（mg/kg）	＞20.0	10.0～20.0	4.5～10.0	2.5～4.5	≤2.5		
	面积（hm²）	0.7	6 345.7	9 584.9				
	占比（%）	0	39.8	60.2				
有效锰	分级标准（mg/kg）	＞30.0	15.0～30.0	5.0～15.0	1.0～5.0	≤1.0		
	面积（hm²）		3 084.7	12 846.6				
	占比（%）		19.4	80.6				

附表 5 固阳县不同地力等级耕地养分分级面积统计表

一级地耕地养分分级面积统计表

有机质	分级标准（g/kg）	>40	30～40	20～30	10～20	6～10	≤6	
	面积（hm^2）	51.0	88.1	1 434.2	9 584.8	1 828.0	36.0	
	占比（%）	0.4	0.7	11.0	73.6	14.0	0.3	
全氮	分级标准（g/kg）	>2.0	1.5～2.0	1.0～1.5	0.75～1.0	0.5～0.75	≤0.5	
	面积（hm^2）	118.8	179.3	2 919.8	5 518.2	3 968.2	317.9	
	占比（%）	0.9	1.4	22.4	42.4	30.5	2.4	
碱解氮	分级标准（mg/kg）	>250	200～250	150～200	100～150	50～100	≤50	
	面积（hm^2）			2 828.4	9 367.1	758.9	67.7	
	占比（%）			21.7	71.9	5.8	0.5	
有效磷	分级标准（mg/kg）	>40	20～40	10～20	5～10	3～5	≤3	
	面积（hm^2）	110.8	516.6	3 263.1	7 128.6	1 834.0	168.9	
	占比（%）	0.9	4.0	25.1	54.7	14.1	1.3	
速效钾	分级标准（mg/kg）	>200	150～200	100～150	50～100	30～50	≤30	
	面积（hm^2）	1 910.7	2 662.8	6 636.1	1 809.9	2.5		
	占比（%）	14.7	20.4	51.0	13.9	0.0		
缓效钾	分级标准（mg/kg）	>400	350～400	300～350	250～300	200～250	150～200	≤150
	面积（hm^2）	12 974.2	47.9					
	占比（%）	99.6	0.4					
有效硫	分级标准（mg/kg）	>50	40～50	30～40	20～30	15～20	10～15	≤10
	面积（hm^2）	523.9	659.7	1 687.9	4 467.3	3 887.8	1 624.7	170.8
	占比（%）	4.0	5.1	13.0	34.3	29.9	12.5	1.3
有效硅	分级标准（mg/kg）	>600	500～600	400～500	300～400	200～300	100～200	≤100
	面积（hm^2）					183.2	6 895.6	5 943.2
	占比（%）					1.4	53.0	45.6
有效硼	分级标准（mg/kg）	>2.0	1.0～2.0	0.5～1.0	0.2～0.5	≤0.2		
	面积（hm^2）	549.0	2 919.8	6 255.0	2 996.4	302.0		
	占比（%）	4.2	22.4	48.0	23.0	2.3		
有效钼	分级标准（mg/kg）	>0.5	0.2～0.5	0.15～0.2	0.1～0.15	≤0.1		
	面积（hm^2）		224.9	1 128.9	8 334.7	3 333.5		
	占比（%）		1.7	8.7	64.0	25.6		
有效锌	分级标准（mg/kg）	>0.5	0.2～0.5	0.15～0.2	0.1～0.15	≤0.1		
	面积（hm^2）	326.0	7 405.8	5 040.0	250.2			
	占比（%）	2.5	56.9	38.7	1.9			

（续）

有效铜	分级标准（mg/kg）	＞1.8	1.0～1.8	0.2～1.0	0.1～0.2	≤0.1		
	面积（hm^2）			7 242.9	5 604.3	174.9		
	占比（%）			55.6	43.0	1.3		
有效铁	分级标准（mg/kg）	＞20.0	10.0～20.0	4.5～10.0	2.5～4.5	≤2.5		
	面积（hm^2）	356.1	2 002.6	10 124.8	538.4			
	占比（%）	2.7	15.4	77.8	4.1			
有效锰	分级标准（mg/kg）	＞30.0	15.0～30.0	5.0～15.0	1.0～5.0	≤1.0		
	面积（hm^2）		1 359.6	11 425.2	237.2			
	占比（%）		10.4	87.7	1.8			

二级地耕地养分分级面积统计表

有机质	分级标准（g/kg）	＞40	30～40	20～30	10～20	6～10	≤6	
	面积（hm^2）	3.0	246.4	3 613.7	20 483.1	2 448.0	5.8	
	占比（%）	0.0	0.9	13.5	76.4	9.1	0.0	
全氮	分级标准（g/kg）	＞2.0	1.5～2.0	1.0～1.5	0.75～1.0	0.5～0.75	≤0.5	
	面积（hm^2）	50.5	879.2	10 252.0	9 565.7	5 646.6	406.0	
	占比（%）	0.2	3.3	38.3	35.7	21.1	1.5	
碱解氮	分级标准（mg/kg）	＞250	200～250	150～200	100～150	50～100	≤50	
	面积（hm^2）		2 990.6	21 844.6	1 848.9	100.4	15.6	
	占比（%）		11.2	81.5	6.9	0.4	0.1	
有效磷	分级标准（mg/kg）	＞40	20～40	10～20	5～10	3～5	≤3	
	面积（hm^2）	31.9	965.1	6 989.6	14 242.8	4 023.1	547.6	
	占比（%）	0.1	3.6	26.1	53.1	15.0	2.0	
速效钾	分级标准（mg/kg）	＞200	150～200	100～150	50～100	30～50	≤30	
	面积（hm^2）	2 503.9	8 344.0	12 218.7	3 725.5	7.9		
	占比（%）	9.3	31.1	45.6	13.9	0.0		
缓效钾	分级标准（mg/kg）	＞400	350～400	300～350	250～300	200～250	150～200	≤150
	面积（hm^2）	26 705.4	94.6					
	占比（%）	99.6	0.4					
有效硫	分级标准（mg/kg）	＞50	40～50	30～40	20～30	15～20	10～15	≤10
	面积（hm^2）	386.0	568.4	2 604.6	10 058.3	6 147.1	4 370.5	2 665.2
	占比（%）	1.4	2.1	9.7	37.5	22.9	16.3	9.9
有效硅	分级标准（mg/kg）	＞600	500～600	400～500	300～400	200～300	100～200	≤100
	面积（hm^2）					984.5	19 375.9	6 439.7
	占比（%）					3.7	72.3	24.0

（续）

有效硼	分级标准（mg/kg）	＞2.0	1.0～2.0	0.5～1.0	0.2～0.5	≤0.2		
	面积（hm^2）	454.7	7 759.3	11 950.1	6 124.5	511.3		
	占比（%）	1.7	29.0	44.6	22.9	1.9		
有效钼	分级标准（mg/kg）	＞0.5	0.2～0.5	0.15～0.2	0.1～0.15	≤0.1		
	面积（hm^2）		146.4	1 960.7	20 084.1	4 608.9		
	占比（%）		0.5	7.3	74.9	17.2		
有效锌	分级标准（mg/kg）	＞0.5	0.2～0.5	0.15～0.2	0.1～0.15	≤0.1		
	面积（hm^2）	12.8	9 159.6	16 460.3	1 163.8	3.5		
	占比（%）	0.0	34.2	61.4	4.3	0.0		
有效铜	分级标准（mg/kg）	＞1.8	1.0～1.8	0.2～1.0	0.1～0.2	≤0.1		
	面积（hm^2）			19 196.2	7 584.4	19.4		
	占比（%）			71.6	28.3	0.1		
有效铁	分级标准（mg/kg）	＞20.0	10.0～20.0	4.5～10.0	2.5～4.5	≤2.5		
	面积（hm^2）	206.4	2 030.8	23 198.6	1 364.3			
	占比（%）	0.8	7.6	86.6	5.1			
有效锰	分级标准（mg/kg）	＞30.0	15.0～30.0	5.0～15.0	1.0～5.0	≤1.0		
	面积（hm^2）		1 688.3	24 620.4	491.3			
	占比（%）		6.3	91.9	1.8			

三级地耕地养分分级面积统计表

有机质	分级标准（g/kg）	＞40	30～40	20～30	10～20	6～10	≤6	
	面积（hm^2）	270.9	958.2	7 063.2	30 118.7	1 591.5	0.9	
	占比（%）	0.7	2.4	17.7	75.3	4.0	0.0	
全氮	分级标准（g/kg）	＞2.0	1.5～2.0	1.0～1.5	0.75～1.0	0.5～0.75	≤0.5	
	面积（hm^2）	443.8	2 236.6	17 676.7	14 259.4	5 113.6	273.3	
	占比（%）	1.1	5.6	44.2	35.6	12.8	0.7	
碱解氮	分级标准（mg/kg）	＞250	200～250	150～200	100～150	50～100	≤50	
	面积（hm^2）		2 273.1	32 180.6	5 351.6	195.1	2.9	
	占比（%）		5.7	80.4	13.4	0.5	0.0	
有效磷	分级标准（mg/kg）	＞40	20～40	10～20	5～10	3～5	≤3	
	面积（hm^2）	97.4	1 662.0	13 885.1	20 605.2	3 634.7	118.9	
	占比（%）	0.2	4.2	34.7	51.5	9.1	0.3	
速效钾	分级标准（mg/kg）	＞200	150～200	100～150	50～100	30～50	≤30	
	面积（hm^2）	4 054.7	11 978.8	20 045.7	3 923.0	1.1		
	占比（%）	10.1	29.9	50.1	9.8	0.0		

（续）

缓效钾	分级标准（mg/kg）	＞400	350～400	300～350	250～300	200～250	150～200	≤150
	面积（hm²）	39 879.9	121.6	1.8				
	占比（%）	99.7	0.3	0.0				
有效硫	分级标准（mg/kg）	＞50	40～50	30～40	20～30	15～20	10～15	≤10
	面积（hm²）	749.9	966.3	3 929.2	16 093.7	11 451.3	4 298.2	2 514.7
	占比（%）	1.9	2.4	9.8	40.2	28.6	10.7	6.3
有效硅	分级标准（mg/kg）	＞600	500～600	400～500	300～400	200～300	100～200	≤100
	面积（hm²）					1 560.4	31 938.1	6 504.9
	占比（%）					3.9	79.8	16.3
有效硼	分级标准（mg/kg）	＞2.0	1.0～2.0	0.5～1.0	0.2～0.5	≤0.2		
	面积（hm²）	721.2	12 015.8	20 492.3	6 200.0	574.0		
	占比（%）	1.8	30.0	51.2	15.5	1.4		
有效钼	分级标准（mg/kg）	＞0.5	0.2～0.5	0.15～0.2	0.1～0.15	≤0.1		
	面积（hm²）		505.8	4 359.4	31 398.8	3 739.3		
	占比（%）		1.3	10.9	78.5	9.3		
有效锌	分级标准（mg/kg）	＞0.5	0.2～0.5	0.15～0.2	0.1～0.15	≤0.1		
	面积（hm²）	14.6	11 607.6	26 783.4	1 577.7	20.0		
	占比（%）	0.0	29.0	67.0	3.9	0.0		
有效铜	分级标准（mg/kg）	＞1.8	1.0～1.8	0.2～1.0	0.1～0.2	≤0.1		
	面积（hm²）			31 628.3	8 367.4	7.6		
	占比（%）			79.1	20.9	0.0		
有效铁	分级标准（mg/kg）	＞20.0	10.0～20.0	4.5～10.0	2.5～4.5	≤2.5		
	面积（hm²）	67.2	6 379.7	32 461.5	1 094.8			
	占比（%）	0.2	15.9	81.1	2.7			
有效锰	分级标准（mg/kg）	＞30.0	15.0～30.0	5.0～15.0	1.0～5.0	≤1.0		
	面积（hm²）		1 581.8	38 023.5	398.0			
	占比（%）		4.0	95.1	1.0			

四级地耕地养分分级面积统计表

有机质	分级标准（g/kg）	＞40	30～40	20～30	10～20	6～10	≤6	
	面积（hm²）	412.78	1 014.12	4 444.03	18 552.15	202.00		
	占比（%）	1.68	4.12	18.05	75.34	0.82		
全氮	分级标准（g/kg）	＞2.0	1.5～2.0	1.0～1.5	0.75～1.0	0.5～0.75	≤0.5	
	面积（hm²）	464.63	1 371.46	10 965.16	9 571.99	2 242.69	9.15	
	占比（%）	1.89	5.57	44.53	38.87	9.11	0.04	

（续）

碱解氮	分级标准（mg/kg）	>250	200～250	150～200	100～150	50～100	≤50	
	面积（hm^2）		971.47	19 288.62	4 060.23	297.20	7.56	
	占比（%）		3.95	78.33	16.49	1.21	0.03	
有效磷	分级标准（mg/kg）	>40	20～40	10～20	5～10	3～5	≤3	
	面积（hm^2）	270.83	1 909.22	9 617.70	11 398.41	1 414.41	14.51	
	占比（%）	1.10	7.75	39.06	46.29	5.74	0.06	
速效钾	分级标准（mg/kg）	>200	150～200	100～150	50～100	30～50	≤30	
	面积（hm^2）	3 978.05	5 612.57	11 370.91	3 663.49	0.06		
	占比（%）	16.15	22.79	46.18	14.88	0.00		
缓效钾	分级标准（mg/kg）	>400	350～400	300～350	250～300	200～250	150～200	≤150
	面积（hm^2）	24 548.32	55.25	21.51				
	占比（%）	99.69	0.22	0.09				
有效硫	分级标准（mg/kg）	>50	40～50	30～40	20～30	15～20	10～15	≤10
	面积（hm^2）	449.92	686.53	1 809.31	8 415.61	6 781.71	5 118.80	1 363.20
	占比（%）	1.83	2.79	7.35	34.17	27.54	20.79	5.54
有效硅	分级标准（mg/kg）	>600	500～600	400～500	300～400	200～300	100～200	≤100
	面积（hm^2）					1 003.62	21 327.31	2 294.15
	占比（%）					4.08	86.61	9.32
有效硼	分级标准（mg/kg）	>2.0	1.0～2.0	0.5～1.0	0.2～0.5	≤0.2		
	面积（hm^2）	518.41	6 479.13	12 797.83	4 534.70	295.01		
	占比（%）	2.11	26.31	51.97	18.41	1.20		
有效钼	分级标准（mg/kg）	>0.5	0.2～0.5	0.15～0.2	0.1～0.15	≤0.1		
	面积（hm^2）	37.11	1 204.63	3 014.26	19 053.03	1 316.05		
	占比（%）	0.15	4.89	12.24	77.37	5.34		
有效锌	分级标准（mg/kg）	>0.5	0.2～0.5	0.15～0.2	0.1～0.15	≤0.1		
	面积（hm^2）		6 553.74	16 667.59	1 388.51	15.24		
	占比（%）		26.61	67.69	5.64	0.06		
有效铜	分级标准（mg/kg）	>1.8	1.0～1.8	0.2～1.0	0.1～0.2	≤0.1		
	面积（hm^2）			21 016.76	3 606.21	2.11		
	占比（%）			85.35	14.64	0.01		
有效铁	分级标准（mg/kg）	>20.0	10.0～20.0	4.5～10.0	2.5～4.5	≤2.5		
	面积（hm^2）	26.46	5 328.14	18 819.23	451.25			
	占比（%）	0.11	21.64	76.42	1.83			
有效锰	分级标准（mg/kg）	>30.0	15.0～30.0	5.0～15.0	1.0～5.0	≤1.0		
	面积（hm^2）		2 053.75	22 497.85	73.48			
	占比（%）		8.34	91.36	0.30			

五级地耕地养分分级面积统计表

有机质	分级标准（g/kg）	>40	30～40	20～30	10～20	6～10	≤6	
	面积（hm²）		23.5	1 821.1	13 110.9	203.6		
	占比（%）		0.2	12.0	86.5	1.3		
全氮	分级标准（g/kg）	>2.0	1.5～2.0	1.0～1.5	0.75～1.0	0.5～0.75	≤0.5	
	面积（hm²）		65.7	5 301.6	7 464.7	2 327.1		
	占比（%）		0.4	35.0	49.2	15.4		
碱解氮	分级标准（mg/kg）	>250	200～250	150～200	100～150	50～100	≤50	
	面积（hm²）			776.0	12 897.6	1 392.4	93.0	
	占比（%）			5.1	85.1	9.2	0.6	
有效磷	分级标准（mg/kg）	>40	20～40	10～20	5～10	3～5	≤3	
	面积（hm²）		525.3	3 221.0	10 335.7	1 074.6	2.4	
	占比（%）		3.5	21.2	68.2	7.1	0.0	
速效钾	分级标准（mg/kg）	>200	150～200	100～150	50～100	30～50	≤30	
	面积（hm²）	883.9	2 260.4	8 875.5	3 126.4	12.9		
	占比（%）	5.8	14.9	58.5	20.6	0.1		
缓效钾	分级标准（mg/kg）	>400	350～400	300～350	250～300	200～250	150～200	≤150
	面积（hm²）	15 119.5	35.7	3.8				
	占比（%）	99.7	0.2	0.0				
有效硫	分级标准（mg/kg）	>50	40～50	30～40	20～30	15～20	10～15	≤10
	面积（hm²）	160.8	114.0	1 366.8	4 464.8	5 773.4	2 245.4	1 033.9
	占比（%）	1.1	0.8	9.0	29.5	38.1	14.8	6.8
有效硅	分级标准（mg/kg）	>600	500～600	400～500	300～400	200～300	100～200	≤100
	面积（hm²）					349.1	11 657.3	3 152.7
	占比（%）					2.3	76.9	20.8
有效硼	分级标准（mg/kg）	>2.0	1.0～2.0	0.5～1.0	0.2～0.5	≤0.2		
	面积（hm²）	3.1	2 531.4	8 935.8	3 520.3	168.5		
	占比（%）	0.0	16.7	58.9	23.2	1.1		
有效钼	分级标准（mg/kg）	>0.5	0.2～0.5	0.15～0.2	0.1～0.15	≤0.1		
	面积（hm²）	98.8	149.4	1 962.8	11 371.9	1 576.2		
	占比（%）	0.7	1.0	12.9	75.0	10.4		
有效锌	分级标准（mg/kg）	>0.5	0.2～0.5	0.15～0.2	0.1～0.15	≤0.1		
	面积（hm²）		773.4	12 878.8	1 474.3	32.5		
	占比（%）		5.1	85.0	9.7	0.2		
有效铜	分级标准（mg/kg）	>1.8	1.0～1.8	0.2～1.0	0.1～0.2	≤0.1		
	面积（hm²）			14 598.0	561.0			
	占比（%）			96.3	3.7			
有效铁	分级标准（mg/kg）	>20.0	10.0～20.0	4.5～10.0	2.5～4.5	≤2.5		
	面积（hm²）		2 026.7	12 768.4	363.9			
	占比（%）		13.4	84.2	2.4			
有效锰	分级标准（mg/kg）	>30.0	15.0～30.0	5.0～15.0	1.0～5.0	≤1.0		
	面积（hm²）		733.8	14 382.5	42.7			
	占比（%）		4.8	94.9	0.3			

附表 6 固阳县及各乡镇不同地力等级耕地养分含量统计表

固阳县不同地力等级耕地养分含量统计表

县域地力等级	pH	有机质(g/kg)	全氮(g/kg)	有效磷(mg/kg)	速效钾(mg/kg)	有效硼(mg/kg)	有效钼(mg/kg)	有效锌(mg/kg)	有效铜(mg/kg)	有效铁(mg/kg)	有效锰(mg/kg)	全磷(g/kg)	全钾(g/kg)	缓效钾(mg/kg)	阳离子交换量(cmol/kg)	有效硅(mg/kg)	有效硫(mg/kg)
一级地	8.2	14.77	0.89	10.7	162	0.88	0.12	1.32	0.95	8.63	11.01	0.12	17.88	656	9.21	140.86	22.16
二级地	8.2	15.26	0.93	9.5	156	0.82	0.12	1.02	0.88	7.27	9.75	0.15	19.03	741	10.02	121.33	22.35
三级地	8.2	17.34	1.03	10.8	164	0.87	0.12	0.99	0.85	7.83	9.98	0.15	18.74	699	10.06	118.45	23.54
四级地	8.1	21.02	1.20	13.8	184	0.93	0.13	1.02	0.83	8.69	10.56	0.16	19.45	760	9.78	114.32	22.04
五级地	8.2	16.52	0.98	10.2	143	0.69	0.13	0.77	0.74	8.48	9.72	0.16	19.01	750	9.78	113.51	23.21

怀朔镇不同地力等级耕地养分含量统计表

县域地力等级	pH	有机质(g/kg)	全氮(g/kg)	有效磷(mg/kg)	速效钾(mg/kg)	有效硼(mg/kg)	有效钼(mg/kg)	有效锌(mg/kg)	有效铜(mg/kg)	有效铁(mg/kg)	有效锰(mg/kg)	全磷(g/kg)	全钾(g/kg)	缓效钾(mg/kg)	阳离子交换量(cmol/kg)	有效硅(mg/kg)	有效硫(mg/kg)
一级地	8.3	13.35	0.83	9.8	158	1.19	0.11	0.83	0.59	5.43	8.66	0.12	17.88	656	9.21	140.86	22.16
二级地	8.3	14.91	0.88	9.9	144	0.63	0.13	0.75	0.74	7.21	7.58	0.15	19.03	741	10.02	121.33	22.35
三级地	8.3	15.01	0.90	9.4	139	0.75	0.13	0.72	0.75	6.90	8.00	0.15	18.74	699	10.06	118.45	23.54
四级地	8.3	15.25	0.91	9.7	133	0.69	0.14	0.72	0.78	7.15	8.03	0.16	19.45	760	9.78	114.32	22.04
五级地	8.3	15.13	0.89	10.5	138	0.71	0.14	0.74	0.73	7.46	7.99	0.16	19.01	750	9.78	113.51	23.21

金山镇不同地力等级耕地养分含量统计表

县域地力等级	pH	有机质(g/kg)	全氮(g/kg)	有效磷(mg/kg)	速效钾(mg/kg)	有效硼(mg/kg)	有效钼(mg/kg)	有效锌(mg/kg)	有效铜(mg/kg)	有效铁(mg/kg)	有效锰(mg/kg)	全磷(g/kg)	全钾(g/kg)	缓效钾(mg/kg)	阳离子交换量(cmol/kg)	有效硅(mg/kg)	有效硫(mg/kg)
一级地	8. 2	14. 30	0. 85	10. 7	159	0. 88	0. 11	1. 37	0. 91	8. 79	11. 20	0. 13	23. 19	776	10. 26	104. 74	25. 93
二级地	8. 3	13. 20	0. 79	8. 8	148	0. 73	0. 11	1. 11	0. 81	7. 28	10. 41	0. 11	21. 67	705	10. 61	101. 97	22. 82
三级地	8. 3	12. 53	0. 77	7. 8	148	0. 68	0. 11	0. 97	0. 77	6. 57	10. 31	0. 12	22. 67	699	9. 78	98. 73	23. 38
四级地	8. 3	11. 62	0. 68	4. 2	127	0. 40	0. 13	0. 55	0. 81	5. 96	8. 41	0. 16	22. 89	696	9. 32	101. 22	22. 08

西斗铺镇不同地力等级耕地养分含量统计表

县域地力等级	pH	有机质(g/kg)	全氮(g/kg)	有效磷(mg/kg)	速效钾(mg/kg)	有效硼(mg/kg)	有效钼(mg/kg)	有效锌(mg/kg)	有效铜(mg/kg)	有效铁(mg/kg)	有效锰(mg/kg)	全磷(g/kg)	全钾(g/kg)	缓效钾(mg/kg)	阳离子交换量(cmol/kg)	有效硅(mg/kg)	有效硫(mg/kg)
一级地	8. 3	14. 87	0. 91	11. 5	193	1. 01	0. 12	1. 29	1. 08	7. 86	10. 03	0. 17	18. 27	869	11. 37	103. 90	26. 02
二级地	8. 3	14. 71	0. 92	8. 6	168	0. 96	0. 12	1. 00	0. 97	6. 60	8. 93	0. 15	18. 37	777	11. 29	111. 03	20. 68
三级地	8. 3	15. 34	0. 94	9. 7	168	0. 95	0. 12	1. 05	0. 97	6. 67	8. 95	0. 16	18. 28	797	11. 10	111. 66	21. 11
四级地	8. 3	17. 13	1. 03	8. 8	148	1. 02	0. 12	0. 91	0. 98	6. 63	8. 60	0. 15	18. 11	777	9. 65	129. 34	18. 54
五级地	8. 3	15. 85	0. 95	8. 3	133	1. 01	0. 12	0. 94	0. 93	6. 56	8. 89	0. 17	18. 20	776	9. 30	124. 23	28. 09

下湿壕镇不同地力等级耕地养分含量统计表

县域地力等级	pH	有机质(g/kg)	全氮(g/kg)	有效磷(mg/kg)	速效钾(mg/kg)	有效硼(mg/kg)	有效钼(mg/kg)	有效锌(mg/kg)	有效铜(mg/kg)	有效铁(mg/kg)	有效锰(mg/kg)	全磷(g/kg)	全钾(g/kg)	缓效钾(mg/kg)	阳离子交换量(cmol/kg)	有效硅(mg/kg)	有效硫(mg/kg)
一级地	8. 1	18. 16	1. 20	8. 5	132	0. 58	0. 13	1. 09	1. 10	8. 94	11. 41	0. 17	20. 14	677	13. 76	154. 74	23. 14
二级地	8. 1	19. 29	1. 20	9. 6	151	0. 63	0. 13	1. 15	1. 00	9. 99	10. 32	0. 21	20. 63	788	14. 25	145. 08	21. 18
三级地	8. 0	23. 71	1. 39	12. 4	166	0. 76	0. 13	1. 19	1. 01	11. 78	11. 41	0. 24	21. 38	914	15. 82	162. 02	21. 09
四级地	8. 0	25. 13	1. 42	12. 1	171	0. 85	0. 13	1. 15	1. 00	12. 01	11. 68	0. 25	21. 32	964	15. 56	170. 04	20. 94
五级地	8. 1	22. 33	1. 28	10. 4	161	0. 80	0. 13	1. 15	1. 03	10. 89	12. 98	0. 21	20. 44	814	13. 73	154. 15	21. 59

兴顺西镇不同地力等级耕地养分含量统计表

县域地力等级	pH	有机质(g/kg)	全氮(g/kg)	有效磷(mg/kg)	速效钾(mg/kg)	有效硼(mg/kg)	有效钼(mg/kg)	有效锌(mg/kg)	有效铜(mg/kg)	有效铁(mg/kg)	有效锰(mg/kg)	全磷(g/kg)	全钾(g/kg)	缓效钾(mg/kg)	阳离子交换量(cmol/kg)	有效硅(mg/kg)	有效硫(mg/kg)
一级地	8.2	17.17	1.01	11.6	164	0.92	0.13	0.90	0.96	5.89	9.29	0.15	20.59	908	11.08	139.97	38.49
二级地	8.1	16.82	1.03	10.0	154	1.01	0.12	0.91	0.86	6.09	9.33	0.15	19.74	738	11.69	152.62	25.73
三级地	8.1	17.17	1.03	11.4	160	1.04	0.13	0.95	0.83	6.09	9.43	0.15	20.04	776	12.06	148.06	25.76
四级地	8.2	16.88	1.05	11.2	143	0.96	0.13	0.93	0.76	5.98	8.52	0.15	19.76	717	10.90	144.93	24.23
五级地	8.2	18.15	1.05	10.4	140	0.71	0.13	0.92	0.83	6.84	9.62	0.16	19.73	775	10.54	138.20	28.40

银号镇不同地力等级耕地养分含量统计表

县域地力等级	pH	有机质(g/kg)	全氮(g/kg)	有效磷(mg/kg)	速效钾(mg/kg)	有效硼(mg/kg)	有效钼(mg/kg)	有效锌(mg/kg)	有效铜(mg/kg)	有效铁(mg/kg)	有效锰(mg/kg)	全磷(g/kg)	全钾(g/kg)	缓效钾(mg/kg)	阳离子交换量(cmol/kg)	有效硅(mg/kg)	有效硫(mg/kg)
一级地	8.3	17.15	0.95	13.2	178	0.83	0.13	1.02	0.91	10.20	11.21	0.20	24.21	895	15.16	104.29	24.20
二级地	8.2	18.38	1.10	13.6	163	0.68	0.12	0.92	0.82	8.82	11.65	0.18	24.30	894	13.07	141.61	21.40
三级地	8.1	22.05	1.22	15.0	210	0.97	0.12	1.06	0.77	10.26	12.15	0.19	24.66	974	12.95	139.09	22.18
四级地	8.0	26.54	1.43	19.5	251	1.03	0.13	1.22	0.79	10.89	13.42	0.22	25.51	1074	13.14	154.96	22.40
五级地	8.1	17.59	1.06	10.0	149	0.63	0.12	0.75	0.71	9.61	11.51	0.19	24.31	945	12.95	139.05	17.80

附表 7　固阳县及各乡镇不同地力等级耕地成土母质、地貌类型、地形部位、侵蚀程度、抗旱能力、有效土层厚度、质地面积统计表

固阳县不同地力等级耕地成土母质、地貌类型、地形部位、侵蚀程度、抗旱能力、有效土层厚度、质地面积统计表（hm^2）

地力等级		一级地	二级地	三级地	四级地	五级地	合计
成土母质	残坡积物母质	9 823.1	16 087.7	13 425.3	12 283.7	3 707.8	55 327.6
	冲洪积物母质	1 253.1	2 997.6	1 872.7	12.7	0.0	6 136.1
	红土状物母质（泥质沙砾岩）	164.0	4 648.4	21 718.2	12 224.8	11 402.6	50 157.9
	黄土状物母质	1 781.8	3 066.3	2 987.2	103.9	48.7	7 987.9
地貌类型	堆积地形	2 832.2	612.6	504.2	105.2	0.0	4 054.1
	丘陵区	4 440.1	16 265.9	27 320.3	15 624.7	10 457.0	74 107.9
	中低山区	5 749.8	9 921.5	12 178.9	8 895.2	4 702.0	41 447.4
地形部位	平地	8 780.4	11 154.3	4 056.9	198.1	0.0	24 189.7
	丘间洼地	1 257.3	3 111.1	1 986.3	12.7	0.0	6 367.4
	丘坡麓	2 217.8	10 431.3	30 524.5	13 302.7	9 707.4	66 183.6
	丘坡面	766.5	2 103.3	3 435.6	11 111.6	5 451.6	22 868.7
侵蚀程度	重度侵蚀	497.5	1 260.5	2 324.8	557.7	586.7	5 227.2
	中度侵蚀	507.0	2 625.4	3 852.1	7 668.6	6 263.7	20 916.7
	轻度侵蚀	4 421.7	9 616.5	11 790.9	5 415.7	1 657.3	32 902.2
	无侵蚀	7 595.8	13 297.7	22 035.5	10 983.0	6 651.3	60 563.3
抗旱能力	强	349.0	91.0	303.1	0.0	0.0	743.1
	中	10 419.0	18 321.5	29 994.8	16 923.7	14 286.8	89 945.8
	弱	2 254.0	8 387.5	9 705.5	7 701.4	872.2	28 920.6
有效土层厚度	≥40cm	9 475.3	21 138.3	29 049.7	11 373.6	8 144.1	79 181.1
	20～40cm	3 546.7	5 661.7	10 953.6	13 251.4	7 015.0	40 428.4
质地	壤土	1 650.1	3 127.9	7 279.7	972.6	235.1	13 265.3
	沙壤	11 372.0	22 531.6	31 633.1	23 652.5	14 924.0	104 113.1
	黏壤	0.0	1 140.6	1 090.5	0.0	0.0	2 231.1

怀朔镇不同地力等级耕地成土母质、地貌类型、地形部位、侵蚀程度、抗旱能力、有效土层厚度、质地面积统计表（hm²）

地力等级		一级地	二级地	三级地	四级地	五级地	合计
成土母质	残坡积物母质	74.7	1 050.5	3 519.0	4 281.4	2 623.6	11 549.3
	冲洪积物母质	25.3	579.2	1 704.4	12.7		2 321.6
	红土状物母质（泥质沙砾岩）		23.7	1 298.4	3 707.5	8 038.0	13 067.6
	黄土状物母质		9.6	25.5	3.3	25.7	64.1
地貌类型	堆积地形		97.1	204.0	18.0		319.1
	丘陵区	100.1	1 183.1	5 963.8	5 894.1	9 940.3	23 081.3
	中低山区		382.9	379.3	2 092.7	747.1	3 602.1
地形部位	平地	74.7	1 039.6	2 247.2	198.1		3 559.7
	丘间洼地	25.3	579.2	1 723.6	12.7		2 340.8
	丘坡麓		35.1	1 751.8	4 217.9	6 971.3	12 976.1
	丘坡面		9.2	824.6	3 576.1	3 716.1	8 126.0
侵蚀程度	重度侵蚀					8.2	8.2
	中度侵蚀		124.8	808.1	602.9	3 381.5	4 917.3
	轻度侵蚀		83.7	837.3	520.5	809.6	2 251.2
	无侵蚀	100.1	1 454.6	4 901.8	6 881.5	6 488.0	19 825.9
抗旱能力	强		50.6	303.1			353.6
	中	83.1	966.6	4 151.8	5 719.6	10 175.3	21 096.5
	弱	17.0	645.9	2 092.4	2 285.2	512.1	5 552.4
有效土层厚度	≥40cm	100.1	1 427.3	5 286.1	5 649.8	7 001.9	19 465.0
	20～40cm		235.8	1 261.1	2 355.1	3 685.5	7 537.5
质地	壤土	17.0	197.5	535.0	97.9	182.1	1 029.4
	沙壤	83.1	1 270.6	4 921.7	7 906.9	10 505.3	24 687.6
	黏壤		195.0	1 090.5			1 285.5

金山镇不同地力等级耕地成土母质、地貌类型、地形部位、侵蚀程度、抗旱能力、有效土层厚度、质地面积统计表（hm²）

地力等级		一级地	二级地	三级地	四级地	五级地	合计
成土母质	残坡积物母质	6 148.5	3 387.7	248.2			9 784.4
	冲洪积物母质	127.5	1.4				128.9
	红土状物母质（泥质沙砾岩）	124.4	2 658.1	3 172.3	84.5		6 039.2
	黄土状物母质	1 727.0	819.3	20.6			2 566.8
地貌类型	堆积地形	1 992.8	75.5	0.1			2 068.4
	丘陵区	2 852.6	3 741.0	1 913.1	84.5		8 591.2
	中低山区	3 281.9	3 049.9	1 527.9			7 859.7

（续）

地力等级		一级地	二级地	三级地	四级地	五级地	合计
地形部位	平地	5 106.2	135.7				5 241.9
	丘间洼地	127.5	1.4				128.9
	丘坡麓	2 127.1	5 400.2	3 192.9	84.5		10 804.6
	丘坡面	766.5	1 329.1	248.2			2 343.8
侵蚀程度	重度侵蚀	129.1	587.9	389.4	5.5		1 111.9
	中度侵蚀	336.5	432.9	534.3			1 303.6
	轻度侵蚀	3 110.2	3 891.2	1 324.2	79.1		8 404.6
	无侵蚀	4 551.6	1 954.4	1 193.2			7 699.1
抗旱能力	强	40.7					40.7
	中	6 205.5	4 707.9	3 241.9	84.5		14 239.7
	弱	1 881.1	2 158.5	199.2			4 238.9
有效土层厚度	≥40cm	5 669.5	5 512.7	1 439.1			12 621.4
	20～40cm	2 457.8	1 353.7	2 001.9	84.5		5 897.9
质地	壤土	1 202.7	539.1				1 741.8
	沙壤	6 924.6	6 327.4	3 441.1	84.5		16 777.5
	黏壤						0.0

西斗铺镇不同地力等级耕地成土母质、地貌类型、地形部位、侵蚀程度、抗旱能力、有效土层厚度、质地面积统计表（hm^2）

地力等级		一级地	二级地	三级地	四级地	五级地	合计
成土母质	残坡积物母质	2 198.8	5 703.5	2 518.9	1 616.4		12 037.6
	冲洪积物母质	552.2	725.4	6.3			1 284.0
	红土状物母质（泥质沙砾岩）	22.4	982.9	2 357.1	771.4	157.9	4 291.7
	黄土状物母质		4.2	390.1			394.3
地貌类型	堆积地形	424.8	25.3				450.1
	丘陵区	1 166.6	5 793.5	4 295.3	2 385.1	157.9	13 798.4
	中低山区	1 181.9	1 597.2	977.1	2.7		3 759.0
地形部位	平地	2 198.3	5 220.0	287.0			7 705.3
	丘间洼地	552.7	769.9	14.7			1 337.3
	丘坡麓	22.4	1 379.3	4 158.7	1 535.4	157.9	7 253.7
	丘坡面		46.7	812.0	852.5		1 711.1
侵蚀程度	重度侵蚀	63.2	133.2	384.8	68.2	85.2	734.6
	中度侵蚀		775.4	387.3	1 095.4	72.7	2 330.9
	轻度侵蚀	813.1	3 252.3	1 346.9	640.3		6 052.6
	无侵蚀	1 897.1	3 255.1	3 153.3	584.0		8 889.4

（续）

地力等级		一级地	二级地	三级地	四级地	五级地	合计
抗旱能力	强						0.0
	中	2 675.1	5 699.5	3 159.0	888.8	157.9	12 580.3
	弱	98.2	1 716.5	2 113.4	1 499.0		5 427.2
有效土层厚度	≥40cm	1 748.2	4 566.9	2 429.8	531.2		9 276.1
	20～40cm	1 025.1	2 849.1	2 842.6	1 856.7	157.9	8 731.4
质地	壤土		568.5	220.7	23.1		812.4
	沙壤	2 773.3	6 474.4	5 051.7	2 364.8	157.9	16 822.1
	黏壤		373.1				373.1

下湿壕镇不同地力等级耕地成土母质、地貌类型、地形部位、侵蚀程度、抗旱能力、有效土层厚度、质地面积统计表（hm^2）

地力等级		一级地	二级地	三级地	四级地	五级地	合计
成土母质	残坡积物母质	1 065.6	213.9	431.1	258.2		1 968.8
	冲洪积物母质	436.2	745.8	122.2			1 304.2
	红土状物母质（泥质沙砾岩）	17.3	699.0	4 673.7	1 503.9	310.8	7 204.5
	黄土状物母质	54.9	2 115.2	1 935.3	17.1		4 122.5
地貌类型	堆积地形	288.0	299.0	144.8			731.8
	丘陵区			1.1	0.6	1.3	3.1
	中低山区	1 286.0	3 474.9	7 016.3	1 778.6	309.4	13 865.2
地形部位	平地	1 065.6	68.7	0.6			1 135.0
	丘间洼地	439.9	745.8	122.2			1 307.9
	丘坡麓	68.4	2 602.8	6 424.9	1 378.5	287.0	10 761.5
	丘坡面		356.6	614.6	400.7	23.8	1 395.7
侵蚀程度	重度侵蚀	305.2	329.2	351.3	95.9	134.3	1 215.8
	中度侵蚀	170.5	554.5	1 055.4	954.3	148.0	2 882.7
	轻度侵蚀	495.5	1 570.9	4 357.7	460.0	28.2	6 912.2
	无侵蚀	602.8	1 319.4	1 397.8	269.0	0.4	3 589.3
抗旱能力	强	239.2					239.2
	中	1 077.1	3 399.4	6 411.3	1 601.8	294.6	12 784.2
	弱	257.7	374.6	750.9	177.3	16.2	1 576.7
有效土层厚度	≥40cm	1 527.3	3 581.6	5 894.7	560.4	40.0	11 604.0
	20～40cm	46.6	192.3	1 267.5	1 218.8	270.8	2 996.0
质地	壤土	318.8	1 567.5	5 341.1	236.6		7 463.9
	沙壤	1 255.1	2 206.5	1 821.1	1 542.6	310.8	7 136.1
	黏壤						0.0

兴顺西镇不同地力等级耕地成土母质、地貌类型、地形部位、侵蚀程度、抗旱能力、有效土层厚度、质地面积统计表（hm^2）

地力等级		一级地	二级地	三级地	四级地	五级地	合计
成土母质	残坡积物母质	214.7	3 689.0	5 701.1	4 746.5		14 351.2
	冲洪积物母质		824.8	7.6			832.4
	红土状物母质（泥质沙砾岩）		102.4	8 246.2	1 942.3	63.7	10 354.5
	黄土状物母质		2.9	7.9			10.8
地貌类型	堆积地形						0.0
	丘陵区	214.7	4 577.0	13 770.1	6 688.8	63.7	25 314.2
	中低山区		42.0	192.7			234.7
地形部位	平地	214.7	3 449.5	1 125.6			4 789.8
	丘间洼地		893.8	79.5			973.3
	丘坡麓		275.7	12 250.9	2 508.8	63.6	15 098.9
	丘坡面			506.8	4 180.0	0.0	4 686.8
侵蚀程度	重度侵蚀		157.3	977.9	161.0	1.3	1 297.5
	中度侵蚀		140.1	266.9	2 855.0	62.4	3 324.2
	轻度侵蚀		612.2	2 885.0	1 763.9		5 261.1
	无侵蚀	214.7	3 709.3	9 833.1	1 908.9		15 666.0
抗旱能力	强						0.0
	中	214.7	2 842.1	10 396.8	3 707.5	63.7	17 224.6
	弱		1 776.9	3 566.0	2 981.3		8 324.3
有效土层厚度	≥40cm	197.5	3 694.4	10 781.6	1 702.8	0.0	16 376.4
	20～40cm	17.2	924.6	3 181.2	4 985.9	63.6	9 172.5
质地	壤土		74.4	227.9	21.4		323.6
	沙壤	214.7	3 972.1	13 734.9	6 667.4	63.7	24 652.7
	黏壤		572.6				572.6

银号镇不同地力等级耕地成土母质、地貌类型、地形部位、侵蚀程度、抗旱能力、有效土层厚度、质地面积统计表（hm^2）

地力等级		一级地	二级地	三级地	四级地	五级地	合计
成土母质	残坡积物母质	120.8	2 043.1	1 007.1	1 381.2	1 084.2	5 636.3
	冲洪积物母质	111.9	121.0	32.2			265.1
	红土状物母质（泥质沙砾岩）		182.4	1 970.5	4 215.3	2 832.2	9 200.5
	黄土状物母质		115.2	607.7	83.6	22.9	829.4
地貌类型	堆积地形	126.6	115.7	155.3	87.2		484.8
	丘陵区	106.1	971.3	1 376.8	571.7	293.8	3 319.7
	中低山区	0.0	1 374.6	2 085.6	5 021.2	3 645.5	12 126.8

（续）

地力等级		一级地	二级地	三级地	四级地	五级地	合计
地形部位	平地	120.8	1 240.8	396.4			1 758.0
	丘间洼地	111.9	121.0	46.3			279.2
	丘坡麓		738.2	2 745.3	3 577.6	2 227.6	9 288.8
	丘坡面		361.7	429.5	2 102.4	1 711.7	4 605.3
侵蚀程度	重度侵蚀		52.9	221.4	227.2	357.7	859.2
	中度侵蚀		597.7	800.0	2 161.1	2 599.2	6 158.0
	轻度侵蚀	3.0	206.1	1 039.8	1 952.1	819.5	4 020.5
	无侵蚀	229.7	1 605.0	1 556.4	1 339.6	162.9	4 893.7
抗旱能力	强	69.1	40.4				109.5
	中	163.6	706.1	2 634.1	4 921.5	3 595.3	12 020.6
	弱		1 715.2	983.5	758.5	344.0	3 801.2
有效土层厚度	≥40cm	232.7	2 355.4	3 218.3	2 929.6	1 102.2	9 838.2
	20～40cm	0.0	106.3	399.3	2 750.5	2 837.1	6 093.1
质地	壤土	111.6	181.0	955.0	593.7	53.0	1 894.2
	沙壤	121.1	2 280.7	2 662.6	5 086.3	3 886.4	14 037.1
	黏壤						0.0

图书在版编目（CIP）数据

固阳县耕地与科学施肥 / 韩守忠，苏鹏东主编．—北京：中国农业出版社，2020.7

ISBN 978-7-109-26706-0

Ⅰ. ①固… Ⅱ. ①韩… ②苏… Ⅲ. ①耕作土壤－土壤肥力－土壤评价－固阳县 ②施肥－管理－固阳县 Ⅳ. ①S159.226.4 ②S158 ③S147.2

中国版本图书馆 CIP 数据核字（2020）第 048490 号

中国农业出版社出版

地址：北京市朝阳区麦子店街 18 号楼

邮编：100125

责任编辑：郭　科　孟令洋

版式设计：杨　婧　　责任校对：刘丽香

印刷：北京通州皇家印刷厂

版次：2020 年 7 月第 1 版

印次：2020 年 7 月北京第 1 次印刷

发行：新华书店北京发行所

开本：787mm×1092mm　1/16

印张：13.5　　插页：9

字数：350 千字

定价：60.00 元

附录2　耕地资源图

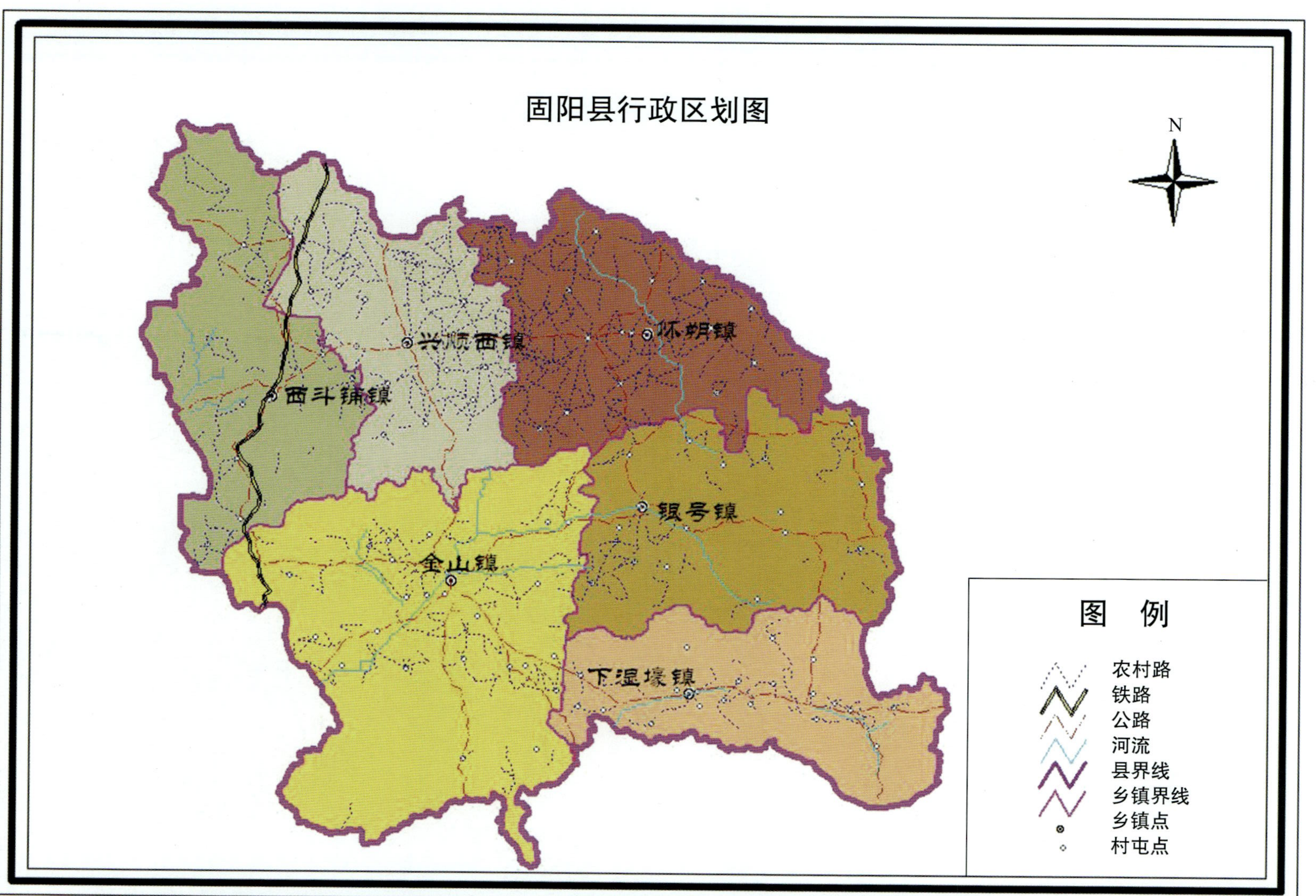

制图单位：包头市固阳县农业技术推广中心　制图人：韩守忠　制图时间：2010年1月　高斯-克吕格投影　北京54大地坐标系

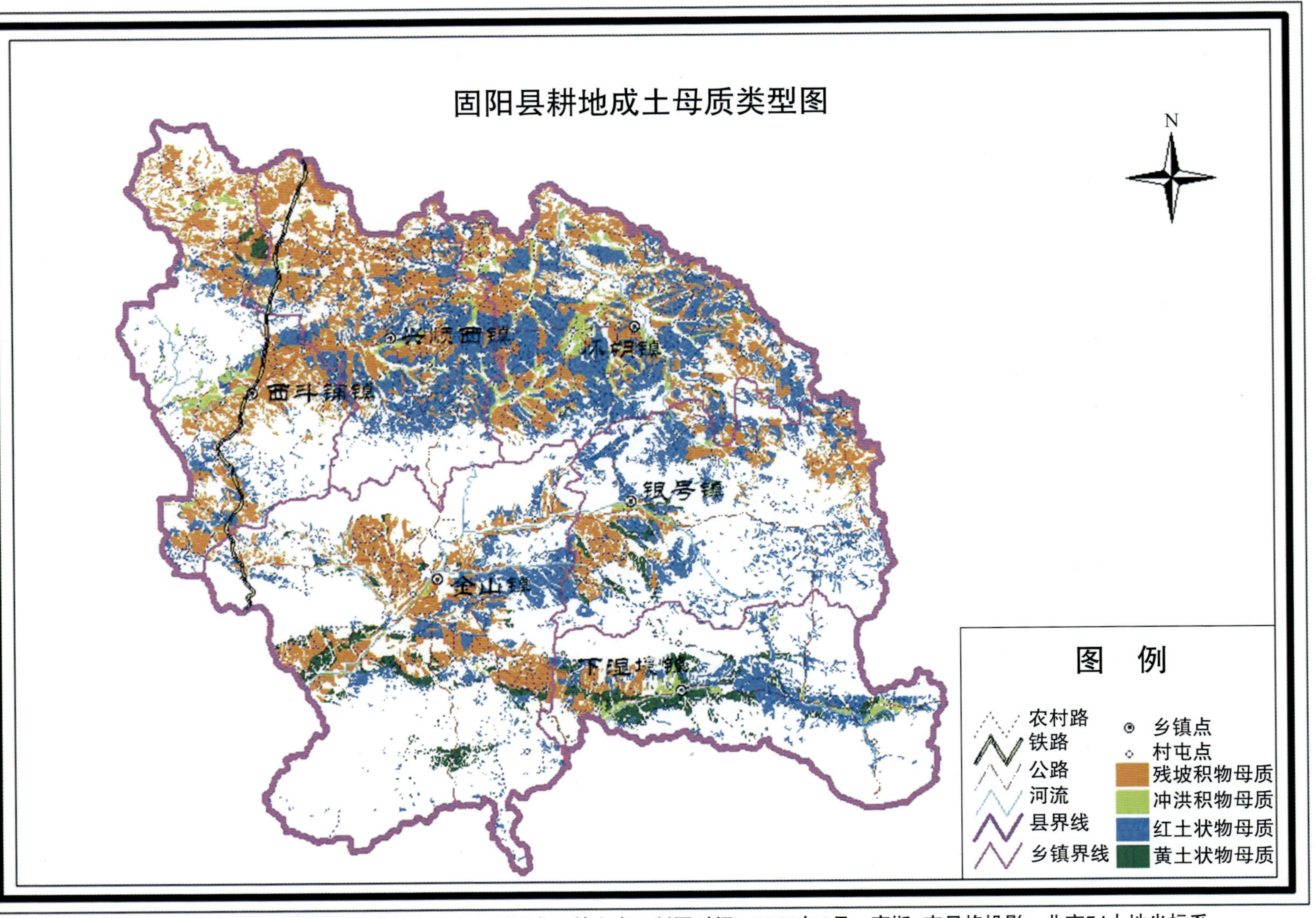
固阳县耕地成土母质类型图
N
银号镇
金山镇
下湿壕镇
图例
农村路
铁路
公路
河流
县界线
乡镇界线
乡镇点
村屯点
残坡积物母质
冲洪积物母质
红土状物母质
黄土状物母质
制图单位：包头市固阳县农业技术推广中心　制图人：韩守忠　制图时间：2010年1月　高斯-克吕格投影　北京54大地坐标系

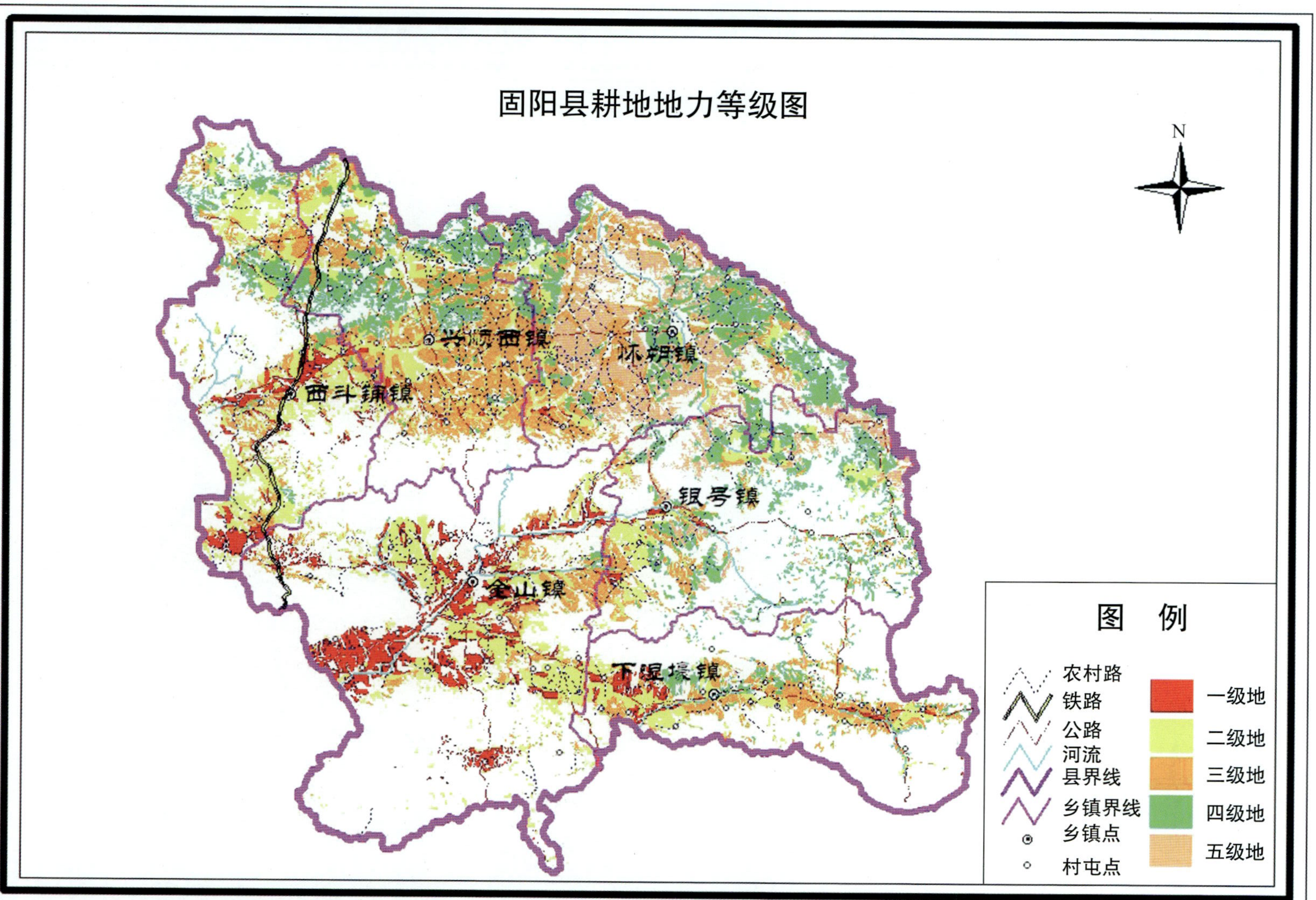

制图单位：包头市固阳县农业技术推广中心　制图人：韩守忠　制图时间：2010年1月　高斯-克吕格投影　北京54大地坐标系

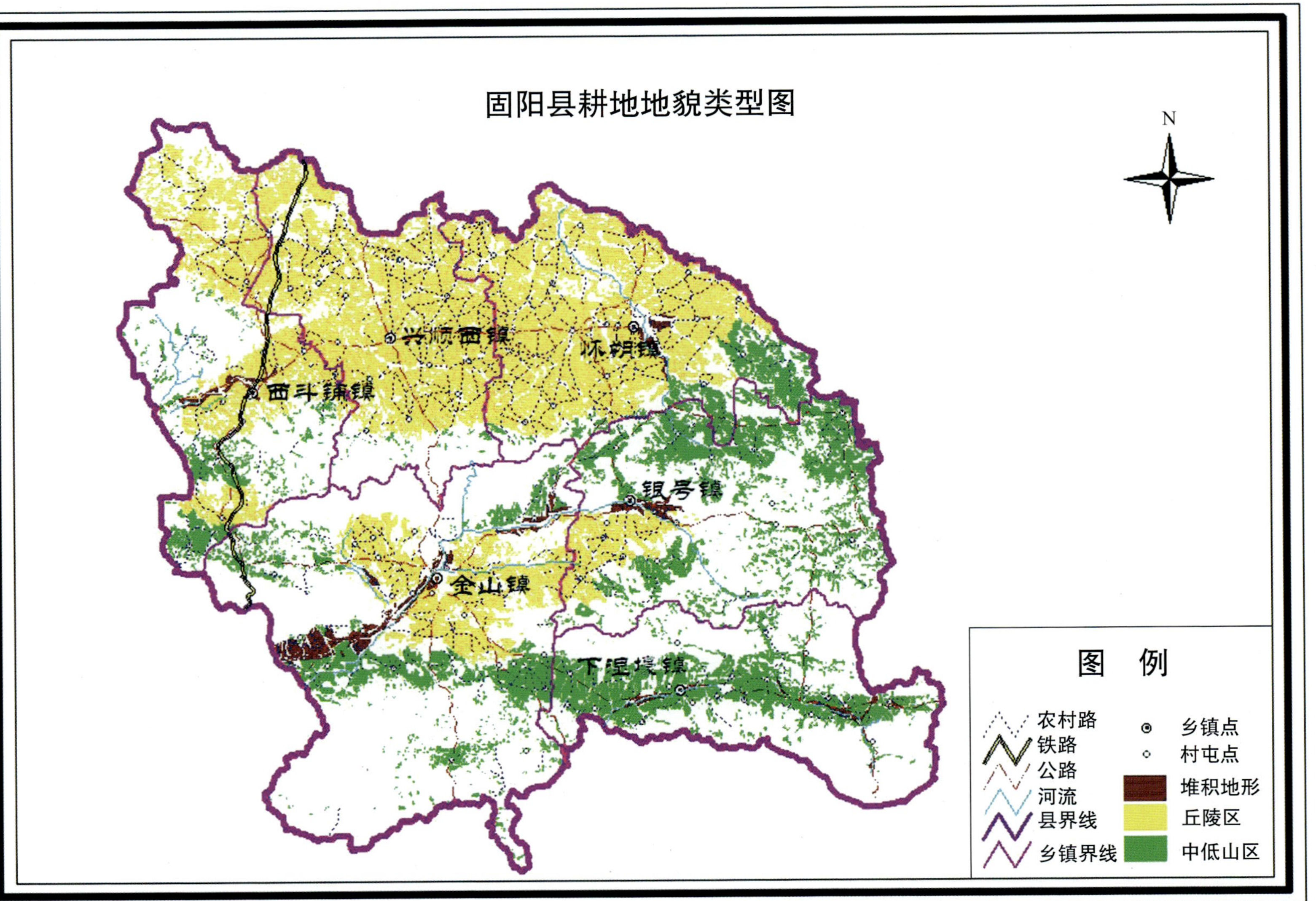

制图单位：包头市固阳县农业技术推广中心　制图人：韩守忠　制图时间：2010年1月　高斯-克吕格投影　北京54大地坐标系

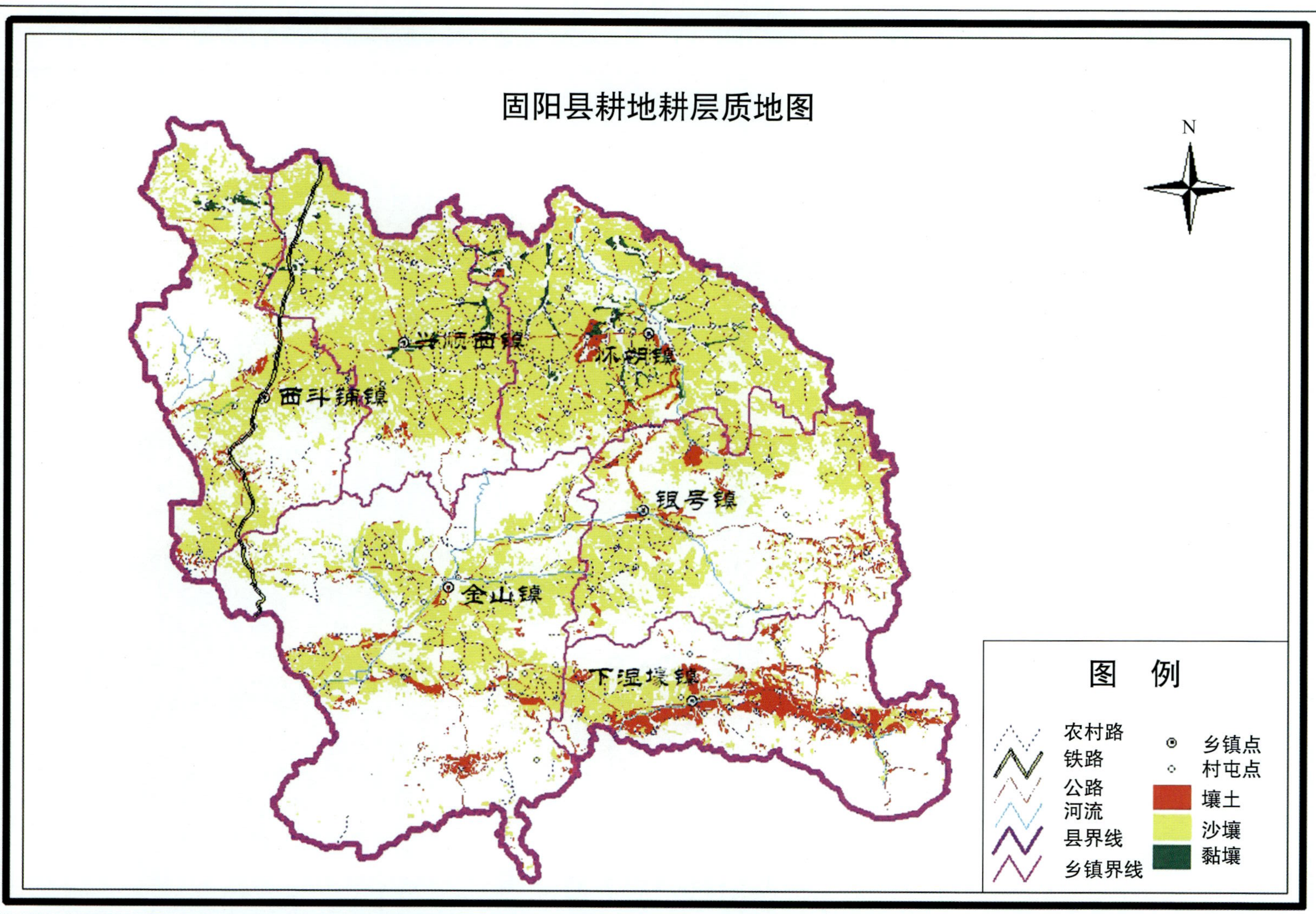

制图单位：包头市固阳县农业技术推广中心　制图人：韩守忠　制图时间：2010年1月　高斯-克吕格投影　北京54大地坐标系

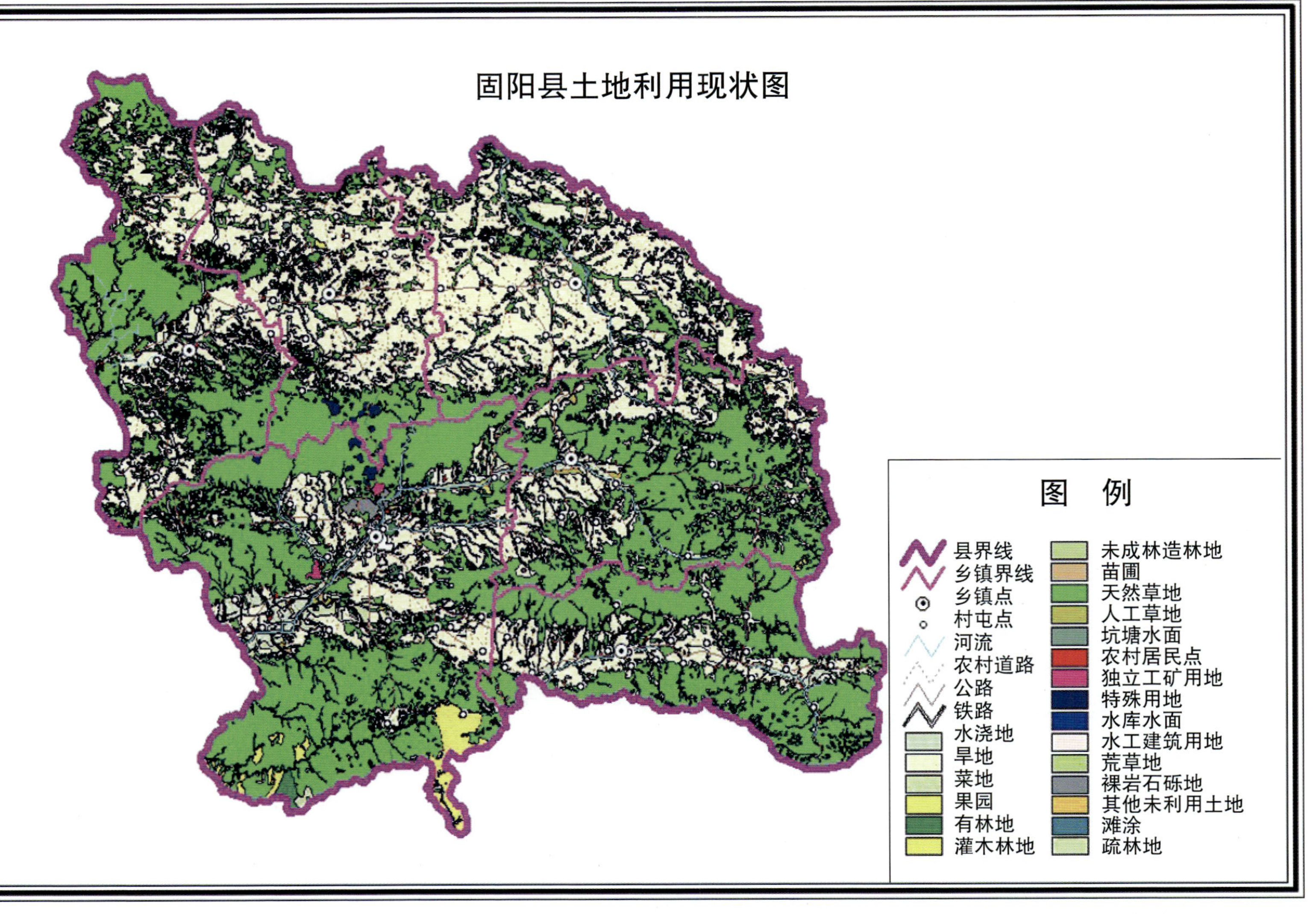

制图单位：包头市固阳县农业技术推广中心　制图人：韩守忠　制图时间：2010年1月　高斯-克吕格投影　北京54大地坐标系

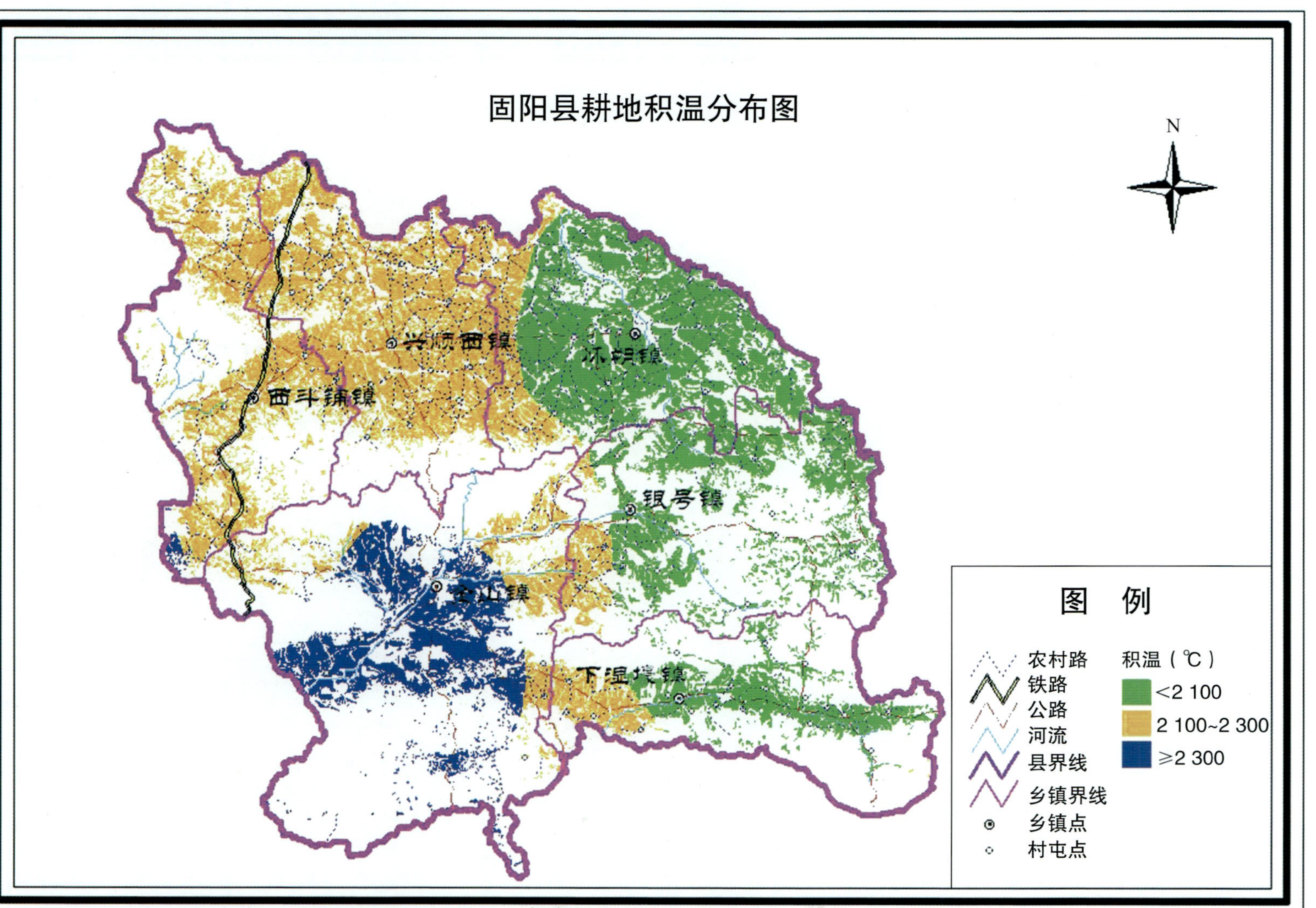

制图单位：包头市固阳县农业技术推广中心　制图人：韩守忠　制图时间：2010年1月　高斯-克吕格投影　北京54大地坐标系

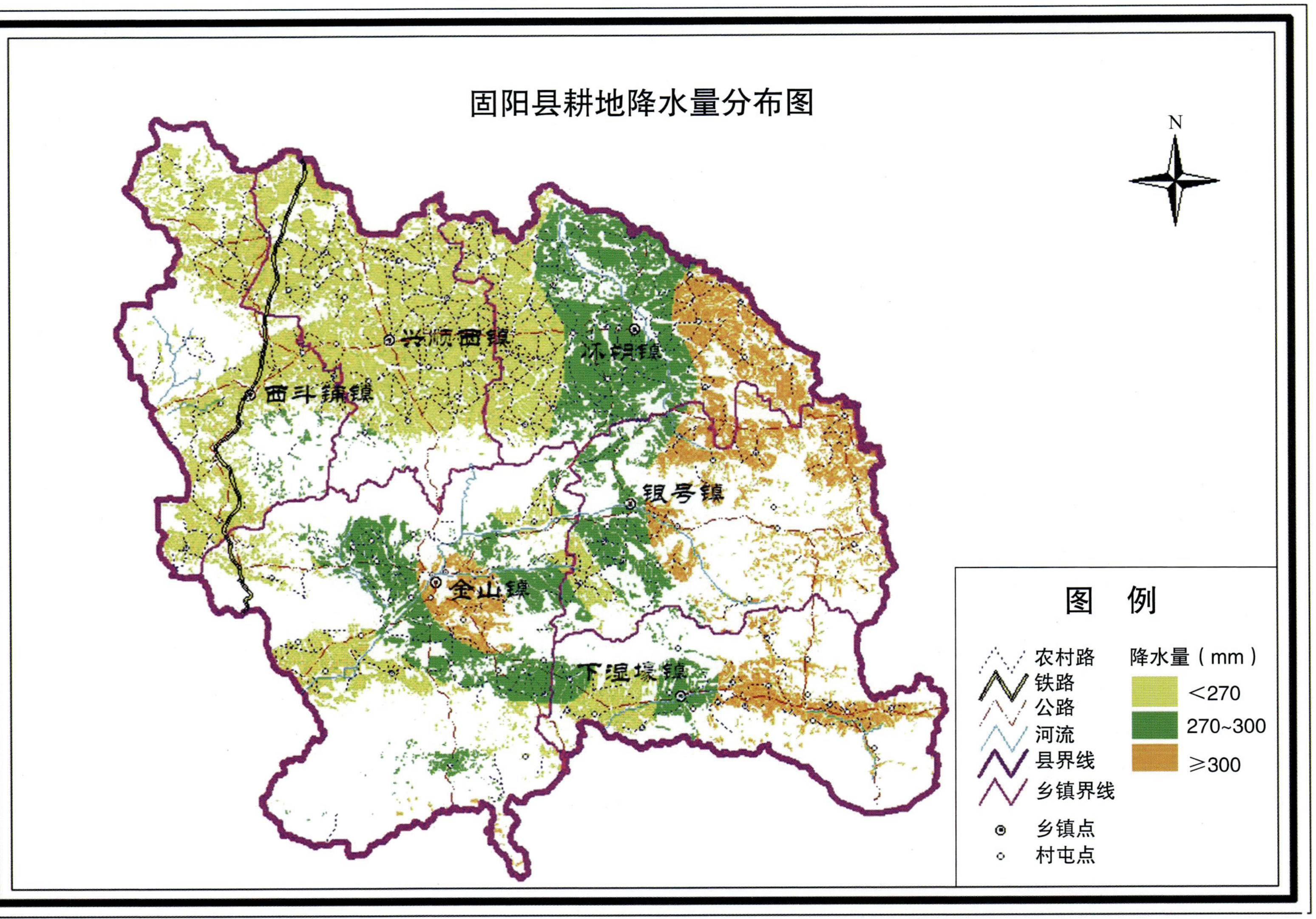

制图单位：包头市固阳县农业技术推广中心　制图人：韩守忠　制图时间：2010年1月　高斯-克吕格投影　北京54大地坐标系

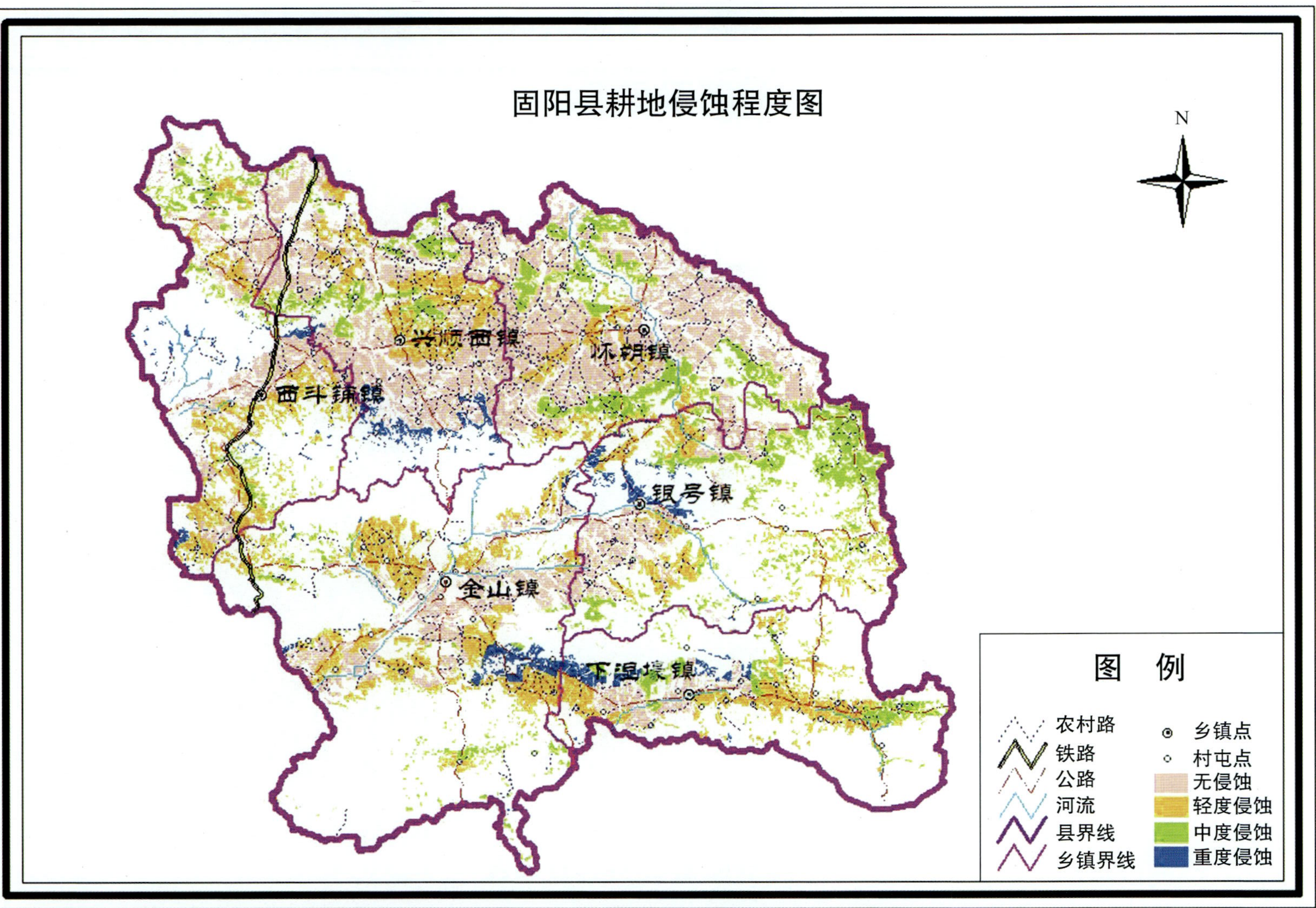

制图单位：包头市固阳县农业技术推广中心　制图人：韩守忠　制图时间：2010年1月　高斯-克吕格投影　北京54大地坐标系

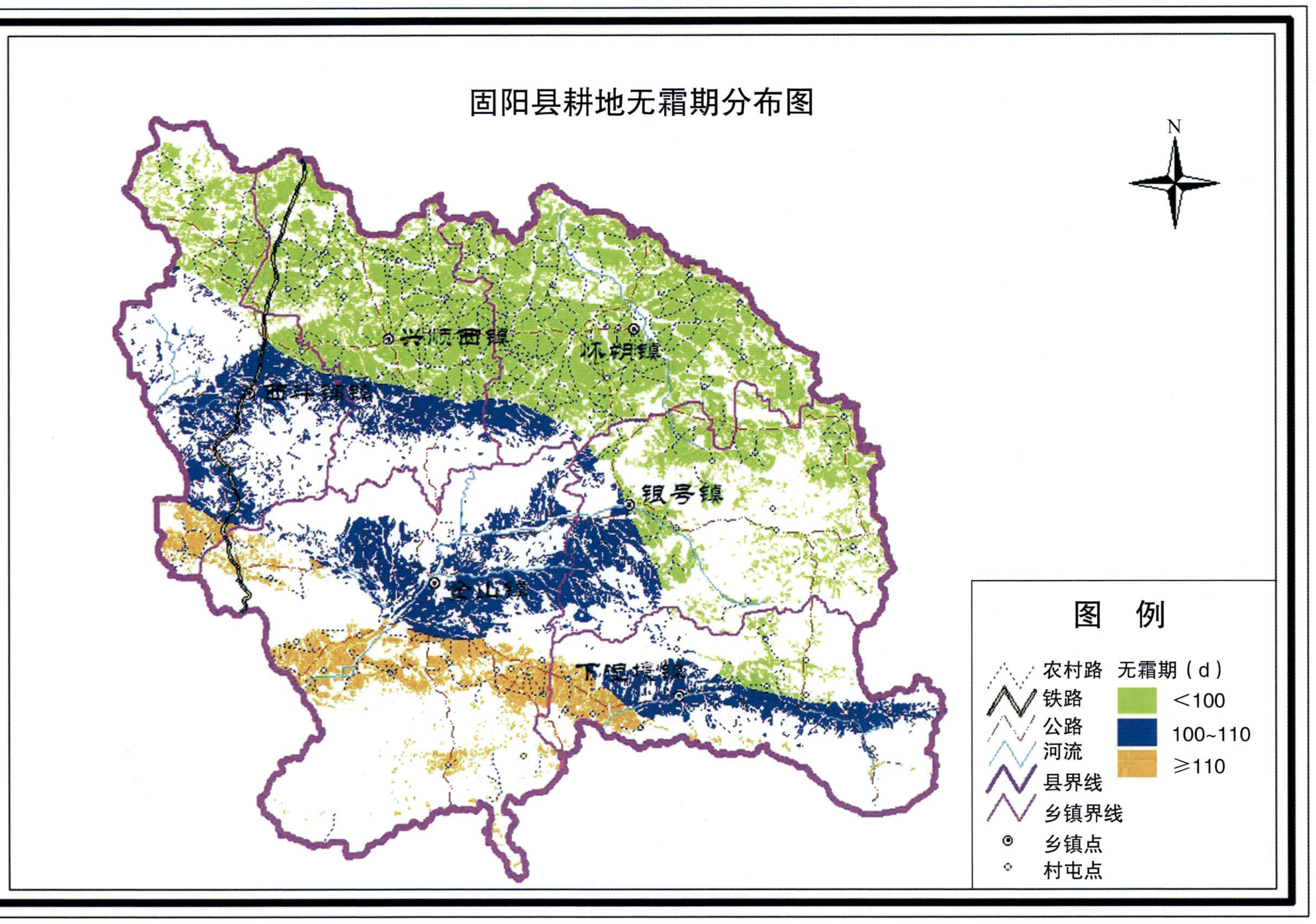

制图单位：包头市固阳县农业技术推广中心　制图人：韩守忠　制图时间：2010年1月　高斯-克吕格投影　北京54大地坐标系

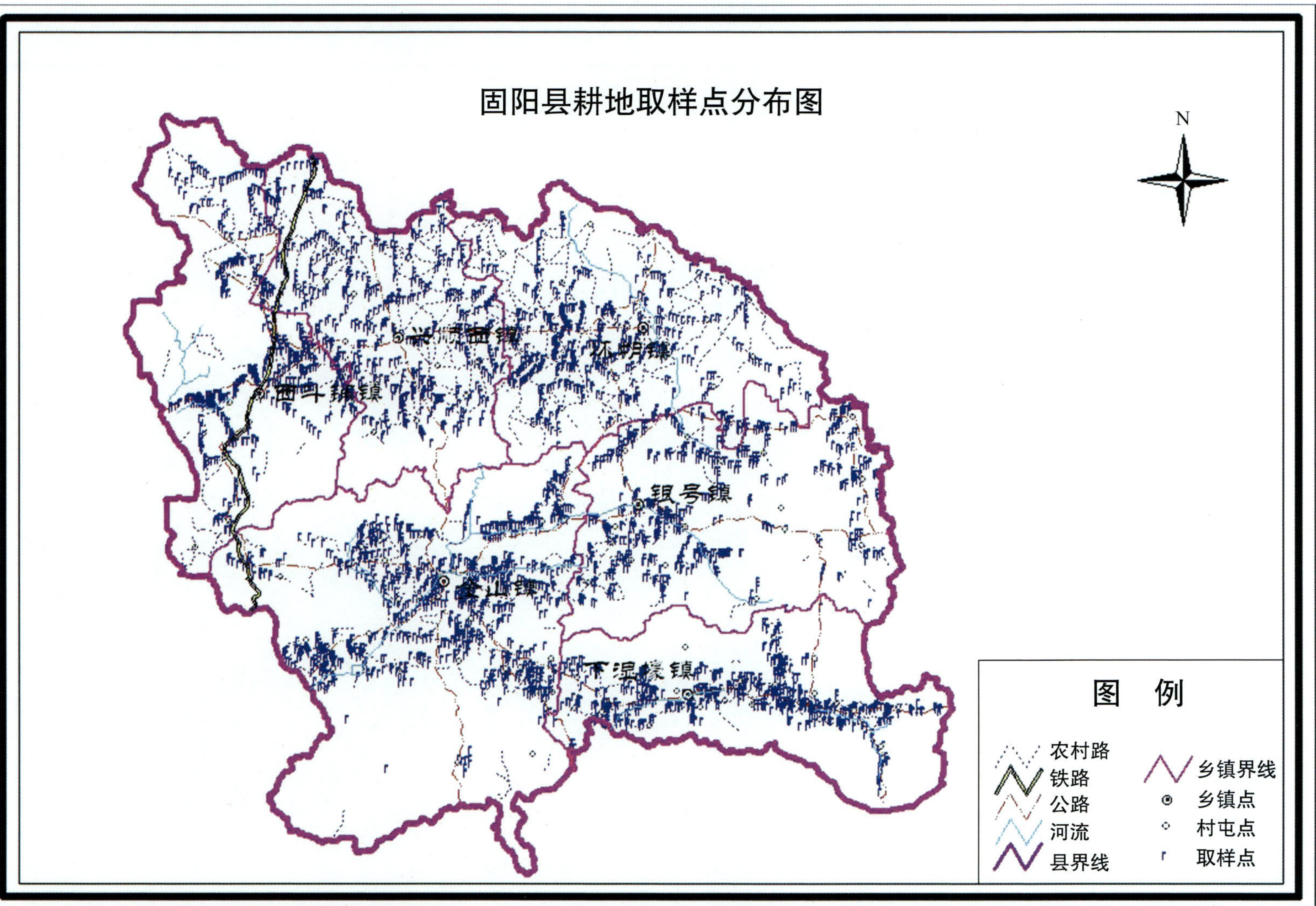

制图单位：包头市固阳县农业技术推广中心　制图人：韩守忠　制图时间：2010年1月　高斯-克吕格投影　北京54大地坐标系

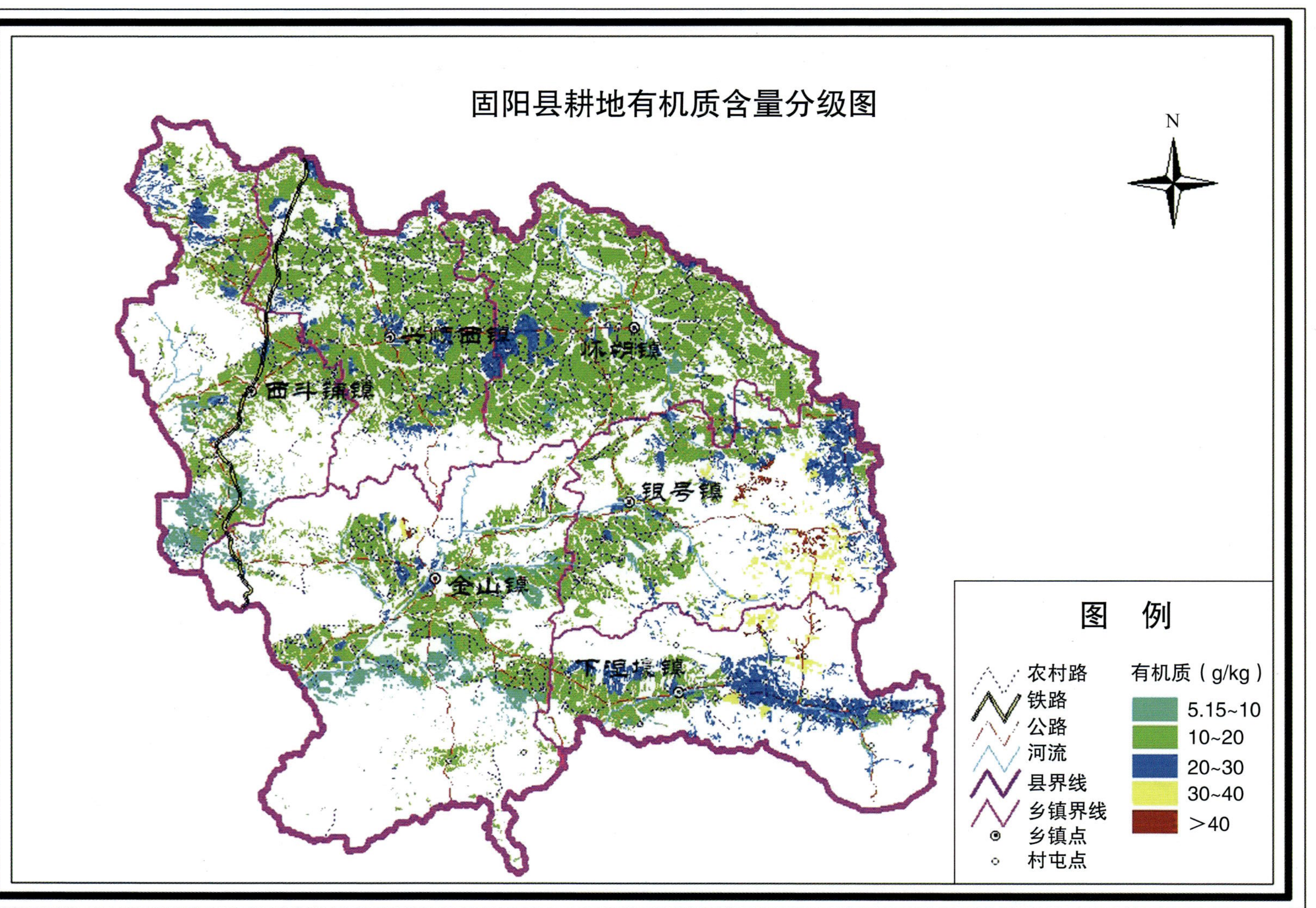
固阳县耕地有机质含量分级图
N
怀朔镇
银号镇
金山镇
图 例
农村路
铁路
公路
河流
县界线
乡镇界线
乡镇点
村屯点
有机质（g/kg）
5.15~10
10~20
20~30
30~40
>40
制图单位：包头市固阳县农业技术推广中心　制图人：韩守忠　制图时间：2010年1月　高斯-克吕格投影　北京54大地坐标系

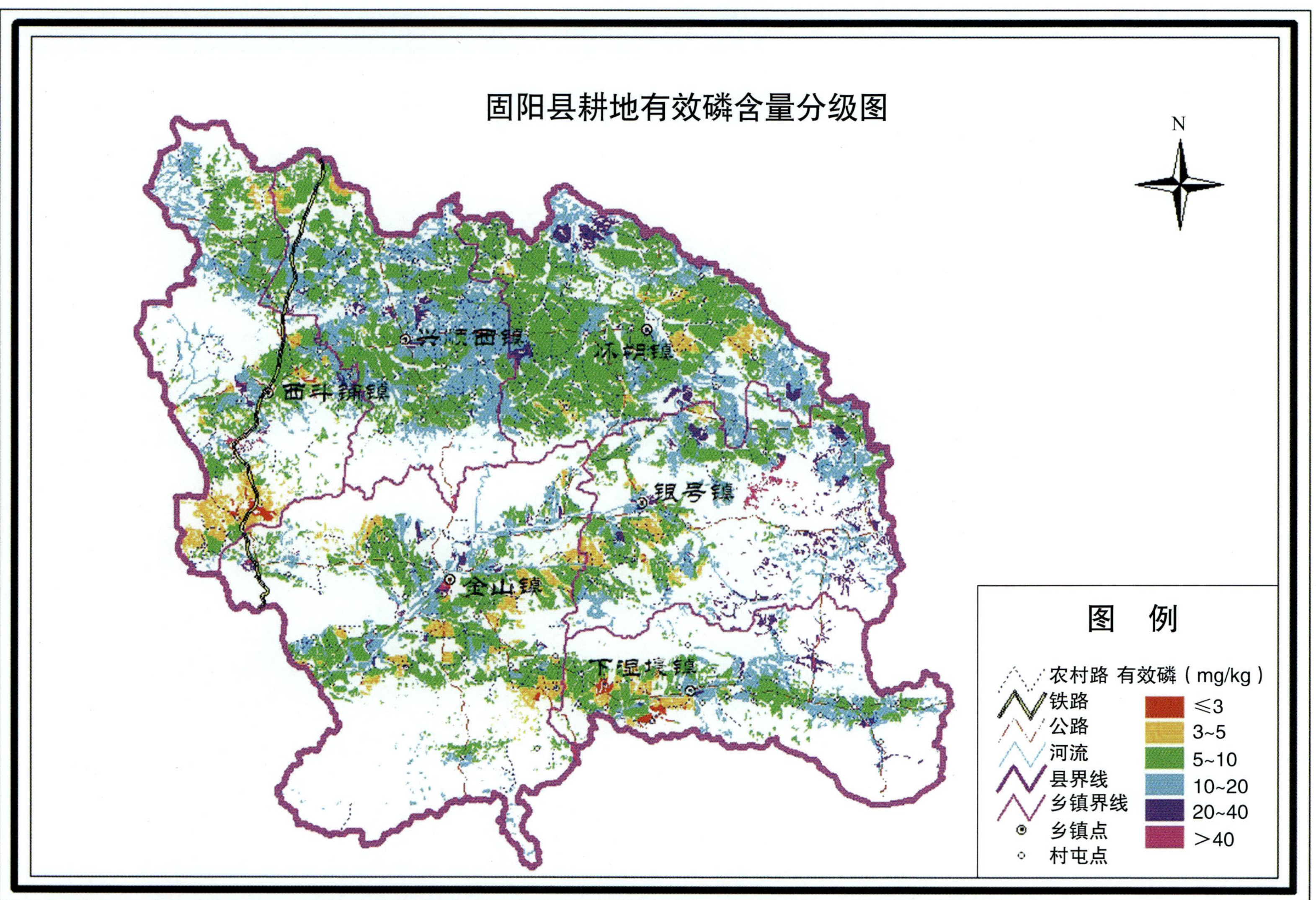

制图单位：包头市固阳县农业技术推广中心　制图人：韩守忠　制图时间：2010年1月　高斯-克吕格投影　北京54大地坐标系

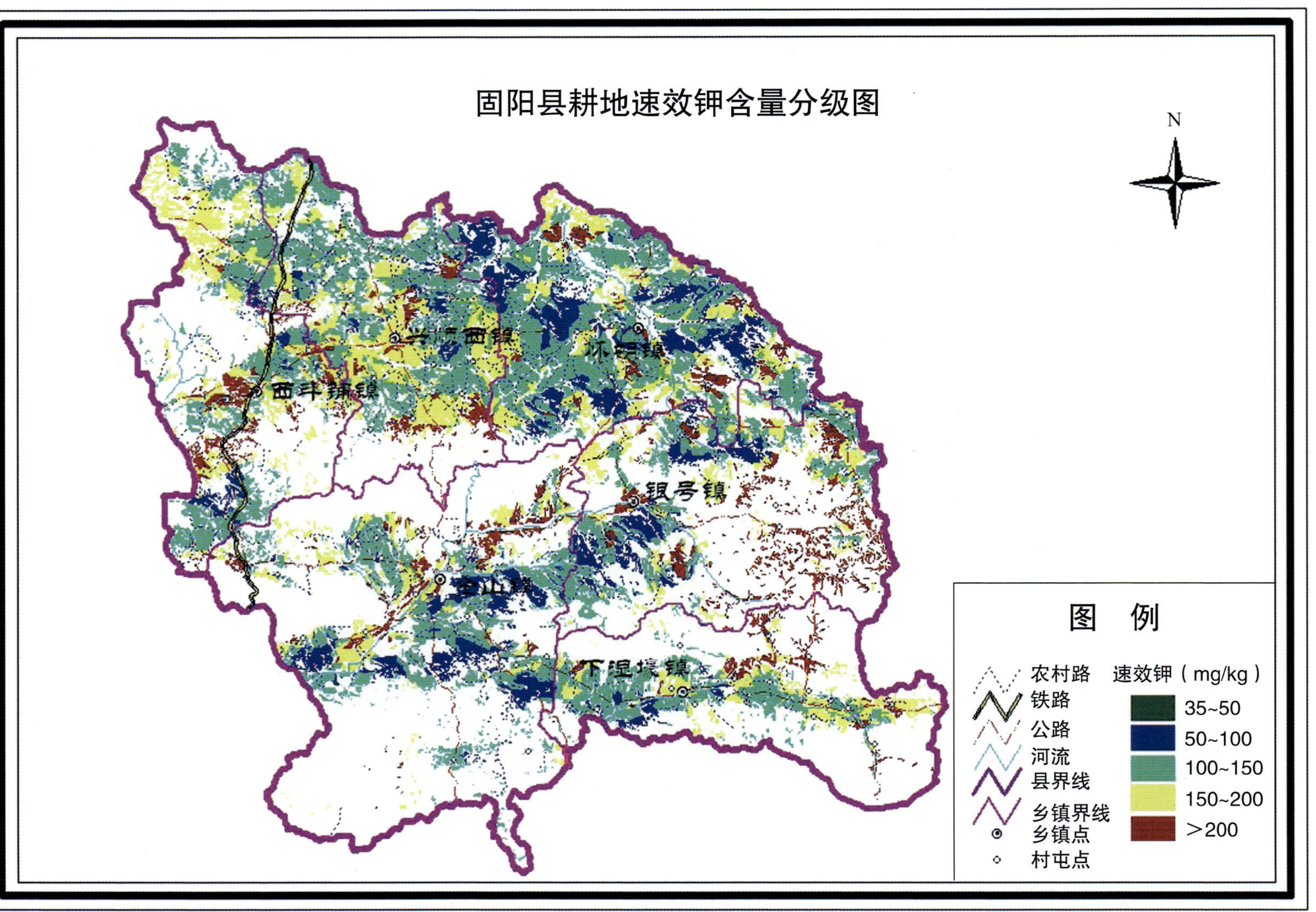
固阳县耕地速效钾含量分级图
N
银号镇
西斗铺镇
下湿壕镇
图　例
农村路
铁路
公路
河流
县界线
乡镇界线
乡镇点
村屯点
速效钾（mg/kg）
35~50
50~100
100~150
150~200
＞200
制图单位：包头市固阳县农业技术推广中心　制图人：韩守忠　制图时间：2010年1月　高斯-克吕格投影　北京54大地坐标系